虚拟仿真

张和明 编著

U0214150

清华大学出版社
北京

内 容 简 介

仿真科学与技术是以建模和计算理论为基础,建立并利用模型,实现对物理系统的性能分析和设计评估,是各种复杂系统研究、设计、分析的重要工具。本书力图系统而有重点地介绍系统建模与虚拟仿真的理论、方法与技术。

全书共 8 章,主要内容包括:系统仿真的基本方法,连续系统和离散系统的建模与仿真理论方法,单领域仿真技术,多领域协同仿真的技术方法,分布式协同仿真技术以及仿真技术在智能制造领域的应用。

本书可作为高等学校理工类专业高年级本科生仿真课程的教材,也可作为工程技术人员从事仿真系统开发和工程应用的参考书。

图书在版编目(CIP)数据

虚拟仿真 / 张和明编著. -- 北京 : 清华大学出版社,
2024.10. -- ISBN 978-7-302-67528-0
Ⅰ. TP391.9
中国国家版本馆 CIP 数据核字第 2024LA5783 号

责任编辑:刘 杨
封面设计:常雪影
责任校对:欧 洋
责任印制:沈 露

出版发行:清华大学出版社
  网 址:https://www.tup.com.cn,https://www.wqxuetang.com
  地 址:北京清华大学学研大厦 A 座 邮 编:100084
  社 总 机:010-83470000 邮 购:010-62786544
  投稿与读者服务:010-62776969,c-service@tup.tsinghua.edu.cn
  质量反馈:010-62772015,zhiliang@tup.tsinghua.edu.cn
印 装 者:河北鹏润印刷有限公司
经 销:全国新华书店
开 本:185mm×260mm 印 张:16.25 字 数:395 千字
版 次:2024 年 11 月第 1 版 印 次:2024 年 11 月第 1 次印刷
定 价:75.00 元

产品编号:099457-01

前 言

仿真科学与技术是以建模和计算理论为基础,建立并利用模型,以计算机系统、物理效应设备或仿真器作为工具,对研究对象进行建模、分析、运行与评估的一门综合性交叉学科,已经成为理论研究、科学实验之后人类认识世界的重要方法。

仿真技术是以模型构建为基础,计算机仿真可以不受时空的限制,实现对物理系统的性能分析和设计评估,成本低、效率高,在许多复杂工程系统的分析和设计中应用越来越广泛,目前已成为复杂系统工程研制、设计分析、测试评估和技能训练的重要手段,在航空航天、先进制造、生物医学、能源交通、军事训练等关键领域,发挥着不可替代的作用。

近年来,5G、物联网、云计算、大数据、人工智能等新一代信息技术快速发展,人类社会将迎来以大连接、大数据和智能计算为特征的智能时代,越来越多的应用场景开始展现虚拟世界与现实世界、数字系统与物理系统的融合。在工业领域,信息技术与制造技术的深度融合,推动了以数字化、网络化、智能化为核心的智能制造技术及相关产业的发展。信息物理系统(cyber physical systems,CPS)是智能制造的核心要素,数字孪生(digital twin,DT)是目前智能制造技术领域的研究热点。通过构建一个与实物制造过程相对应的虚拟制造系统,可以实现产品研发、设计、试验、制造、服务过程的虚拟仿真,采用基于数字仿真的方式来优化制造系统,将软件定义、数据驱动、平台支撑更好地用于支撑物理系统的实际制造过程。智能制造是实体制造和虚拟制造的数字孪生和虚实融合,充分利用物理模型、传感器更新、运行历史等数据,在计算机虚拟空间建立与物理实体等价的信息模型,基于数字孪生体对物理实体进行仿真分析和优化,而建模与仿真是其关键的支撑技术。虚拟仿真在制造过程的应用涵盖复杂产品的设计研发、制造过程、服务运营的全流程。

在复杂系统的论证分析和大型装备研制过程中,基于模型的系统工程(model-based systems engineering,MBSE)是一种有效的方法,贯穿于复杂系统研制与开发的全生命周期,支持需求分析、系统设计、系统验证和技术管理活动。MBSE 实际上是系统工程与仿真技术的融合,在解决系统问题的不同阶段,都离不开建模与仿真技术的支持。

我们经常需要建立某个工业系统的数学模型,然后分析影响系统性能的关键参数,而当其机理不明确导致数学模型难以建立时,就不能用模型来分析,此时采用工业大数据技术可以建立它的黑箱模型。在仿真领域,数据的问题一直存在,数据是仿真模型的关键要素,如产品对象数据、仿真环境数据、输入输出数据、仿真过程数据等,多数情况下系统建模过程需要机理建模与数据建模相结合。此外,大数据和人工智能技术也促进了仿真方法的发展。

智能制造是制造业数字化、网络化、智能化的发展过程,是新一代信息技术与先进制造技术的深度融合,是实体制造和虚拟制造的数字孪生。在智能制造系统中,"智能"的本质是广泛链接、实时感知与自学习能力的不断提升,是数字化技术的深入应用,充分利用系统建模、数据处理、仿真分析等手段,在计算机虚拟空间对制造系统进行状态监测和性能优化,而"制造"的本质是把虚拟变成现实。

本书作者长期从事智能制造与系统仿真领域的科研和教学工作。针对高等学校理工科类高年级大学生仿真模块单元的教学要求,根据作者的经验和体会,在内容选择上考虑到有限的教学学时数情况,除了介绍仿真的基本概念、连续系统和离散系统建模与仿真的基础理论,书中内容还侧重于介绍智能制造领域的建模与仿真技术,并精选了制造业典型场景下系统建模与仿真应用。

本书力图系统而有重点地讨论系统建模与虚拟仿真的理论、方法与技术,以便读者能比较全面和准确地理解和掌握该领域的专业知识。由于作者的专业水平有限,书中难免存在不足,恳请读者给予批评指正。

本书得到国家自然科学基金重点支持项目(项目号:U22A2047)和国家重点研发计划课题(课题号:2022YFB3402002)支持。

张和明

2024 年 2 月

目 录

第1章

概　　论

1.1　仿真科学与技术发展的历程

仿真科学与技术是以建模和计算理论为基础,根据研究对象和研究目的,建立研究对象的系统模型,并以计算机系统、物理效应设备及仿真器为分析工具,对所研究的对象进行分析、设计、运行和评估的一门综合性交叉学科,已经成为与理论研究、实验研究并行的人类认识世界的重要方法,在航空航天、先进制造、生物医学、能源、交通、军事等关键领域发挥着不可或缺的重要作用。

仿真技术几乎是伴随着计算机技术而产生和发展的。由于仿真技术以模型构建为基础,为了突出建模的重要性,建模和仿真常常一起出现,即 modeling & simulation,缩写为M&S。建模和仿真可以看作计算机科学和数学的独特应用。

仿真科学与技术是在系统科学、控制科学、计算机科学等学科中孕育及在实际应用的推动下发展而来,并形成了独自的理论方法和技术体系。从广义而言,系统仿真的方法适用于任何领域,无论是工程系统(机械、化工、电力、电子等)还是非工程系统(交通、管理、经济、政治等)。它的发展经历了如下几个阶段:

1. 仿真技术的初级阶段

在第二次世界大战后期,国外有关火炮控制与飞行控制动力学系统的研究,孕育了仿真科学与技术。从 20 世纪 40 年代到 60 年代,国外相继研制成功了通用电子模拟计算机和混合模拟计算机。在导弹和宇宙飞船姿态及轨道动力学研究、阿波罗登月计划及核电站中仿真技术都得到了应用。由于采用的工具是通用电子模拟计算机和混合模拟计算机,所以可称之为模拟仿真阶段。

2. 仿真技术的发展阶段

20 世纪 70 年代,随着数字仿真机的诞生,仿真科学与技术不但在军事领域迅速发展,而且应用到许多工业领域,比如培训飞行员的飞机训练模拟器、电站操作人员的仿真系统、汽车驾驶模拟器,以及复杂工业过程的仿真系统等,并相继出现了一些从事仿真设备和仿真系统生产的专业化公司,仿真科学与技术进入了数字仿真阶段。

3. 仿真技术发展的成熟阶段

20 世纪 90 年代,系统仿真的对象更加复杂,规模越来越大,在需求牵引和计算机网络技术的推动下,分布式仿真技术得到发展。为了更好地实现信息与仿真资源共享,促进仿真系统的互操作和重用,在聚合级仿真、分布式交互仿真、先进的并行交互仿真的基础上,仿真科学与技术开始向高层体系结构(high level architecture,HLA)方向发展,以实现多种类型仿真系统之间的互操作和仿真模型组件的重用。

4. 复杂系统仿真技术发展的新阶段

20 世纪末期和 21 世纪初期,对众多领域的复杂性问题进行科学研究的广泛需求,进一步推动仿真技术的发展。仿真科学与技术在计算机、网络、多媒体、数据处理、控制理论及系统工程等技术的支持下,逐渐发展形成了具有广泛应用领域的新兴的交叉学科。

在实际应用方面,仿真技术最初主要用于航空、航天、原子反应堆等工程投资大、周期长、危险性大、实际系统试验难以实现的少数领域,后来逐步发展到电力、石油、化工、冶金、机械等主要工业部门,并进一步扩大到社会系统、经济系统、交通运输系统、生态系统等一些非工程系统领域。在我国,仿真技术研究与应用的发展非常迅速,最初于 20 世纪 50 年代在运动控制领域首先采用基于方程建模和模拟计算机的数学仿真,同时自行研制的三轴模拟转台等半实物仿真试验已经开始应用于飞机、导弹等重要产品的工程研制中。70 年代,我国训练仿真器获得了迅速发展,自行设计的飞行仿真器、舰艇仿真器、火电机组培训仿真系统、化工过程培训仿真系统、机车培训仿真器、坦克训练仿真器等相继研制成功,在操作人员培训中起到了极大的作用。80 年代,我国建设了一批高水平的半实物仿真系统,如鱼雷仿真系统、制导导弹仿真系统、歼击机操纵仿真系统等,在武器研制中发挥了重要作用。90 年代,我国开始对分布式交互仿真、战场对抗仿真、虚拟现实仿真、复杂系统协同仿真等先进仿真技术进行研究,并在军事、工程、制造领域获得了广泛的应用。因此,现代仿真技术的应用范围在不断扩大,应用效益也日益显著。

1.2 计算机仿真

计算机仿真技术是以计算机为工具,以相似原理、信息技术及各种相关领域技术为基础,根据系统试验的目的,建立系统模型,并在不同的条件下,对模型进行动态运行试验的一门综合性技术。计算机仿真成本低、效率高,应用领域越来越广泛,目前已成为复杂系统设计、分析、测试、评估、研制和技能训练的重要手段。

计算机仿真方法是一种综合了实验方法和理论方法各自的优势而形成的独特研究方法。在计算机仿真中,尽管其系统模型建立的方法与数学方法中的模型建立原则基本相同,但随后还需要设计仿真模型、编制仿真程序和实施仿真试验,借助计算机软件平台来进行高性能的模型求解运算和仿真系统逻辑判断,从而获得系统仿真的结果。

计算机仿真以建模理论和数值计算为基础,可以不受时空的限制,利用模型和高性能计算技术,实现对物理系统的性能分析和设计评估。计算机仿真具有如下特点:

1) 模型参数多次调整

仿真系统的模型参数可以根据系统分析的实际需要进行多次调整、设置,以便获取复杂系统在各种不同参数条件下的仿真分析结果。计算机仿真可以通过改变模型参数来获取最佳的性能分析结果,不依赖物理样机进行反复修改,减少物理样机的生产、测试,使得产品开发一次成功。

2) 仿真环境虚拟化

计算机仿真具有数字化、虚拟化、协同化的技术特点,便于协作,使分布在不同地点、不同部门的不同专业人员,在同一个产品模型上进行协同工作;并且,可以利用虚拟现实技术,在多维信息空间上创建一个虚拟环境,使仿真系统具有沉浸感和真实感。

3) 仿真结果直观展示

借助于计算机软件工具,计算机仿真的结果易于通过图形、图像进行直观地展现。而仿真结果的准确性主要取决于模型的合理性和仿真计算的精度,根据仿真计算的结果,人们就可以在较短的时间内获取研究对象和研究方案评估的合理性。

4) 仿真实验过程低成本,实验分析结果充分

由于计算机仿真是在计算机虚拟环境下模拟现实系统的运行过程,可以任意进行参数调整,通过仿真实验可以得到大量的复杂系统性能分析数据和曲线,其优点可以体现为仿真实验过程低成本,仿真实验方案可以灵活调整,实验分析结果充分。

就仿真技术而言,计算机仿真中的许多新技术,如面向对象的仿真建模技术、分布式交互仿真技术、虚拟现实技术等,受到人们的普遍关注。

1) 面向对象的仿真建模技术

传统的仿真方法中,仿真模型的确认与仿真程序的验证都是非常复杂而繁琐的工作。由于研究对象的复杂程度越来越高,有时为了进行一次仿真,通常需要在修改、扩充和重用仿真模型方面花费很长的准备时间,这就一定程度上限制了仿真技术的广泛使用。

面向对象仿真将面向对象思想和技术应用到仿真中,根据系统组成的对象及其相互作用的关系来构造仿真模型,模型的对象通常表示实际系统中相应的实体,从而弥补了模型与实际系统之间的差距,使应用领域人员能以熟悉直观的对象概念建立仿真模型,增强了仿真建模的直观性和易理解性。

面向对象的仿真建模技术具备封装的模块性、类和实例的抽象性、继承机制所带来的可重用性、重载多态和动态联编的灵活性、软件的可扩充性等优点,它充分利用了计算机本身的数值运算和符号处理能力,加速了人们对仿真对象的认识和转换过程。这种方法将进一步改善系统的建模能力,缩短建模时间,它使得工程技术人员更容易掌握和使用仿真技术,使仿真技术更好地为实际系统服务。

面向对象的仿真建模技术中,构成面向对象仿真软件的基本单元是模块化的对象,只有通过规定的接口访问。信息封装可以使对象的外在接口与内部实现分离开来,只要接口不变,内部实现的变动不会影响到其他对象。同时,由于对象封装了内部的信息,每个对象能够在一定程度上独立运行,因而更容易实现并行仿真。这种相对独立性使实现并行计算更为容易。

2）分布式交互仿真

分布式交互仿真（distributed interactive simulations，DIS）是近年来发展起来的一种先进仿真技术，是一种基于计算机网络的仿真技术。分布式交互仿真系统从结构上可以视为由仿真节点和计算机网络组成。仿真节点本身可以是一台独立的仿真计算机，或者是一个仿真应用子系统。仿真节点不仅要完成本节点的仿真任务，如运动学、动力学模型的计算或者人机交互、仿真图形或动画的生成等，还要负责将本节点的相关交互信息发送到其他节点，并接收其他节点发来的交互信息，作为执行本节点任务时的输入或仿真条件。

分布式交互仿真系统是由多台计算机联网而成的仿真系统，它的硬软件资源采取分布控制与管理的方式，以支持多个子系统仿真任务协调统一地执行。对于计算量巨大的仿真任务，可以通过均衡分配到多台计算机上以提高仿真效率；对于分布在不同地方不同计算机上的仿真模型，通过网络将其连接起来共同完成仿真任务，而无须移动这些仿真软件和硬件或者重新开发。在分布式仿真系统中，复杂的仿真模型被分解为多个子模型，分布运行于多台计算机上，可以获得更高的执行效率和灵活性。

分布式交互仿真的研究主要集中在两个方面：一是仿真模型和实验任务的并行化与分配；二是建立高效的分布仿真环境。仿真系统开发过程往往是一个迭代的过程，包括确定仿真目标、建立数学模型、设计仿真程序、调试仿真模型、运行试验、结果分析、修改模型和再次运行等。为了使各个阶段仿真任务有条不紊地连接起来，提高工作效率，需要一个分布、开放的仿真开发环境，将仿真系统开发的各个阶段工作，包括建模、验模、过程优化、算法选取、运行、分析处理和数据管理等有机结合起来；采用开放式的系统平台，提供方便的扩展功能；充分利用声音、图形、图像等多媒体技术，提供友好的人机界面。

3）虚拟现实技术

虚拟现实（virtual reality，VR）是一种基于可计算信息的沉浸感交互环境，在该环境中，人们可以创建和体验虚拟世界。虚拟世界是虚拟环境和仿真对象的融合，虚拟环境是由计算机系统生成的，通过视觉、听觉、触觉等作用于使用者，使之产生身临其境感觉的交互式视景仿真。虚拟现实技术涉及计算机图形学、图像处理与模式识别、多传感器、并行处理、人工智能、系统建模仿真、系统集成和显示技术等，其技术框架如图 1-1 所示。

虚拟现实技术的核心是建模和仿真，即通过建立数学模型对人、物、环境及其相互关系进行本质的描述，在多维信息空间上创建一个虚拟信息环境，使用户具有身临其境的沉浸感，并可与环境发生交互作用。因此，从根本意义上来看，可以将虚拟现实技术视为交互式仿真的高级形式。它基于多维信息处理，包括声音、图像、图形、位姿、力反馈、触觉等，体现人机交互的自然性，计算机可以识别人的位姿、手势，甚至可以进行人机对话，头盔、数据手套、数据衣等成为人机交互的基本手段，这样使得人在虚拟环境中有身临其境的感觉，即除了三维可视化的视景感觉，还具有听觉、触觉、力觉、运动、定位等感知。

虚拟现实技术主要有三个特征：沉浸（immersion）、交互（interaction）和想象力（imagination）。它以仿真系统给用户创造一个实时反映实体对象变化与相互作用的三维立体世界，使用户直接参与和探索虚拟对象在所处环境中的作用与变化。沉浸感——让用户在计算机产生的三维虚拟环境中具有身临其境的真实感；交互——用户与虚拟环境的交

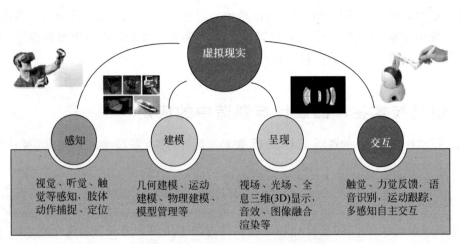

图 1-1 虚拟现实技术的主要组成框架

互是三维空间、多源感知的,且用户是交互过程的主体;想象力——虚拟现实技术让用户在虚拟环境中获得感性和理性的综合认知,从而作出合理的评估决策,甚至萌发新的创意。虚拟现实技术的应用也逐步深入制造业、军事和航空等各个领域。

仿真技术广泛应用于国防、工业及其他人类生产生活的各个方面,如航空、航天、兵器、国防电子、船舶、电力、石化等行业,特别是应用于现代高科技装备的论证、研制、生产、使用和维护过程。早期的仿真手段主要是物理仿真(或称实物仿真),采用的模型是物理模型或实物实验模型,但我们要为仿真系统构造物理模型,尤其是对复杂系统而言,构造难度大、周期长,花费的投资也很大。此外,在物理模型上做实验,很难修改其中的参数,而改变系统的结构就更加困难。

随着计算机软硬件技术的发展,现阶段计算机仿真技术以计算机作为基本设备,在网络、多媒体等技术支持下,通过友好的人机界面构造计算机仿真系统。计算机仿真的目的:在系统研制前的规划、设计、分析和评估阶段,通过系统建模与仿真分析可以评价系统的某些方面的性能,分析系统各个部分或各个分系统之间的相互影响,以及某些关键参数对系统整体性能的影响,从中比较各种设计方案,获取最优结果。

下列情形更适合于采用基于模型的计算机仿真:

(1)系统尚处于研制和设计阶段,实际的系统还没有真正建立起来,此时我们无法进行真实系统的实验。有时即使已经具备了实际系统,在真实系统做实验可能会破坏系统的结构或无法复原,并且在实际系统上做实验时,一般需要设置不同的外部约束条件进行多次反复实验,才能获得各种不同条件下的实验结果,难免造成实验时间太长和实验费用太高的直接后果。

(2)对于复杂系统而言,为了获得整体性能最优化,通常需要对系统的结构和参数反复进行修改与调整,而复杂工程系统的实验过程时间跨度很长,如果希望在较短的时间内观测到系统的演化过程及某些重要参数对系统性能的影响,计算机仿真则可以人为地随意控制系统仿真时间的长短。

(3)有些复杂工程系统实验难度大、危险性高(如载人航天飞行器),有些非工程系统几乎不可能进行直接实验研究(如社会、经济系统),有些系统对于人类是可望而不可即、更难在实际环境中实验(如天体系统),而计算机仿真实验则可以在给定的边界条件下,推演出此类系统的变化趋势,为人们提供比较可靠的依据。

1.3 仿真技术在产品设计与制造中的应用

仿真技术在复杂产品的规划、设计、分析、制造及运行的各个阶段,都可以发挥重要的作用。

1. 仿真技术在产品设计与开发中的应用

复杂产品设计与开发是一项复杂的任务,通常从时间轴上对整个产品开发过程进行分析,将其分解为概念设计、初步设计和详细设计等若干阶段。随着产品复杂程度的不断提高,如何在最短的时间内开发出高质量、低成本的产品并投放市场,是市场竞争的需要,企业必须不断改进产品开发模式,提高时间(time)、质量(quality)、成本(cost)和服务(service)的综合效率。在每个阶段,仿真技术均可提供强有力的支持。例如,在可行性论证阶段,可以根据系统设计的目标及边界条件,对各种方案进行比较分析,发现不同方案的优缺点。在系统设计阶段,设计人员可以利用仿真技术建立和完善系统模型,进行模型实验、模型简化并进行优化设计,许多计算机辅助设计软件工具往往都包括仿真软件包模块。系统设计中经常涉及新的设备、部件或控制装置,此时可以利用仿真技术进行分系统仿真实验,即系统的一部分采用实际部件,另一部分采用模型,这样可以事先在仿真系统上进行细致的分系统实验,分析新系统的接入是否对原系统的性能产生造成影响,大大节省实际系统的调试时间,提高系统投入的一次成功率。

在无法预测和快速变化的市场环境中,制造业如何才能按客户需求作出快速反应,是企业面临激烈市场竞争的核心要素之一。产品设计、开发一般流程如图 1-2 所示,将用户需求通过质量功能展开(quality function deployment,QFD)的方法,转化为产品定义的技术指标要求,并利用仿真与虚拟现实技术,在高性能计算机及高速网络的支持下,通过模型来模拟和预测产品功能、性能及可加工性等方面存在的问题,通过设计描述物理原型和建模仿真两种途径获得产品的功能行为参数,再根据预定技术指标修改设计直到满意为止。

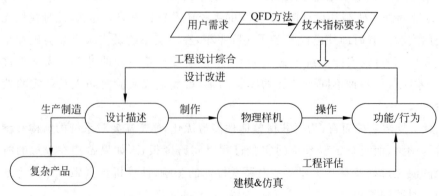

图 1-2 产品设计、开发一般过程示意图

仿真技术在产品设计过程中的应用越来越广泛，尤其在复杂产品开发过程中起着越来越重要的作用。计算机仿真技术为产品的设计和开发提供了强有力的工具与手段，在整个产品开发过程中占有无法取代的重要地位，而且随着技术的发展，这种重要性正在不断加强。制造领域的仿真已经逐步从局部应用（单领域、单点）扩展到系统应用（多领域、全生命周期），并相应地产生了许多用于指导应用的理念和思想。

2. 仿真技术在复杂系统分析中的应用

复杂产品开发是一项复杂的系统工程。随着研究对象复杂性的增加，产品结构日益复杂，仅仅依靠人的经验及传统技术难以满足越来越高的要求。在实际工程应用中，要对复杂系统进行分析，就需要对系统进行试验，通过试验来了解系统的结构性能及其内部发生的活动变化，从而达到对系统的正确评估。通常有两种试验方案：一种是直接在真实系统上进行试验，如飞机试飞、机车试车、汽车路试等，通过试验，发现设计或制造中的技术或工艺问题，以便在正式投产或系统投入运行之前加以改正；另一种是按照实际系统构造模型，然后对模型进行仿真实验和系统分析。

尽管在真实系统上进行试验的方式，在许多情况下仍然是不可或缺的，但由于以下原因，仿真实验与分析方法越来越普遍地被采用：在真实系统上试验会干扰系统的正常运行；由于实际系统各种客观条件的限制，难以按预期的要求改变参数，或者满足不了所需要的试验条件；在实际系统上进行试验时，很难保证每一次的试验条件都相同，这样也就给系统方案的优劣性的判断和评价带来困难；试验后原有系统无法复原，或试验时间太长、费用太高等。

3. 仿真技术在产品制造过程中的应用

仿真技术是验证和优化产品设计的重要手段，它不仅用于产品设计阶段，而且也能应用于产品整个生命周期，即将仿真与产品整个开发过程结合起来。在产品设计阶段，通过将仿真技术全面应用于复杂产品设计，使得相关人员在产品设计阶段即可获得产品在全生命周期后续的制造、使用、维护和销毁等各个不同阶段，在各种不同环境和不同操作下的产品行为，从而在产品设计阶段尽可能充分保证产品的制造要求、使用要求、维护要求和销毁要求等。

对于产品设计与制造领域而言，仿真技术在现代制造中的产品设计、制造过程、操作培训、维护维修等各个阶段都可以发挥重要作用。在数字化设计过程中，设计人员在建立三维数字化模型的基础上，利用仿真技术进行虚拟产品开发，如整机的动力学分析、运动部件的运动学分析、关键零件的热力学分析等，开展模型试验分析和优化设计。在制造过程中，采用计算机仿真技术实现数字化虚拟制造，在产品设计阶段就可以对整机进行可制造性分析、生产线仿真、数控加工过程仿真等，设计人员可以使用虚拟的制造环境进行基于数字化模型的设计、加工、装配、操作等检验，而不依赖于传统的原型样机的反复修改。在产品运维过程中，可以采用仿真技术，建立操作训练仿真系统，通过虚拟现实环境进行人员培训、故障模拟、可维修性分析等。

在制造过程中，质量和成本是生产者关心的重点。例如，在数控加工环节，就数控机床来说，机床程序需要在正式使用前进行刀具轨迹检验，对于复杂的加工过程还需要进一步的精确检验。利用图形工作站可以模拟真实的机床加工过程,对整个加工过程中运动物体进行碰撞检测,发现加工程序中的错误,而且还能及时估算加工时间以便于制订细致的生产计划。另外,生产仿真可以发现实际生产过程中的薄弱环节,也可以了解可能出现的事故对生产计划的影响及相应的对策安排。生产仿真不仅可以对加工设备的配置帮助很大,还可以优化生产控制,保证实际生产能够高效、可靠地运行。

4. 仿真技术在复杂产品虚拟样机开发中的应用

仿真技术已经出现多年,目前单领域仿真技术在产品设计中被广泛采用,并出现了很多成熟的单领域仿真软件,如有限元分析、多体动力学、控制分析、生产过程等,可以分别对动力学、热力学、控制系统和生产线等各个过程进行仿真分析。这些软件已经广泛应用于产品开发过程中。产品复杂性的提高,使得多领域协同仿真技术已经开始受到企业关注。仿真技术在产品设计过程中的应用变得越来越广泛而深刻,正在由单点单领域仿真向覆盖产品全生命周期的多领域协同仿真发展,虚拟样机(virtual prototyping,VP)技术正是这一发展趋势的典型代表。

虚拟样机是产品的多领域的数字化模型的集合体,包含真实产品的所有关键特征。基于虚拟样机的产品设计过程可以开发和展示产品的各种方案,评估用户的需求,提前对产品的被接受程度进行检查,提高了产品设计的自由度;快速方便地将工程师的想法展示给用户,在产品开发的早期测试产品的功能;减小了出现重大设计错误的可能性;利用虚拟样机进行产品的全方位的测试和评估,可以避免重复建立物理样机。图 1-3 说明了虚拟样机的三个组成要素:仿真模型、CAD 模型和虚拟环境模型。

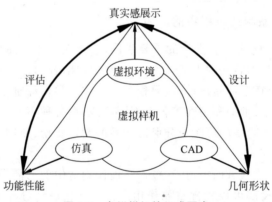

图 1-3　虚拟样机的组成要素

虚拟样机技术是一种基于虚拟样机的数字化设计方法,是各领域 CAx/DFx 技术的发展和延伸。这里,CAx/DFx 指广义的数字化工具集,其中 x 可以代表生命周期中的各种因素,如设计、分析、工艺、制造、装配、拆卸、维修等,它们被广泛应用于产品数字化设计制造的各个环节。在多个产品开发组协同设计环境中,分布在不同地点、不同部门的专业人员围绕逼真的虚拟原型,从不同角度、不同需求出发,对虚拟原型进行测试、仿真和评价,并改进和完善。采用虚拟样机可以代替物理样机对产品进行创新设计、测试和评估,这就可以确保在产品设计开发的早期消除设计隐患,提高产品设计质量,缩短产品开发时间,提高面向客户和市场的需求能力。复杂产品的虚拟样机开发模式如图 1-4 所示,虚拟样机技术正在成为企业有效研究、设计复杂产品的重要手段。

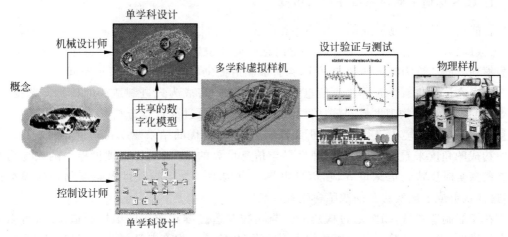

图1-4 复杂产品的虚拟样机开发模式

5. 仿真技术在复杂系统操作训练中的应用

一般情况下,凡是需要熟练人员进行操作、控制、管理与决策的实际系统,都需要对这些人员进行训练、教育与技能培养。早期的训练大多是在实际系统或设备上进行的。随着系统规模扩大、复杂程度提升、造价日益昂贵,训练过程中就必须避免操作不当引起的系统破坏。为了解决这些问题,需要这样的系统,它能模拟实际系统的工作状况和运行环境,又可避免采用实际系统时可能带来的危险性及高昂的代价,这就是操作训练仿真系统。

操作训练仿真系统是利用计算机并通过运动设备、操纵设备、显示设备、仪器仪表等复现所模拟的对象行为,并模拟与之适应的工作环境,从而成为训练操纵、控制或管理这类对象的专门人员的模拟系统。例如,用于电厂运行人员操作训练的电厂训练仿真器,用于飞机起落和飞行训练的飞行模拟器。

由此可见,仿真技术在复杂产品开发中的应用越来越广泛。但我们应该认识到,仿真结果很大程度上取决于仿真模型的精度,建立真正能够取代物理样机的仿真模型,需要经验和积累;在某些领域,由于认知水平有限,无法建立实用的仿真模型。大多数仿真软件虽然功能强大,但要求丰富的专门知识。目前,专业仿真人员的匮乏,限制了仿真应用的推广。仿真技术真正能够在产品设计中发挥作用,为企业带来可观的经济效益,需要在长期使用中积累丰富的仿真模型和技术经验。这是仿真技术在产品设计和应用中需要注意的一些方面。

1.4 仿真技术研究与应用的发展趋势

仿真技术在许多复杂工程系统的分析和设计中越来越成为不可缺少的工具。进入21世纪以来,仿真技术已逐步形成了一套综合性的理论和技术体系,正向着以"数字化、虚拟化、网络化、智能化、服务化、普适化"为特征的方向发展。

1. CPS 环境下制造系统建模与仿真

智能制造是当今制造业的发展趋势和产业升级的主要途径。近年来,5G、物联网、云计算、大数据、人工智能等正在推进新一轮信息产业的快速发展,人类社会将迎来以大连接、大数据和智能计算为特征的智能时代,为智能制造提供了基础条件和发展空间。

CPS 在国内也有学者称之为信息物理融合系统,将成为先进制造业的核心支撑技术。CPS 的目标是实现物理世界和信息世界的交互融合,通过大数据分析、人工智能等新一代信息技术在虚拟环境中进行仿真分析和性能预测,以最优的结果驱动物理世界的运行。从 CPS 构成的角度来看,物联网是物理世界与信息世界的接口,它将物理世界中的人与物的状态信息实时反映到信息世界,在信息世界中重构了一个与物理世界高度吻合的虚拟世界,这样就形成了虚实融合的数字孪生系统。

在智能制造领域,CPS 通过构建一个与实物制造过程相对应的虚拟制造系统,可以实现产品研发、设计、试验、制造、服务的虚拟仿真,从传统上生产制造过程以"试错法"为主体的方式,上升到基于数字仿真的方式来优化制造过程,这实际上是通过数据驱动的方式,来提高生产制造效率、增加质量管控的能力。在 CPS 技术与系统的支持下,数据驱动、软件定义、平台支撑更好地支持物理系统的实际制造过程,无论是产品、设备还是工艺流程都将以数字孪生的形态出现,虚拟仿真在制造过程中的应用将逐渐涵盖复杂产品的设计研发、制造过程、服务运营的全流程,实现更短的研发周期、更低的制造成本、更高的产品质量和更好的客户体验。

智能制造中的数字化、网络化、智能化,是实体制造和虚拟制造的数字孪生与虚实融合。数字孪生体是指在计算机虚拟空间存在的与物理实体完全等价的信息模型,可以基于数字孪生体对物理实体进行仿真分析和优化。它充分利用物理模型、传感器更新、运行历史等数据,集成多学科、多物理量、多尺度的仿真过程,在虚拟空间中完成映射,从而反映相对应的实体装备的全生命周期过程,建模与仿真是其关键的支撑技术。

2. 网络化仿真技术

网络化仿真技术泛指以现代网络技术为支撑实现复杂系统的模型构建、仿真运行、试验验证、分析评估等活动的一类技术。它起始于分布交互仿真技术,经历了 SIMNET(simulation networking,仿真网络)、DIS(distributed interactive simulation,分布交互仿真)、ALSP (aggregate level simulation protocol,聚集级仿真协议)和 HLA(high level architecture,高层体系结构)等几个典型发展阶段。随着仿真需求、系统建模和各种仿真支撑技术,特别是随着 Internet、Web Service、网格计算等网络技术的发展,其技术内涵和应用模式也不断得到丰富和扩展。

基于 Web 技术的可扩展建模仿真框架(extensible modeling and simulation framework, XMSF)的核心是使用通用的技术、标准和开放的体系结构,促进建模与仿真在更大范围内互操作与重用。当前基于 Web 技术的网络化建模仿真技术研究发展的重点是 XMSF 相关标准、技术框架和应用模式等的建立与完善,HLA 中 SOM(simulation object model,仿真对象模型)、FOM(federation object model,联邦对象模型)与 BOM(base object model,基本对象模型)的结合,HLA/RTI(runtime infrastructure,运行时间支撑框架)的开发应用与

Web service 技术的结合,实现在公共广域网条件下的联邦组织和运行。

网格技术的核心是实现网络上各种资源(如计算资源、存储资源、软件资源、数据资源等)的动态共享与协同应用。网格与仿真的结合为各类仿真应用对仿真资源的获取、使用和管理提供了巨大的空间。同时,它以新的理念和方法为仿真领域中诸多具有挑战性难题的解决提供了技术支撑,如仿真应用的协同开发,仿真运行的协调、安全和容错,模型和服务的发现机制,仿真资源管理机制,资源监控和负载平衡等。

仿真网格技术包括仿真网格的体系结构与总体技术、仿真网格服务资源的动态综合管理技术、仿真领域资源等的网格化与服务化技术、协同建模仿真的互操作技术、仿真网格运行的监控与优化调度技术、仿真网格应用的开发与实施技术、仿真网格的可视化服务实现技术、仿真网格的安全支撑技术及仿真网格的门户技术等。

3. 基于 Agent 的仿真

自 20 世纪 90 年代提出 Agent 技术以来,它已成为计算机与人工智能领域研究的热点。尽管目前尚未有大家一致认同的 Agent 相关定义,但它已广泛应用于许多领域。人们普遍认为,Agent 具有自治性、社会性、反应性。自治性是指 Agent 的行为是主动和自发的,或至少有一种这样的行为,Agent 有它自己的目标或意图,能对自己的行为做出规划。社会性是指单个 Agent 的行为必须遵循和符合 Agent 的社会规则,并能通过某种交互语言以合适的方式进行 Agent 之间的交互与合作。反应性是指 Agent 能感知其所处的环境,包括物理系统、人机交互或其他 Agent,并能及时做出响应。总之,Agent 具有某种程度的智能,这是它区别于计算机领域人们熟悉的概念"对象"的主要特点。

在仿真领域,面向 Agent 的仿真是研究热点之一。基于 Agent 的社会性和自治性能力,通过 Agents 之间的异步信息传输,完成基于 Agent 对象的社会行为和社会反应的仿真,已经得到广泛有效的应用,特别是基于多 Agent 系统(multi-agent system,MAS)仿真被广泛应用于复杂系统的仿真中。因为它具有以下特点:

(1) 模块化。Agent 技术完全拥有面向对象技术的模块化的能力,而且最适合于被分解成自然模块的应用问题。一个 Agent 拥有自己的状态变量集,能够与环境变量区分开来,它与环境的接口可以清楚地被识别,从而能很好地用于描述建模对象,还可以通过最小限度的改变被重用。

(2) 分散化。Agent 不需要外部激励就可以监视其环境,并可在合适的时候采取行动,从而很方便地用于分布式仿真。

(3) 可变性。同时具有模块化和分散化能力的 Agent 可以方便地用于结构变化频繁的系统仿真。因为模块化允许方便地修改模型的局部,分散化使得一个模块的改变对其他模块的影响很小。

(4) 易于处理不良结构问题。不良结构是指在模型设计时,并非所有结构信息已知。Agent 可以支持这样的系统模型设计,因为在 MAS 中,每个 Agent 只需自我信息和环境交互信息,而它无须了解环境内部的情况。基于 Agent 的模型设计仅需要识别环境对它的影响和它对环境的影响,而不需要细化相互连接的单个实体及它们之间的接口。

复杂产品及其虚拟样机本身都包含大量的组成要素,这些要素有静态的,也有动态的;各个要素本身也可以拥有资源并具备复杂行为;要素之间可能存在复杂的交互关系;系统行为依赖于要素之间的协同与合作。这样的系统具有根据环境的输入获取知识、自学习、推理、决策并作出行为规划的能力,从属性、结构、行为、功能上都表现出与 Agent 系统的一致性,这种情况下可以采用 Agent 进行模型描述。

4. 数据与 AI 技术驱动的智能仿真

随着工业互联网的不断应用,以大数据分析为基础的技术发展将逐渐给工业智能领域带来显著的变化。在工业领域,我们经常需要建立某个工业系统的数学模型,然后分析影响系统性能的关键参数。而在实际应用中,任何一个物理系统往往都存在着诸多的不确定性因素。多数情况下,我们无法完全了解它的内部机理,就不能用模型来分析其关键影响参数,此时工业大数据可以为我们提供解决问题的新方法。在智能制造时代,企业管理和生产过程将越来越依赖于工业大数据,其潜在价值也日益呈现。

目前,大数据技术可能带来的价值正逐渐被人们所认可。新一代信息技术促进制造业迈向转型升级的新阶段——数据驱动的新阶段,使得工业生产全流程、全产业链、产品全生命周期的数据可以获取、分析和使用,更多地基于事实与数据进行决策。对于很多工业过程而言,我们还无法了解其模型机理,这时就可以依据运行过程中所采集的数据,采用数据采集和分析计算的手段来解决问题。

人工智能(artificial intelligence,AI)是一种如何研究、开发和拓展类似人类智能的基本理论、技术方法及应用学科,其研究对象包括机器人、语言识别、图像识别、自然语言处理和专家系统等。它由不同的领域分支组成,如机器学习、计算机视觉等,且必须借用数学工具中的理论方法,如逻辑数学、模糊数学等。目前,AI 中的“智能”仍然是以数据驱动的,机器系统获得智能的方式是靠大数据和智能算法。

数据驱动方法的优势在于利用人工智能算法进行模型的训练,并用训练好的模型进行预测,并且随着数据量的不断增加,我们可以不断地进行模型修正,使得模型越来越精确。可见,工业大数据是制造企业未来的重要战略资源,是今后工业智能技术发展的基础,也是企业在智慧工厂建设中需要解决的关键问题。

在仿真领域,大数据的问题一直存在,在整个仿真运行的迭代计算过程中每一步骤都可能涉及将上一步的计算结果转换为下一步的仿真输入。大数据驱动下的建模与仿真是基于数据的建模、模型修改、模型校验与确认等的技术。仿真大数据的处理技术,涉及大数据的表示方法、多源异构数据融合技术、数据挖掘与分析技术、大数据的可视化技术等。此外,大数据促进了仿真方法的发展,大数据的智能搜索、去冗降噪、聚类分析、特征挖掘技术,把大数据变成小数据,有利于对复杂系统的不确定性、适应性、涌现性的理解,进而有助于复杂系统的建模与仿真方法学的发展。

大数据的特点是数据量大、数据种类多、实时性强,数据中蕴藏着潜在的应用价值。随着工业进入信息化时代,数据成为工业系统运行的核心要素。工业不断发展的过程,本质上是数据的作用逐渐加强的过程,数据在工业生产力不断提升的过程中发挥着核心作用。工业大数据的应用,将成为未来提升制造业生产力、竞争力、创新能力的关键要素,也是开启智能制造时代的重要着力点。

5. 基于普适计算技术的普适化仿真

普适计算技术是将计算技术与通信技术、数字媒体技术相融合的技术,它提供一种全新的计算模式。其目标是使由计算和通信构成的信息空间与人们生活的物理空间相融合而形成智能化空间,在这个智能化空间中人们可以随时随地透明地获得计算和信息服务。

在仿真系统中引进普适计算技术,是将计算机软硬件、通信软硬件、各类传感器、设备、模拟器紧密集成,实现将仿真空间与物理空间结合的一种新仿真模式,其重要意义是实现仿真进入真实系统,无缝地嵌入我们日常生活的事物中。当前,普适仿真相关的重要研究内容涉及融合基于 Web 的分布仿真技术、网格计算技术、普适计算技术的先进普适仿真体系结构,仿真空间和物理空间的协调管理与集成技术,基于普适计算的普适仿真自组织性、自适应性和高度容错性,以及普适仿真应用技术等。

有专家认为,融合普适计算技术、网格计算技术与 Web service 技术的"普适化仿真技术"将推动现代建模与仿真技术的研究、开发与应用进入一个崭新的时代。

1.5　仿真科学与技术在学科发展中的重要性

仿真科学与技术是以建模和仿真理论为基础,根据研究目标,建立并利用模型,以计算机系统、物理效应设备及仿真器为工具,对研究对象进行分析、设计、运行和评估的一门综合性、交叉性学科。目前,仿真科学与技术是世界发达国家十分重视的一门高新技术。

仿真科学与技术学科的知识体系通常包括三个部分:一是仿真建模理论与方法,包括仿真建模理论、仿真相似理论、仿真方法论等;二是仿真系统与技术,包括仿真系统理论、仿真系统支撑环境、仿真系统构建与运行技术;三是仿真应用基础理论与工程技术,包括仿真应用理论、仿真应用的可信评估方法、仿真应用共性技术和各专业利用的仿真应用技术。仿真学科的基础需要由数学、物理等自然科学的公共基础理论来支持。

美国作为全球最发达的国家,从它对仿真技术的重视程度来看,我们就可以从中看出仿真科学与技术这门学科的重要性。

1997 年,美国国防部对武器采办进行改革,最重要的改革就是提出"基于仿真的采办"(simulation based acquisition,SBA),即将建模和仿真应用于武器装备从需求分析到最终报废的全生命周期过程。2000 年,美国国防部高级研究计划局(DARPA)、商务部、能源部、国家科学基金会(NSF)联合发布了一项国家级制造业发展战略研究及推广计划"集成制造技术路线图"(integrated manufacturing technology road-mapping,IMTR)。IMTR 当时提出了未来制造业面临的六个重大挑战:构建精良、高效的企业;提高快速响应客户的能力;成为全面互联的企业;保持环境可持续性;施行知识管理;善于应用新技术。IMTR 进而提出了迎接这些挑战的四类技术对策:面向制造的信息系统;建模和仿真技术;制造工艺与装备;企业集成。这六大挑战与技术对策放到现今依然成立。由此可见,建模和仿真技术对于工业领域的重要性。

2007 年 7 月 16 日,美国国会通过的 487 号决议中有如下一段文字表达,从中可以看出美国在建模和仿真领域所达到的认识高度:"美利坚合众国是一个伟大而繁荣的国家,而建模和仿真极大地促进了这一伟大和繁荣。"在美国,建模和仿真是计算机科学和数学的独特应用,它基于模型或仿真的有效性、正确性和可重复性,以及成千上万的美国人在建模和仿真事业中开发这些模型的能力;政府、工业界和学术界的建模与仿真领域的成员为美国的整体福利做出了突出的贡献。下面的例子可以部分体现建模和仿真为美国做出的贡献,尽管这些贡献不胜枚举:①曼哈顿计划期间,通过最早复现核链式反应过程的仿真,拓展了对核裂变的理解,最终促成了第二次世界大战的结束;②作为"库存管理计划"的基本要素,使美国总统能够在不进行真实核试验的情况下,确保核武器库存十年以上的安全性和可靠性,并展示了国家对核不扩散的承诺。在这个决议中,共罗列了11条建模与仿真成功的典型应用案例。2017年11月有报道称,洛克希德·马丁公司将数字孪生列为未来国防和航天工业六大顶尖技术之首。近年来,"数字孪生"技术背后的核心问题即是建模和仿真技术,强调了仿真应用的价值。该决议还明确提出,建模和仿真是"国家核心技术"(national critical technology)。如今,计算机仿真行业已经成为代表其国家关键技术和科研核心竞争能力,具有相当规模的产业。

美国在2018年12月修订生效的新版高等教育法,专门将建模和仿真作为一项重要的内容列入其中,并使用大量篇幅说明政府和社会应如何推动建模和仿真技术在大学教育中的普及。在整个法案中,还没有见到任何其他的一项技术能够享受如此高的待遇,即使近年来快速发展的人工智能技术,都没有出现。

从这两个文件可以看出,建模和仿真技术的基础性与长远价值已远远超出其所在的技术领域范畴,将对国家利益和国家安全产生重大影响。而在工业领域,建模和仿真技术也一直发挥着不可替代的作用。

由于仿真科技与专业人才匮乏,鉴于仿真技术对于未来工业4.0时代智能制造系统技术的重要性,应鼓励有条件的院校设立仿真学科或开设仿真技术类课程,积极培养仿真领域的专业人才,加快我国自主可控仿真软件的发展步伐,适应我国未来工业和社会领域对仿真科学与技术各类应用领域的需求。

习题

1. 查阅文献资料或利用搜索引擎,理解"仿真""simulation"的基本概念,整理、比较和说明相关文献中"仿真"这一概念的含义。

2. 查阅文献资料或利用搜索引擎,理解"建模""modeling"的基本概念,整理、比较和说明相关文献中"建模"这一概念的定义,并说明建模与仿真之间的关系。

3. 查阅文献资料,找出2～3个不同领域的仿真实例,说明仿真技术在工程应用中的重要作用。

4. 试说明你对"系统仿真以建模和计算为基础"这一含义的理解。

5. 系统仿真的技术发展大致经历了几个阶段?各个阶段的主要技术特点是什么?

6. 计算机仿真具有哪些主要技术特点?

7. 哪些情形下更适合采用计算机仿真技术?试举例说明。

8. 在复杂产品设计、制造和使用过程中,试说明计算机仿真技术具有哪些作用。

9. 举例说明基于Agent的仿真系统的主要特点。

10. 试综合分析仿真技术的主要发展趋势。

第2章

系统仿真基础

2.1 系统仿真的技术基础

2.1.1 相似理论

相似理论一般属于认识论与方法论的范畴。人类在认识世界的过程中,发现很多事物的属性具有相似现象,并根据这种现象形成了一种科学的思维方式与方法。相似现象是自然界和人类社会普遍存在的一种现象,在诸多同类事物中经常可以发现一些相似现象,然而绝对相同几乎是不存在的,在一定条件下应用相似原理来处理问题则是可取的。

相似原理是系统仿真的基础。系统仿真本质上就是依据我们所研究对象的相似性原理,人为建立某种形式的相似模型,以对该系统进行模拟与分析。系统仿真模型与实际系统应具有某种形式和一定程度的相似性,相似理论的基本原理为相似模型的建立提供了理论基础和思想方法。因此,在仿真过程中自然而然地应用这些相似理论。

按照不同的分类方式,系统仿真领域的相似性具有以下不同的分类。

1. 按仿真对象的相似性分类

按照系统仿真中我们所关注的研究对象,可将相似理论分为实物模型相似性、数学模型相似性、简单系统相似性和复杂系统相似性。

1)实物模型相似性

实物模型相似性是指实物模型与实物自身的相似性,主要包括几何相似、运动学相似和动力学相似。

(1)几何相似是根据研究对象的几何相似特征,建立实物对象的几何模型,使模型与实物保持几何相似和几何尺寸的比例关系。

(2)运动学相似研究的是实物对象与模型之间的运动学相似性。

(3)动力学相似基于力学原理,建立力学模型,并通过模型研究真实对象的动力学特征。例如,风洞试验中吹风试验是按照实际空气动力学相似进行的。

2)数学模型相似性

数学模型相似性是指我们所研究的对象系统与仿真系统两者的数学描述相同。数学模型相似性主要包括以下内容。

(1)连续系统动力学的数学相似。连续系统的状态方程、传递函数等,是对系统各个因素之间关系的数学描述。如果两个系统的状态方程、传递函数等数学模型一致,则这两个系统之间具有相似性。

(2)离散系统动力学的数学相似。系统的离散状态方程和离散传递函数是对离散系统的数学描述,当两个系统的离散数学模型一致时,它们之间具有相似性。

此外,我们在不确定性问题建模仿真中,往往采用概率、模糊集、粗糙集等的数学相似性,场效应仿真分析中较多采用偏微分方程的数学模型相似性,等等。

3)简单系统相似性

简单系统相似性,是指两个系统的结构、功能、性能、人机界面、存在与演化等方面存在相似性。它们的初始状态是相似、一致的,且有各自的演化过程,而演化过程中的主要特征和参数存在相似关系,即具有静态和动态过程的相似性。

4)复杂系统相似性

复杂系统是指不能用还原论来研究的一类系统。它们具有非线性、涌现性、自治性、不确定性等特性。

复杂系统相似性,不但表现为结构、功能、存在与演化等特征相似,而且更重要的是表现为非线性、涌现性、自治性、不确定性等特性的相似。复杂系统在其复杂性表现、系统内在要素的相互作用、整体与部分关系及演化的不同阶段等方面,会出现不同的相似现象。

2. 按相似方式分类

按照相似方式,可将系统仿真中的相似性分为时空相似、信息相似、功能性能相似和动态特性相似等。

1)时空相似性

时空相似性是指我们所研究对象的原型系统与仿真系统两者之间的空间结构、系统时间相似。空间相似是一种最基本的相似方式,当系统的空间结构存在共同特性时,系统的演化就会表现出相似性。而系统的时间相似性要求在仿真过程中两个系统推进的时间间隔尽量一致,过长或过短都会导致仿真的逼真度下降。

2)信息相似性

系统仿真中最典型的信息相似,是仿真系统人机信息交互与原型系统人机信息交互之间的相似性,包括各种感知信息的相似,如视听觉信息、触觉信息、运动感觉信息等。它们是仿真模拟器构建的基础。

3)功能性能相似性

从本质上讲,仿真系统就是对原型系统的部分功能和性能的模拟。仿真系统与原型系统的数学模型是相似的,这种相似特征决定了二者功能和性能的相似性。

4)动态特征相似性

若两个不同系统的动态方程相似,则其运动规律相似,两个系统之间就存在动态特征相似性。例如,我们若要对某个控制系统进行仿真,首先需要建立该系统的数学模型,再通过算法将其转化为仿真模型,进行仿真试验,并根据仿真分析的结果来研究和评估该控制系统的控制性能。

2.1.2 基于相似原理的系统仿真

仿真技术是以相似原理、系统建模、数值计算、信息技术及其应用领域的有关专业知识为基础，以计算机和各种物理效应设备为工具，利用系统模型对真实的或设想的系统进行动态试验研究的一门综合性技术。

计算机仿真是通过建立实际系统的模型，以计算机为工具，利用所建立的模型，对实际系统进行分析研究的过程。系统仿真实际上就是利用计算机等技术手段，复现系统对象的演变过程。该对象可能是人(操作者)、自然环境(仿真环境)、设备/设施，或者是这些对象的综合体。该系统对象可能是真实存在的，也可能是人们想象之中或设计出来而还没有成为现实的虚拟对象。

仿真方法具有显著的系统学、数学、计算机科学背景。正如约翰·L.卡斯蒂(John L. Casti)所指出："仿真涉及三个世界：真实世界、数学世界和计算世界。"通常而言，组成系统仿真的三个要素是系统、模型和计算机。如图 2-1 所示，系统是我们所研究和关注的对象，模型是对该研究对象的系统特性进行抽象描述，仿真则是通过计算机工具对模型进行实验分析的过程。而将这三个要素结合在一起的三个活动是系统建模、模型程序化、仿真实验与分析。

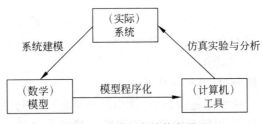

图 2-1 系统仿真的基本原理

相似理论的基本原理为相似模型的建立提供了理论基础。仿真方法把研究对象视为一个系统，并基于系统之间的相似性建立系统模型并通过模型分析去研究系统。仿真模型与被仿真系统之间应该具有较高的相似性，使得系统仿真更加精确、高效和可信。这些原理应贯穿于整个仿真过程中，即在系统建模和仿真的各个阶段始终要基于相似特性进行定性或定量分析，在此基础上形成一套具有可操作性的工程化方法与技术。

1. 定义被仿真系统

定义被仿真系统主要是明确系统仿真的目的，建立仿真对象的描述框架，即建立系统层面的描述模型。

1) 明确仿真目的

仿真目的是确定系统建模和仿真活动的方向。系统仿真一般都是针对特定问题的有限目的。明确仿真目的，有助于把握仿真过程中可能需要采用的相似形式和相似方法及仿真可信评价的标准。

2) 仿真对象的描述框架

根据仿真目的，用系统的观点确定仿真对象的组成要素和系统边界、系统环境等。例如,如果仿真的目的是要在计算机上再现实际系统的行为,就要根据行为相似的原理,采用数学相似方法进行建模和仿真。如果仿真的目的是在仿真系统中实现实际系统的某些功能,就应考虑基于功能相似的原理,用数学相似和物理相似的方法建立数学模型与物理效应模型,来模拟实际系统的功能。

2. 进行相似性分析

相似性分析就是根据仿真目的和仿真对象,确定为实现系统仿真目的而建立的仿真模型应具有的相似形式和相似特性,据此确定相似要素,研究相似性的实现原理、方法和技术。

1)确定相似形式

根据系统仿真的基本原理,以仿真目的为导向的仿真模型与实际系统具有某种形式的相似性。仿真模型的相似形式可分为数学相似、物理相似或数学-物理相似、行为相似或功能相似、状态相似或结构相似等。某个仿真模型可能兼有几种相似形式,此时需要考虑各种相似形式的可实现性。

2)确定相似要素

在确定仿真对象的组成要素及系统仿真应具有的相似形式的基础上,分析并确定仿真系统的相似要素。

3)确定相似特性

各个相似要素具有某些属性和特征,这些属性和特征反映了相似要素所具有的特性。根据仿真目的、相似形式及相似要素属性和特征的重要程度,选择适当的属性,并确定其描述特征,从而构成仿真系统应具有的相似特性。

4)确定相似性实现的原理、方法和技术

根据仿真目的和仿真对象的先验知识,找出反映系统外部行为特征的内在相似规律。在此基础上,根据仿真系统的相似形式和具体问题领域已有的科学理论,确定实现相似性的科学原理、基本方法和技术途径。

3. 建立相似模型

在相似性分析的基础上,建立某种形式的相似模型,即仿真建模。相似模型的形式根据仿真类型分为数学仿真模型、物理仿真模型和数学-物理仿真模型。

数学仿真模型包括数学模型及对其进行有效求解计算的计算机工具。实际上,系统的数学模型是实际系统的一次近似,仿真模型则是实际系统的二次近似。先是建立实际系统的数学模型,再根据数学模型的特点和精度要求,选用适当的计算机工具及求解算法,将数学模型用计算机程序语言进行编程实现。物理仿真模型不但要反映其与实际系统之间几何和物理性质上的相似性,更要反映实际系统的物理效应。数学-物理仿真模型兼有上述两者的要求,还要考虑两者之间的关联,包括实时通信、交互作用等。

对于某些具体问题,专业仿真领域的相关学科已有许多成熟的理论方法和实现技术,仿真模型的建立离不开这些理论方法和实现技术的应用。

4. 仿真计算与分析

数字仿真本质上是利用模型在计算机上进行试验,即在计算机上计算和运行仿真模型。模型运行所得的结果,有时需要与实际系统的观测结果进行比较,以检验仿真模型和仿真过程是否具有实际系统的相似特征,当然模型行为与实际系统的观测结果不可能完全一致,但应在一定的精度条件下反映其相似特征。另一种可能是,目前无法或尚未从实际系统中获得观测结果,这也正是要进行仿真的原因之一。在仿真模型运行中,可以根据需要通过改变输入信息和模型结构及其参数,进行多次仿真运行,其仿真结果可用于仿真模型的相似性检验分析,还可达到模型结构和参数优化的目的。而对于那些包含随机因素的模型,仅靠一次仿真运行所得的分析结果是不充分的,需要多次仿真运行和综合分析其结果。

2.2　系统、模型与仿真

2.2.1　系统

1. 系统的定义

"系统"一词对应的英文单词是 system,它源自希腊语 systèma,是由部分构成整体的意思,即由若干部分相互联系、相互作用所形成的具有某些功能的整体。古希腊原子论创始人德谟克利特在其著作《宇宙大系统》中最早论述了"系统"的含义:"任何事物都是在关联中显现出来的,都是在系统中存在的,系统关联规定每一事物,而每一关联又能反映系统关联的总貌。"

系统论的思想源远流长。系统论是研究系统的一般模式、结构和规律,以及各种系统的共同特征,用数学方法定量地描述其功能,寻求并确立适用于一切系统的原理、原则和数学模型,是具有逻辑和数学性质的一门学科。正如 G. 戈登(G. Gordon)在其所著的《系统仿真》一书中所说:"系统这个术语已在各个领域用得如此广泛,以至于很难给它下一个定义。"一般系统论创始人贝塔朗菲将系统定义为"系统是相互联系、相互作用的诸元素的综合体",该定义强调元素间的相互作用及系统对元素的整合作用。《美国传统词典》对其定义为:系统是由一组互相关联、互相作用、互相依存的要素组成的复杂整体(system:A group of interacting,interrelated,or interdependent elements forming a complex whole)。我国著名科学家钱学森认为:系统是由相互作用、相互依赖的若干组成部分结合而成的,具有特定功能的有机整体,而且这个有机整体又是它从属的更大系统的组成部分。

利用系统论的思想方法,我们可以将所研究的对象作为一个系统进行定义和处理,分析系统的结构和功能,研究系统、要素、环境三者的相互关系和变化规律,并优化系统的性能。这样,我们研究系统的目的,不仅在于认识系统的特点和规律,更重要的是利用这些特点和规律去控制、管理、改造或设计系统,掌握系统结构、各要素关系和调控规律,达到系统优化目标,使它更好地满足人类发展的需要。

定义:系统是一个由多个部分组成的、按一定方式连接的、具有特定功能的整体。

"系统"一词目前广泛应用于社会、经济、工业等各个领域。系统一般可分为非工程系统和工程系统。社会系统、经济系统、自然系统、交通管理系统等可以归为非工程系统,而工程系统则覆盖了机电、控制、电子、化工、热力、流体等众多工程应用领域。本书侧重于以工程系统为研究对象。

世界上任何事物都可以看成是一个系统,大至无穷的宇宙,小至微观的原子,一个工厂、一台机器、一个软件工具或手机应用 App……都可以视为系统。换言之,按照系统论的观点,整个世界就是各种系统的集合。

我们通常描述某个系统需要四个要素:实体、属性、活动和环境。实体确定了系统所构成的具体对象或单元,也就确定了系统的边界;属性也称描述变量,描述了每一个实体的特性(状态和参数),其中系统的状态对描述系统在任意时刻、相对于研究对象来说是必需的;活动是指对象随时间推移而发生状态的变化,它定义了系统内部实体之间的相互作用,从而确定了系统内部发生变化的过程;环境表示该系统所处的环境因素(包括激励、干扰、约束等),指那些影响系统而不受系统直接控制的全部因素。

由系统内部的实体、属性、活动组成的各种要素处于一定值时系统整体所表现出来的形态称为系统状态。当系统发生变化,从一个状态(state)变成另一个状态时,就认为发生了一个过程(process)。我们常用系统状态的变化来研究系统的动态情况。

系统一般具有输入和输出功能,输入信号经过系统内部处理可以得到输出信号或输出响应,如图 2-2 和图 2-3 所示。内部结构与机理完全清晰的系统称为白盒系统;内部结构与机理部分清晰的系统称为灰盒系统;内部结构与机理完全不清楚的系统称为黑盒系统。

图 2-2　虚拟现实系统

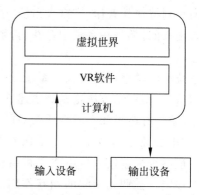

图 2-3　虚拟现实系统的基本组成

这样,我们在定义一个系统时,首先要确定系统的边界。尽管世界上各种事物之间的相互联系是客观且普遍存在的,然而当我们研究某一具体对象时,总是需要在某些条件下将该研究对象与其共存环境区隔开来。例如,在热学中,通常把一定质量的气体作为研究对象,该研究对象就称为系统。而在流体力学中,众多流体质点的集合称为系统。边界确定了系统的范围,边界以外对系统的作用称为系统的输入,系统对边界以外的环境的作用称为系统的输出。

2. 系统的类型

系统的类型是多种多样的,我们可以根据不同的特征来划分系统。例如,按照人类干预的情况,可划分为自然系统、人工系统;按范围大小,则分为宏观系统、中观系统和微观系统;按照它与环境的关系,则可分为开放系统、封闭系统、孤立系统;按照系统状态参数的相对稳定性,可分为静态系统、动态系统;按照系统的状态和参数是确定的还是随机变化的,可分为确定系统、随机系统;按照系统状态变量的特点,可分为连续系统、离散系统和混合系统;而线性系统、非线性系统的划分,若系统中所有元器件的输入、输出特性都是线性的系统称为线性系统,而只要有一个元器件的输入、输出特性不具线性的系统则称作非线性系统;此外,根据系统中是否含有参数随时间变化的元件,可分为定常系统、时变系统等。

定常系统又称为时不变系统,其特点是系统的自身性质不随时间而变化,其系统响应的性态只取决于输入信号的性态和系统的特性,而与输入信号施加的时刻无关。时变系统指其中一个或若干个参数值随时间而变化,从而整个特性也随时间而变化的系统。例如,火箭飞行系统是时变系统的一个典型例子,在飞行中它的质量会由于燃料的消耗而随时间减少。

系统一般可以划分为连续系统和离散系统两类。"连续系统"是指状态变量随时间连续改变的系统;"离散系统"是指其状态变量只在某个离散时间点集合上发生变化的系统。实际上,很少有系统是完全连续或完全离散的,大多数系统中既有连续成分,也有离散成分,即一部分具有连续系统特性,另一部分具有离散系统特性,这样的系统称为连续-离散混合系统。或者由于某一类型的变化占据主导地位,就相应地将该系统归入连续或离散类型。

例如,电机调速系统包括电动机、测速元件、比较元件和控制器等各个实体对象,它们通过相互作用以实现按照预定的要求来调节电动机的速度。此时,适合于采用连续系统来描述。

在制造领域,我们可以将一台加工设备定义为一个系统。各加工零件按一定的顺序到达设备的工作台,按照机器指定的程序进行加工,加工完成后零件离开工作台。在该系统中,可以按照典型的单服务台排队系统来处理。这属于离散系统的问题。

对于复杂系统,其最主要的特征是系统具有众多的状态变量,反馈结构复杂,输入与输出呈现出非线性特征。若要分析复杂系统的功能、性能、行为、演化等方面的特点,就目前而言,系统仿真是一种重要的手段。

3. 系统的内涵

我们可以从下面五个方面理解系统的内涵:

(1) 系统是由若干部分(要素)组成的。这些要素可以是某些个体、元件、零件,也可以是一个子系统。如运算器、控制器、存储器、I/O设备组成计算机硬件系统,运算器可以看作一个子系统,而硬件系统又是计算机系统的一个子系统。

(2) 系统的组成结构。系统是其构成要素的集合,这些要素相互联系、相互制约。系统内部各要素之间相对稳定的组成和联结关系,就是系统的组成结构。例如,产品由部件组成,部件之间存在着装配关系,某些运动部件处于运动之中。

(3) 系统具有一定的功能。系统的功能是指系统与外部环境相互联系和相互作用中表现出来的性质、能力和功能。例如,企业信息化系统的功能是进行企业业务信息的收集、传递、储存、加工、维护和使用,辅助决策者进行决策,帮助企业实现目标。

(4) 系统的整体性。系统在实际应用中总是以特定系统的形式出现,如制冷系统、飞控系统等。对某一具体对象的研究,既离不开对其物性的描述,也离不开对其系统性的描述。系统的状态是可以转换、可以控制的。而"系统"一词则表征所述对象的整体性。应当指出,这里的系统是广义的概念。

(5) 系统的层次性。根据研究对象与目的的需要,系统可大可小,可以大至宇宙、世界,小至原子、分子层面。而且,系统本身也可以由多个互相关联的子系统组成,系统还可以与它的外部环境构成一个更大的系统,因而系统具有层次性。

2.2.2 模型

系统仿真通常需要将所研究的实际系统抽象为数学模型,然后将数学模型转换为可以在计算机上运行的仿真模型,再利用计算机工具对仿真模型进行数值计算。

1. 基本概念

按照系统论的观点,模型是对真实系统的描述、模仿或抽象,即将真实系统对象用适当的表现形式(如文字、符号、图表、数学公式等)加以描述。系统模型是对系统中的实体、属性、活动和环境的描述。

定义:模型是一个系统(实体、假想、现象、过程)的物理、数学或其他逻辑的表现形式的描述。

系统模型基于研究目的,而对所研究的系统在某些特定方面进行抽象和简化,并以某种形式来描述。对于多数研究目的,建立系统模型并不需要考虑系统的全部细节。建立一个合适的系统模型,不仅可以用来代替系统,而且可以对这个系统进行合理的简化。系统模型不应该比研究目的所要求的更复杂,模型的详细程度和精度要求需要与研究目的相匹配,具有与原系统相似的数学描述或物理属性。

2. 模型的形式化表示

一个系统的模型可以定义为如下集合结构的形式化表示方式:

$$S = (T, X, \Omega, Q, Y, \delta, \lambda) \tag{2-1}$$

式中,T 为时间基,描述系统变化的时间坐标。若 T 为整数,则称为离散时间系统;若 T 为实数,则称为连续时间系统。X 为输入集,代表外部环境对系统的作用。通常 X 被定义为 R^n,其中 $n \in I^+$,即 X 代表 n 个实值的输入变量。Ω 为输入段集,描述某个时间间隔内系统的输入模式,Ω 是 (X, T) 的一个子集。Q 为内部状态集,是系统内部结构建模的核心。Y 为输出段集,表示系统对外部环境的作用。δ 为状态转移函数,定义系统内部状态是如何变化的。δ 是一个映射:$\delta: Q \times \Omega \to Q$。其含义为:若系统在 t_0 时刻处于状态 q,并施加一个输入段 $\omega: \langle t_0, t_1 \rangle \to X$,则 $\delta(q, \omega)$ 表示系统处于 t_1 状态。λ 为输出函数,它给出了一个输出段集。λ 是一个映射,$\lambda: Q \times X \times T \to Y$。

上述给出的是对系统模型的一般描述。在实际建模时,由于系统仿真的要求不同,对模型描述的详细程度也不尽相同。针对模型表示的不同层次,具体有:

(1) 行为层次:亦称输入、输出层次。该层次的模型将系统视为一个"黑盒",在系统输入的作用下,只对系统的输出进行测量。

(2) 分解结构层次:将系统看作由若干个黑盒连接起来,定义每个"黑盒"的输入与输出,以及它们之间的相互连接关系。

（3）状态结构层次：不仅定义了系统的输入与输出，而且定义了系统内部的状态集及状态转移函数。

3. 数学模型的分类

系统的数学模型是对该系统内在的运动规律及系统与外部的作用关系所做的抽象，并采用数学关系式表示。我们在建立系统的数学模型时，一般是根据系统实际结构、参数及计算精度的要求，提取主要因素，略去一些次要的因素，使系统的数学模型既能准确地反映系统的本质，又能简化模型分析计算的过程。

描述某个系统的数学模型的方式多种多样，在仿真技术领域通常可以按照如下方式分类：

1）按照模型的时间特征分类

系统的数学模型可以分为连续系统时间模型和离散系统时间模型。

连续系统时间模型的时间用实数来表示，即系统的状态可以在任意时刻点获得。连续系统的状态参数取值连续，通常可以用常微分方程或偏微分方程组表示。

离散系统时间模型的时间用整数来表示，即系统的状态参数只能在离散的时刻点上获得。值得注意的是，离散时间点只表示时间的次序，而不表示具体的时刻点。离散系统的状态仅在特定的时刻点取值变化，通常可以用差分方程组描述系统。

2）按照模型参数分类

系统的数学模型可以分为参数模型和非参数模型。参数模型是指用数学表达式表示的数学模型，如微分方程、差分方程、系统传递函数及状态方程等。非参数模型是指用响应曲线表示的数学模型，如系统脉冲响应、系统阶跃响应、系统的时频域曲线等。

3）按照模型是否线性分类

系统的数学模型可以分为线性模型和非线性模型。符合叠加原理和齐次性的模型称为线性模型，不符合这两个原理的模型则为非线性模型。工程实际应用中碰到的系统大多数为非线性系统，但是对于静态或小扰动微变系统，一般仍采用线性的数学模型近似描述。动态系统则需采用非线性数学模型描述，但在求解模型时通常还要转换为线性模型进行求解。

4）按照模型激励和响应类型分类

系统的数学模型可以分为确定性模型和随机性模型。确定性模型是指可以采用确定的数学表达式来表示的数学模型，这种数学表达式包括显式的和隐式的。随机性模型是指系统的激励和响应不能用确定的数学表达式描述，但可以通过做大量的样本实验，显示出系统的激励和响应具有统计特性。这种只能用统计特征描述的模型称为随机性数学模型。

5）按照系统的状态分类

数学模型又可分为静态模型和动态模型。静态模型反映系统在平衡状态下系统特征值之间的关系。静态模型的一般形式是代数方程、逻辑表达式。动态模型用于刻画我们主要关注和研究对象的动态系统，其数学模型进而又分为连续系统模型和离散系统模型。其中，连续系统模型分为确定性模型和随机模型。确定性模型又分为集中参数模型和分布参数模型两种形式。集中参数模型的一般形式是常微分方程、状态方程或传递函数。分布参数模型可用偏微分方程描述。离散系统分为离散时间系统和离散事件系统。离散时间系统实际上也可视之为连续系统,仅仅是它在某些情况下在离散的时间点上进行采样的过程,属于特殊的连续系统。如采样控制系统,是在采样的时刻点上研究系统的输出特性。这种系统模型一般用差分方程、离散状态方程和脉冲传递函数来描述。离散事件系统是一种用概率模型描述的随机系统,系统的输出可能不完全由输入作用的形式描述,往往存在多种输出,即系统的输入和输出是随机发生的。如库存系统、交通系统、排队服务系统等。

系统的数学模型分类如表 2-1 所示。

表 2-1 系统的数学模型的分类

模 型 分 类			数 学 描 述	应 用 举 例
静态系统模型			代数方程	系统稳态解
动态系统模型	连续系统模型	集中参数	微分方程	工程动力学
			S 域传递函数	
			状态方程	
		分布参数	偏微分方程	热传导温度场
	离散系统模型	离散时间	差分方程	采样控制系统
			Z 域传递函数	
			离散状态方程	
		离散事件系统	概率论,排队论	库存系统,交通系统,工件排队问题

人们在长期的应用实践中,研究了适用于不同对象仿真分析要求的模型描述方法。

表 2-2 是工程系统仿真中一些常用的模型描述表示形式。

表 2-2 模型描述的表示形式

模型描述变量的轨迹	模型的时间集合	模型形式	变量范围	
			连续	离散
空间连续变化模型	连续时间模型	偏微分方程	√	
空间不连续变化模型		常微分方程	√	
离散(变化)模型	离散时间模型	差分方程	√	√
		有限状态机		√
		马尔科夫链		√
	连续时间模型	活动扫描	√	√
		事件调度	√	√
		进程交互	√	√

为了研究、分析、设计和实现一个复杂系统,往往需要反复进行实验。试验的方法可分为两种:一种是实物试验,即直接在真实系统上进行试验,这种方式在某些情况下仍然是不可或缺的,其缺点是试验周期长、费用昂贵,试验后真实系统难以复原;另一种是先构造模型,通过对模型的仿真试验来代替或部分代替对真实系统的实物试验。很多情况下,系统还处于设计阶段,真实的系统尚未建立,人们需要更多地了解未来系统的性能,或者有时系统已经建立,但在真实系统上进行试验没有把握和风险太大,因而在模型上进行试验的方法日益为人们所青睐,成为更为常用的方法。例如,为了研究飞行器的动力学特性,在地面

上只能用计算机来仿真。为此,首先要建立研究对象的数学模型,然后将它转换成适合计算机处理的形式,即仿真模型。

2.2.3 仿真

1961年,Morgenthater首次对"仿真"进行了技术性定义:"仿真意指在实际系统尚不存在的情况下对于系统或活动本质的实现。"1978年,Korn在《连续系统仿真》中将仿真定义为"用能代表所研究的系统的模型做实验"。1982年,Spriet进一步将仿真的内涵扩充为"所有支持模型建立与模型分析的活动,即为仿真活动"。1984年,Orën在给出仿真的基本概念框架"建模—实验—分析"的基础上,提出了"仿真是一种基于模型的活动"这一定义,被认为是现代仿真技术的一个重要概念。

系统仿真目前还没有统一的定义,人们给出了如下不同的定义:

定义1:系统仿真是指利用模型对实际系统进行实验研究的过程,并通过模型实验揭示系统原型特征和规律的一种方法。

定义2:系统仿真是以数学模型为基础,以计算机为工具,对实际系统进行实验研究的一种方法。

定义3:系统仿真是建立在相似理论、控制理论、信息处理和计算方法等基础上,以计算机和其他专用物理效应设备为工具,利用系统模型对真实或假想的系统进行试验,并借助于专家经验知识、试验数据、统计数据等对试验结果进行分析研究,进而做出决策的一门综合性的学科。

由此看来,仿真是针对某一特定的研究对象或者系统,建立模型,进行模型实验,通过系统模型的试验去分析和研究一个已经存在或正在设计的系统。系统模型的建立是仿真的前提,而系统模型是以系统之间的相似原理为基础的。相似原理指出,对于自然界的任一系统,存在另一个系统,它们在某种意义上可以建立相似的数学描述或相似的物理属性,这样一个系统就可以用模型来近似。这是整个系统仿真的理论基础。

简单地说,仿真是通过对所要研究系统模型的开发,帮助人们了解系统的行为,而不管该系统是真实存在的还是假想的。这里指的系统,可以是某个零件、部件、产品及其他任何事物,它们位于某个概念边界内,相互作用而产生特定的行为。

系统仿真的研究对象是已有的或假想的系统;模型是对研究对象及其组成、过程和环境的物理、数学、逻辑或语义等的抽象描述;仿真是基于模型的活动,即针对不同形式的系统模型研究其求解算法,使其在计算机上实现求解计算,进而利用仿真工具和支撑技术,建立仿真系统,对研究对象进行抽象描述、试验分析和结果评估。

系统仿真方法可以从不同的角度进行分类,典型的分类方法如表2-3所示。根据仿真模型不同,可以分为物理仿真、数学仿真和物理-数学仿真(半实物仿真);根据计算机的类型,可以分为模拟仿真、数字仿真和混合仿真;根据系统的特性,可以分为连续系统仿真、离散时间系统(采样系统)仿真和离散事件系统仿真;根据仿真时钟与实际时钟的关系,可以分为实时仿真、亚实时仿真和超实时仿真等。

由于连续系统和离散(事件)系统的数学模型有很大差别,所以系统仿真方法基本上分为两大类,即连续系统仿真方法和离散系统仿真方法。

表 2-3　系统仿真的分类

分类方式	仿真类型	分类方式	仿真类型
按模型类型	连续系统仿真 离散系统仿真 连续/离散混合系统仿真 定性系统仿真	按所用计算机类型	模拟仿真 数字仿真 混合仿真
按实现方式和手段	硬件在回路仿真(半实物仿真) 软件在回路仿真 数学仿真 人在回路仿真 物理仿真	按仿真运行时间	实时仿真 亚实时仿真 超实时仿真
按模型在空间的分布形式	集中式仿真 分布式仿真	按仿真对象的性质	工程系统仿真 非工程系统仿真

仿真技术已经从物理仿真、半实物仿真发展到计算机仿真,现代仿真技术大多是在计算机支持下进行的。计算机仿真技术是以计算机为工具,以相似原理、信息技术及各种相关领域技术为基础,根据系统试验目的,建立系统模型;并在不同的条件下,对模型进行动态运行试验的一门综合性技术。因此,当仿真活动以计算机为主要工具和运行环境时,系统仿真也称为计算机仿真。

计算机仿真成本低、效率高,应用领域越来越广泛。目前已成为系统(特别是复杂大系统)设计、分析、测试、评估、研制和技能训练的重要手段,广泛用于国防、制造、交通、医疗、气象等各个行业。

2.3　商用仿真软件

1. 仿真系统的一般组成

建立和利用计算机仿真系统的目的是面向具体应用领域和实际问题,提供研究系统、解决问题的方法和手段。仿真系统一般由系统硬件、系统软件、系统评估、校验验证与确认等四个部分组成,如图 2-4 所示。

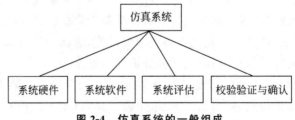

图 2-4　仿真系统的一般组成

根据研究领域和具体问题,仿真系统硬件包括仿真计算机、接口、信号产生器、数据采集器、网络通信设备、系统测试设备、能源动力系统及各类辅助设备等。

仿真系统软件包括系统建模软件、通用软件、应用软件、专用软件、数据库等。

2. 仿真软件的应用

商品化仿真软件按照其应用领域可以分为机械系统仿真软件、控制系统仿真软件、电子系统仿真软件等;按照其面向的主要用户可以分为商用仿真软件、军用仿真软件;按照其运行平台地域的划分可以分为单点仿真软件和分布式仿真软件等。并且,随着计算机计算能力的大幅度提高,以前只能运行在工作站上的各种仿真软件现在也可以运行在微机平台上。目前,随着微机平台的普及,商品化仿真软件已大量应用到机械、控制、电子等系统的产品设计过程中。

1) 仿真在机械系统设计中的应用

多体动力学、碰撞、空气动力学和结构分析等类型的仿真,已广泛用于机械产品设计。通过对产品各种性能(如汽车碰撞性、空气动力学特性、可操作性、耐疲劳性)的仿真分析,可以验证机械设计,并可能对机械设计进行优化。在具体的仿真中,通常需要在详细的产品几何信息(通过机械 CAD 软件设计得到)的基础上,再利用相关的仿真软件进行仿真。

在机械系统的仿真应用中,人们通常利用有限元分析方法对关键机械结构件进行应力、应变的分析,其负载往往是静态的;机械动力学仿真,通常被人们用来研究机械系统的位移、速度、加速度与其所受力(力矩)之间的关系;多体动力学仿真,将机械系统建模成由一系列的刚体(可以包含柔性体)通过对相互之间的运动进行约束的关节(joints)连接而成的系统;耐疲劳性分析,将多体动力学仿真分析得到的动态负载,用于随后的机械结构有限元分析。这种将有限元分析和多体动力学分析综合的方法,被称为"耐疲劳性分析"。

2) 仿真在控制系统设计中的应用

控制系统仿真是开发控制系统时经常使用的。首先需要建立受控系统模型,然后构建控制系统,设计控制算法,最后利用仿真分析被控系统的性能(如汽车的控制稳定性、导弹的反应时间和跟踪精度等)。控制工程师往往基于简化的受控系统模型进行控制系统的综合设计。例如,在汽车的控制器设计中,根据简化的汽车动力学模型,利用各种现代控制理论(如优化控制、自适应控制等),对汽车主动式悬架控制系统的各种控制算法进行设计,并利用仿真进行相应的性能分析。

3) 仿真在电子系统设计中的应用

随着电子技术,特别是微电子技术的飞速发展,各种电子装置和设备的功能及性能都得到了极大的提高,电子线路也变得越来越复杂,而产品的更新周期却越来越短,这使得电子设计工程师在开发产品时不得不在尽可能短的时间内对成本、性能和产品的环境适应能力等多方面的指标进行全面评估。传统的电路分析方法,往往在"设计—实验—分析—修改—再实验"的反复循环中,不但造成较大的原材料浪费,而且开发周期也较长,很难适应电子产品快速迭代开发的需要。在这种形势下,电子线路的计算机仿真技术迅速发展,各种实用的仿真软件不断出现。就目前而言,电子线路的计算机仿真已突破了单纯电路网络建模求解的概念,朝着以线路原理仿真为核心的电子线路自动化设计系统方向发展。在同一软件环境下就可完成各种参数的调整、寻优、波形处理、印制电路板图生成及电磁兼容分析等工作。电子线路的计算机仿真已逐渐成为电子工程师不可缺少的重要工具。

3. 制造领域的商用 CAE 仿真分析软件

系统仿真大多依靠计算机来完成,而执行计算机仿真需要仿真软件工具的支持。目前,为了满足各领域仿真应用的需要,在机械、控制、电子电路等各个应用领域,市场上出现了为数众多的成熟且功能强大的商品化仿真软件工具。例如,有限元分析(ANSYS、NASTRAN、ADINA)、多体动力学(ADAMS、VisualNastran、DADS)、控制分析(MATLAB、MATRIXx、EASY5)、电子电路(PROTEL、PSPICE)等。

1) 有限元分析领域

目前较为流行的有限元分析软件包括以下几种:

(1) ANSYS。ANSYS 软件是融结构、流体、电磁场、声场和耦合场分析于一体的大型通用有限元分析软件,由世界上最大的有限元分析软件公司之一的美国 ANSYS 开发,它能与多数 CAD 软件接口,实现数据的共享和交换。

ANSYS 软件主要包括:多物理场仿真分析工具 ANSYS Multiphysics、显式瞬态动力分析工具 LS-DYNA、前期设计校验工具 DesignSpace、设计优化工具 DesignXplorer、前处理工具 ANSYS ICEM CFD 和前后处理环境 ANSYS Workbench Environment。

近年来,ANSYS 通过收购其他优秀的 CAE 软件公司,增强了 CAE 仿真分析的实力,应用范围更是得到了扩展。例如,2020 年,ANSYS 收购了光学领域的光子仿真和建模领域厂商 Lumerical,为设计人员了解光和预测光在复杂结构、电路和系统中的行为提供分析工具,其产品被 ANSYS 收购后,将加入 ANSYS 的多物理场产品组合,拓展其在 5G、自动驾驶等领域的仿真应用。ANSYS 通过收购航天数据服务提供商 AGI(Analytical Graphics Inc.),扩大其在航空航天、国防等领域的仿真应用范围,使 ANSYS 的模拟仿真升级,可以支持太空、国防、电信和搜救行动等技术解决方案,例如追踪轨道卫星,以及实现轨道卫星与地面站的定期连线。

目前,ANSYS 在 CAE 仿真技术领域,形成了包括结构、流体、电磁、光学、3D 设计、嵌入式软件、平台、半导体及系统的完整仿真产品线,解决方案不仅覆盖航天航空、国防、汽车、能源、医疗、高科技等领域,也涉及了 5G、自动驾驶、IIoT 等前沿领域。

(2) NASTRAN。NASTRAN 是工程校验、有限元分析和计算机仿真预测的应用软件。该 CAE 仿真分析软件始终作为美国联邦航空管理局飞行器适航证领取的唯一验证软件。

NASTRAN 是功能全面、性能良好、应用广泛的大型通用结构有限元分析软件,也是全球 CAE 工业标准的原代码程序。它能够有效解决各类大型复杂结构的强度、刚度、屈曲、模态、动力学、热力学、非线性、噪声学、流体结构耦合、气动弹性、超单元、惯性释放及结构优化等问题。通过 NASTRAN 的分析可确保各个零部件及整个系统在最合理的环境下正常工作,获得最佳性能。

(3) ADINA。美国 ADINA R&D. Inc 是计算机仿真分析应用软件供应商,也是世界著名的大型通用有限元分析软件 ADINA 的开发者。ADINA 作为近年来发展最快的有限元软件,被广泛应用于各个行业的工程仿真分析,包括机械制造、材料加工、航空航天、汽车、土木建筑、电子电器、国防军工、船舶、铁道、石化、能源、科学研究及大专院校等各个工业领域,能真正实现流场、结构、热的耦合分析,被业内人士认为是有限元发展方向的代表。

(4) ABAQUS。ABAQUS 分析软件是 HKS 公司所出品的线性及非线性工程有限元素解析软件工具。其非线性功能特别优异，广泛用于物理、电子、机械、建筑、土木、水利、环境等范围，具有超强的模型级材料模块和宽广的特性分析范围。

2) 多体动力学分析领域

(1) ADAMS。美国 MDI 公司开发的 ADAMS 仿真分析软件，是目前世界上最具权威性、使用范围最广的机械系统动力学分析软件。

ADAMS 软件可以自动生成包括机电液一体化在内的、任意复杂系统的多体动力学数字化虚拟样机模型，能为用户提供从产品概念设计、方案论证、详细设计到产品方案修改、优化、试验规划甚至故障诊断全方位、高精度的仿真计算分析结果，从而达到缩短产品开发周期、降低开发成本、提高产品质量及竞争力的目的。

ADAMS 软件由于具有强大的动力学仿真功能，方便、友好的用户界面和图形动画显示能力，已在全世界数以千计的著名大公司中得到成功的应用，国外的一些著名大学也已开设介绍 ADAMS 软件的课程，而将三维 CAD 软件、有限元软件和虚拟样机软件作为机械专业学生必须了解的工具软件。

ADAMS，一方面是虚拟样机分析的应用软件，用户可以运用该软件非常方便地对虚拟机械系统进行静力学、运动学和动力学分析；另一方面，又是虚拟样机分析开发工具，其开放性的程序结构和多种接口，可以成为特殊行业用户进行特殊类型虚拟样机分析的二次开发工具平台。

ADAMS 软件包括三个最基本的解题程序模块：ADAMS/view（用户界面模块）、ADAMS/solver（求解器模块）和 ADAMS/postprocessor（后处理模块）。另外，其还具有一些功能扩展模块、专业模块、接口模块和工具箱等类型的模块。

ADAMS 的功能扩展模块包括：试验设计与分析模块 ADAMS/insight，振动分析模块 ADAMS/vibration，耐用性分析模块 ADAMS/durability，液压系统模块 ADAMS/hydraulics，高速动画模块 ADAMS/animation，数字化装配回放模块 ADAMS/DMU replay，系统模态分析模块 ADAMS/linear 和自动化柔性模块 ADAMS/autoFlex。

ADAMS 针对不同类型的具体复杂产品，开发了不同的专业软件包，包括：汽车设计软件包、发动机设计软件包、轮胎模块包，以及铁道、飞机等相应的软件包。每个软件包又由数个相关模块组成，例如，汽车设计软件包中就包括了 ADAMS/car（轿车模块）、ADAMS/tire（轮胎模块）、ADAMS/chassis（底盘模块）和 ADAMS/driver（驾驶员模块）等。

(2) DADS。DADS(dynamic analysis and design system)是著名的机械系统动力学、运动学分析软件，能对机械系统整体的机械特性进行精确的仿真。DADS 多年来一直应用于高端领域，如航天航空、国防、铁道、特种车辆、舰船、汽车、机器人、生物医学等，被认为是动力学和运动学仿真方面的权威软件。

对机械系统进行仿真分析时，DADS 会根据三维的机械模型（可用 DADS 建立或用机械 CAD 软件生成）自动生成动力学方程，并解算出结果。

DADS 能分析的机械系统既可以是全刚体的，也可以是柔性体的（考虑了零件的弹性变形），同时还可以包含液压系统及控制系统。DADS 还可与专业的控制系统仿真软件进行联合仿真。

3) 控制分析领域

(1) MATLAB。MATLAB 软件是由美国 MathWorks 公司于 1984 年推出的一套高性能的数值计算和可视化软件,它集数值分析、矩阵运算、信号处理和图形显示于一体。经过不断地发展和完善,如今已成为覆盖多个学科的国际公认的最优秀的数值计算仿真软件之一,广泛应用于控制算法的仿真。

MATLAB 是一套功能十分强大的工程计算及数值分析软件。MATLAB 工具使复杂繁琐的科学计算和编程变得日益简单与准确有效。因为其简单易用、人机界面良好,又有着演算纸式的科学计算语言的美称。目前,它已经成为世界上应用最广泛的工程计算软件之一。在美国等发达国家的理工类大学里,MATLAB 是大学生必须掌握的一种基本工具,而在国外的研究设计单位和工业部门,它更是研究和解决工程计算问题的一种标准软件,被誉为工程技术人员必备软件。在国内,越来越多的理工科大学生和科学技术工作者正在学习与使用 MATLAB 语言。

MATLAB 软件以矩阵运算为基础,把矩阵运算、可视化和程序设计融合到一个简单易用的交互式工作环境中,以实现工程计算、算法研究、符号运算、建模和仿真、原型开发、数据分析及可视化、科学和工程绘图、应用程序设计及图形用户界面设计等工作。

MATLAB 软件现在已经发展成为包括 MATLAB 主程序、MATLAB 工具箱、MATLAB Compiler、Simulink、Stateflow、RTW 等模块的一组产品,可以支持从概念设计、算法开发、建模仿真到实时实现。

其中,MATLAB 主程序具有如下特点:

① 强大的科学计算功能。MATLAB 拥有 500 多种数学、统计及工程函数,可实现用户所需的强大的数学计算功能。由各领域的专家学者们开发的数值计算程序,使用了安全、成熟、可靠的算法,从而保证了最大的运算速度和可靠的结果。

② 先进的可视化功能。MATLAB 提供功能强大的、交互式的二维和三维绘图功能。用户可以创建富有表现力的彩色图形。可视化工具包括曲面渲染、线框图、伪彩图、光源、三维等位线图、图像显示、动画、体积可视化等。

③ 直观灵活的语言。MATLAB 不仅是一套打好包的函数库,也是一种高级的、面向对象的编程语言。使用 MATLAB 可以卓有成效地开发自己的程序。MATLAB 自身的许多函数,实际上也包括所有的工具箱函数,都是用 M 文件实现的。

④ 开放性、可扩展性强。M 文件是可见的 MATLAB 程序,所以用户可以查看源代码。开放的系统设计使用户能够检查算法的正确性,修改已存在的函数,或者加入自己的新函数。

(2) Matrix X。Intergrated Systems 公司的 Matrix X 是国外现有的最有影响力的控制系统仿真平台之一。Matrix X 软件包括五大组件:Xmath、SystemBuild、AutoCode、Document 和 RealSim Series。这五个部分分别支持整个设计过程的不同阶段。Matrix X 整个软件的运行有一个共同的基点,以保证不必在设计过程的每个阶段重新输入设计参数。该软件提供了一个系统设计和实施的完整解决方案。

(3) EASY5。EASY5(engineering analysis system 5)是由美国 Boeing 公司根据其工程需要开发的专业动态系统仿真分析软件包。它拥有简单易用的图形化用户界面,基于可执行代码程序进行仿真运算并提供了强大的专业应用库支持——EASY5 几乎所有的功能都是通过库的应用来实现的。这些专业应用库是 EASY5 的精华所在,也是它区别于同类软件的重要特征。EASY5 任何一个专业库都包含了该专业领域常用物理组件的数学模型。每一库组件对应一段高级语言代码子程序,使用者仅需在组件的参数菜单中填入实际组件的参数,即可迅速建立该组件的计算机模型。这些库组件代码全部由从事该领域工作的专家编写并经历了 Boeing 及其他软件包用户的实践检验,有很强的工程实用性和易用性。

4)电子电路领域

目前,EDA(electronic design automatic,电路设计自动化)软件在电路行业的应用也越来越广泛。

(1) PROTEL。PROTEL 是 PORTEL 公司在 20 世纪 80 年代末推出的电路行业的 CAD 软件,它较早在国内使用,普及率也最高。早期的 PROTEL 主要作为印制电路板自动布线工具使用,功能较少,而现今的 PROTEL 已发展成为一个庞大的 EDA 软件。它工作在 Windows 环境下,是个完整的全方位电路设计系统,包含了电路原理图绘制、模拟电路与数字电路混合信号仿真、多层印制电路板设计(包含印制电路板自动布线)、可编程逻辑器件设计、图表生成、电路表格生成、支持宏操作等功能,并具有 Client/Server(客户/服务器)体系结构,同时还兼容一些其他设计软件的文件格式,如 OrCAD、PSPICE、Excel 等。

(2) PSPICE。PSPICE 是较早出现的 EDA 软件之一,1985 年由 MICROSIM 公司推出。在电路仿真方面,它的功能可以说是最为强大的,在国内被普遍使用。现在的 PSPICE 软件由原理图编辑、电路仿真、激励编辑、元器件库编辑和波形图等几个部分组成,使用时是一个整体,但各个部分各有各的窗口。PSPICE 发展至今,已被并入 OrCAD,成为 OrCAD-PSPICE。但 PSPICE 仍然单独销售和使用。新推出的 PSPICE 是功能强大的模拟电路和数字电路混合仿真 EDA 软件。它可以进行各种各样的电路仿真、激励建立、温度与噪声分析、模拟控制、波形输出、数据输出,对各种器件或电路(包括 IGBT、脉宽调制电路、模/数转换、数/模转换等)进行仿真,都可以得到精确的仿真结果。对于库中没有的元器件模块,还可以自己编辑。

5)复杂产品虚拟样机开发领域

(1) Simulink。Simulink 是一种用来实现计算机仿真的软件工具。它是 MATLAB 软件的一个附加组件,提供一个系统级的建模与动态仿真工作的软件平台,用模块组合的办法来使用户能够快速、准确地创建动态系统的模型,可以用来建模、分析和仿真各种动态系统,包括连续系统、离散系统和混杂系统。

Simulink 软件具有如下特点:①交互建模,它提供了大量的功能块方便用户快速地建立动态系统模型,用户可以通过将块组成子系统建立多级模型。②交互仿真,它提供了交互性很强的非线性仿真环境,仿真结果可以在运行的同时通过示波器或图形窗口显示,用户可以在仿真的同时,采用交互或批处理的方式,方便地更换参数来进行分析。③与 MATLAB 和工具箱集成,Simulink 可以直接利用 MATLAB 的数学、图形和编程功能,用户可以直接在 Simulink 下完成诸如数据分析、过程自动化和优化参数等工作。工具箱提供高级的设计和分析功能。④可扩充和定制,Simulink 的开放式结构允许用户扩展仿真环境的功能,如采用 MATLAB、Fortran 和 C 代码生成自定义块库,或将用户原有 Fortran 或 C 编写的代码连接进来。

Simulink 是一种开放性的,用来模拟线性或非线性及连续、离散或混合的动态系统的系统级仿真工具。Simulink 一般可以在 MATLAB 上同时安装,也有独立安装版。

(2) 西门子 Simcenter。在 CAE 领域,西门子收购了很多仿真和测试产品,包括: 2014 年西门子收购了全球知名的仿真和试验管理软件 LMS,之后还陆续收购了 CD-adapco、Mentor、TASS 等知名仿真软件;2019 年,收购有限元软件开发商 Multi-Mechanics,其产品主要针对先进复合材料的失效进行虚拟预测;2020 年,西门子收购了荷兰计算化学软件公司 Culgi,它专注于过程工业的多尺度仿真,提供一个集微尺度、中尺度和宏观尺度模型于一体的材料建模仿真专业软件工具。最终西门子将这些软件整合成了可提供不同层次的,包括 1D 仿真、3D 仿真、物理测试等多种功能的新一代仿真产品组合 Simcenter。

Simcenter 3D 是专门为 3D CAE 而设计的可扩展、开放、伸缩和统一的开发环境。它可以连接到设计、1D 仿真、测试和数据管理环境,将几何模型编辑、关联仿真建模数据及融入行业专业知识的多学科解决方案结合,加快仿真流程,支持结构分析、声学分析、流体分析、热学分析、运动分析、复合材料分析及优化和多物理场仿真。

Simcenter 3D 软件提供的复合材料分析功能在目前整个行业具有领先水平,可以帮助用户快速完成复合材料的仿真工作。它提供内场和外场声学的集成分析功能,可以帮助用户在产品开发过程的早期设计方案阶段,设计出具有最优声学性能的产品。它可以在一个集成环境中进行端到端的航空结构评估,从而满足更短的时间要求,并降低结构分析成本。

(3) 美国 Altair。美国 Altair 是企业级工程软件供应商,在产品开发、高性能计算和数据智能领域提供软件系统与解决方案。Altair 公司的集成建模仿真套件提供多个学科优化设计性能,包括结构、运动、流体、热管理、电磁学、系统建模和嵌入式系统,同时还提供数据分析和真实的可视化渲染,支持从概念设计到服务运营的整个产品生命周期的创新、缩短开发时间和降低成本。

Altair 通过持续收购为解决工程问题带来更加广泛而全面的仿真产品组合。目前,Altair 提供以仿真和优化技术为基础的面向设计、数据分析、高性能云计算、物联网及人工智能的一系列全面与开放的仿真产品组合,包括可进行多物理场仿真的 CAE 仿真平台 Altair HyperWorks、创新设计平台 Altair solidThinking、数据智能平台 Altair Knowledge Works、物联网解决方案 Altair SmartWorks 和高性能计算管理平台 Altair PBS Works。

Altair 提供与计算机辅助工程(CAE)和高性能计算(HPC)相关的五类软件:①求解器 & 优化,求解器是一种数学软件"引擎",使用先进的算法来预测物理性能。优化利用求解器来获得最有效的解决方案,以满足复杂多目标需求。②建模 & 可视化,支持物理属性建模和高保真几何渲染的工具。③工业 & 概念设计,生成早期概念设计,以满足对人机工程学、美学、性能和制造可行性的需求。④物联网,简化数据收集、可视化、探索和分析工具,包括在实质产品的服务操作或通过数字孪生仿真中产生的大量数据。⑤高性能计算,简化计算密集型工作流管理的软件应用程序,包括解决方案、优化、建模、可视化和分析等领域,如产品生命周期管理(PLM)、天气建模、生物信息学和电子设计分析。

(4) 瑞典海克斯康(HEXAGON)。瑞典海克斯康作为全球领先的信息技术提供商,在 CAD、CAE、CAM 领域有着最为完整的工业软件组合,构建比较完整的智能制造生态系统,可以实现端到端制造信息的闭环,为更多制造企业提供全流程和整体系统持续改善的智能制造解决方案。

在 CAE 领域,海克斯康通过收购行动增强实力,包括:2020 年,收购了两家 CAE 公司——齿轮传动仿真技术公司 Romax 和疲劳仿真分析公司 CAEfatigue。其中,Romax 拥有超过 30 年的机电仿真和多物理优化设计经验,旗下基于云计算的 MBSE 平台——Romax Nexus,为设计、模拟和交付下一代节能驱动与发电系统提供了完整的工作流程,使工程师能够同时协作和优化机电设计。CAEfatigue 是国际公认的疲劳仿真软件套件,可通过频域分析提供行业领先的性能和准确性,其解决方案被包括汽车和航空航天在内的多个行业的全球制造商使用。

2021 年 4 月,海克斯康收购了 CAE 与人工智能、机器学习的先驱 CADLM 公司,目的除了增强海克斯康的智能制造能力,也提到了增强数字孪生能力。CADLM 公司成立于 1989 年,总部位于法国,拥有多年为工业产品和过程开发计算设计与优化方法的经验。目前,CADLM 公司旗下的 ODYSSEE 软件已经被整合到了海克斯康智能制造仿真产品 MSC. software 之中。

2.4 系统仿真的实现步骤

系统仿真实现的工作流程如图 2-5 所示。

系统仿真的实现过程通常有如下步骤:

1. 系统分析

根据系统研究和仿真分析的目的,首先定义问题,分析所仿真系统的边界、约束条件与系统结构等,再制定仿真具体需要实现的目标。

2. 系统建模

建立模型形式化描述框架,确定模型边界,得到计算机仿真所要求的数学描述。为了使模型具有可信性,必须具备系统的先验知识及必要的试验数据。模型的可信性检验也是建模阶段必不可少的一步,只有可信的模型才能作为仿真的基础。系统的数学模型是系统仿真的主要依据,模型的繁简程度应与仿真目的相匹配,确保模型的有效性和仿真的经济性。

3. 仿真建模

原始系统的数学模型,如微分方程、差分方程等,还不能直接用来对系统进行仿真,应该将其转换为能够在计算机中对系统进行计算的模型。

根据物理系统的特点和仿真的要求,选择合适的算法,当采用该算法建立仿真模型时,其计算稳定性、计算精度和计算速度能够满足仿真的需要。

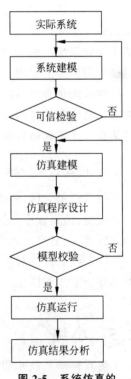

图 2-5 系统仿真的实现步骤

4. 程序设计

将仿真模型用计算机能够执行的程序来实现。程序中还应包括仿真运行参数、控制参数、输出信息等仿真实验要求信息。目前，已有适用于不同需要的仿真语言和仿真工具可以直接采用，大大减少了仿真程序设计的工作量。

5. 校核和验证模型

确认仿真模型和数学模型是否符合要求，进行仿真模型校验，检验所采用仿真算法的合理性一般是不可缺少的。

模型验证是确认仿真模型是否与我们构想的系统功能相符合，确认模型是否能够正确反映现实系统，评估模型仿真结果的可信度等。

通过模型确认，试着判断模型的有效程度。假如一个模型在得到我们提供的相关正确数据之后，其输出可以满足我们的目标要求，模型只要在必要范围内有效就可以了，而不需要尽善尽美地去增加模型的有效性，模型结果的正确性往往与建立模型所需的费用之间存在着权衡。

6. 仿真运行

有了正确的仿真模型，就可以对仿真模型进行试验，仿真运行可以相应地得到仿真模型的输出结果。这是实实在在的仿真活动。根据仿真的目的，在不同的初始条件和参数取值下实验系统的响应或者预测系统对各个决策变量的响应，对模型进行多方面的试验，相应地得到模型的输出。

在系统仿真中，往往通过改变仿真模型的输入信息和参数，对仿真模型进行多次运行，并通过对仿真结果的分析来进行系统结构和参数优化。而对于那些包含随机因素的模型，仅依靠一次仿真运行所得到的分析结果是不充分的，往往需要多次仿真运行。

7. 仿真结果分析

仿真结果分析，将得到的仿真结果与实际系统比较。根据分析的结果修正数学模型、仿真模型、仿真程序，进行新的仿真试验，直到符合实际系统的要求及精度。仿真输出结果的分析，既是对模型数据的处理，同时也是对模型的可信性进行检验。

以上我们仅仅对系统仿真实现过程的主要步骤进行了简要说明。在实际仿真应用时，上述每一个步骤往往需要多次反复和迭代。

2.5 小结

仿真科学与技术以建模和计算理论为基础，对原型系统进行复现，而不管该原型系统是真实存在的还是假想的。仿真系统和原型系统通常是两个不同的系统，而利用仿真系统来研究和复现原型系统，其根本原因在于两者之间存在相似性。

系统仿真的三个组成要素是系统、模型和计算机工具。系统是我们所研究和关注的对象，模型是对该研究对象的系统特性进行抽象描述，仿真则是通过计算机工具对模型进行实验分析的过程。并且,将这三个要素结合在一起的三个活动是系统建模、模型程序化、仿真实验与分析。本章对系统仿真中的系统、模型、仿真这三个基本概念进行了定义,说明了概念的内涵及其相互关系。

计算机仿真是通过建立实际系统的模型,以计算机为工具,利用所建立的模型,对实际系统进行分析研究的过程。计算机仿真技术已越来越深入和广泛地应用于制造领域的产品设计开发与生产制造过程,而执行计算机仿真需要仿真软件工具的支持。本章简要介绍了当前制造领域中一些主要的商用 CAE 仿真分析软件工具,帮助读者了解各应用领域主流仿真软件的基本情况。

此外,本章也说明了系统仿真实施过程中应遵循的一般步骤。

习题

1. 通过进一步的文献查阅,试说明相似理论包括的基本原理是什么。

2. 举例说明按仿真对象的相似性有哪些类型。

3. 试分析说明基于相似原理的建模仿真过程中各个阶段的基本活动内容。

4. 系统仿真的三要素是什么? 试分析说明。

5. 什么是系统? 如何划分系统的类型?

6. 举例说明系统的实体、属性和活动,并说明系统的基本内涵。

7. 什么是系统模型? 如何理解模型与系统之间的关系?

8. 简述系统数学模型的分类方法,通常建立各类系统模型所对应的数学方法有哪些?

9. 仿真系统的分类方法有哪些? 试举例说明。

10. 仿真技术领域中,系统的数学模型具体有哪些类型? 试举例说明。

11. 制造领域现有的主流 CAE 仿真分析软件有哪些? 结合 1~2 个具体的仿真软件,试分析其主要特点。

12. 系统仿真的实施过程通常有哪些主要步骤? 简述实际应用中系统仿真的基本流程。

第3章

连续系统建模与仿真

3.1 基本概念

连续系统仿真问题是指某个系统的状态变化在时间上是连续的,可以用数学方程式来描述系统模型,如常微分方程、偏微分方程、差分方程等。常见的连续系统如过程控制系统、调速系统、随动系统等。

如果一个系统的输入量、输出量及系统的内部空间变量都是时间的连续函数,那么就可以用连续时间模型来描述。

连续系统模型分为确定性模型和随机模型。确定性模型又分为集中参数模型和分布参数模型。集中参数模型的一般形式是常微分方程、状态方程或传递函数。分布参数模型可用偏微分方程描述。

由于连续系统的状态是随时间连续变化的,因而微分方程及其时域解是其最基本的描述方式。然而,用古典方法求解微分方程往往比较复杂和困难,尤其是高阶系统(四阶以上)一般没有解析解。因此,采用函数变化(拉普拉斯变换)将时间域问题转化为复频域内来求解,这就产生了传递函数。

3.2 集中参数连续系统

集中参数连续系统仿真中,通常有多种数学模型描述的方式。微分方程是系统最基本的数学模型之一,许多系统特别是工程系统都可以通过微分方程来表示模型。由微分方程可以推导出系统的传递函数、差分方程和状态空间模型等多种数学表示。

3.2.1 建模方法

我们在描述一个仿真系统的连续时间模型时,通常可以采用以下不同的表示方法:常微分方程、传递函数、权函数和状态空间描述。

假设一个系统的输入量 $u(t)$,输出量 $y(t)$ 和系统的内部状态变量 $x(t)$,都是时间的连续函数,那么就可以用连续时间模型进行描述。

1. 常微分方程

用常微分方程可以将模型表示为

$$a_0 \frac{\mathrm{d}^n y}{\mathrm{d}t^n} + a_1 \frac{\mathrm{d}^{n-1} y}{\mathrm{d}t^{n-1}} + \cdots + a_{n-1} \frac{\mathrm{d}y}{\mathrm{d}t} + a_n y$$

$$= c_0 \frac{\mathrm{d}^{n-1} u}{\mathrm{d}t^{n-1}} + c_1 \frac{\mathrm{d}^{n-2} u}{\mathrm{d}t^{n-2}} + \cdots + c_{n-2} \frac{\mathrm{d}u}{\mathrm{d}t} + c_{n-1} u \tag{3-1}$$

其中，n 为系统的阶次；$a_i (i=0,1,\cdots,n)$ 为系统的结构参数；$c_j (j=0,1,\cdots,n-1)$ 为输入函数的结构参数。它们均为实常数。

2. 传递函数

线性定常连续系统的传递函数，定义为零初始条件下，即输入、输出及其各阶导数均为零，系统输出量的拉普拉斯变换与输入量的拉普拉斯变换（简称拉氏变换）之比。

假设系统的初始条件为零，对式(3-1)两边取拉氏变换后，得到

$$a_0 s^n Y(s) + a_1 s^{n-1} Y(s) + \cdots + a_{n-1} s Y(s) + a_n Y(s)$$

$$= c_0 s^{n-1} U(s) + c_1 s^{n-2} U(s) + \cdots + c_{n-1} U(s) \tag{3-2}$$

改变式(3-2)的表示方式，并记

$$G(s) = \frac{Y(s)}{U(s)} = \frac{c_0 s^{n-1} + c_1 s^{n-2} + \cdots + c_{n-2} s + c_{n-1}}{a_0 s^n + a_1 s^{n-1} + \cdots + a_{n-1} s + a_n}$$

也可以表示为

$$G(s) = \frac{Y(s)}{U(s)} = \frac{\displaystyle\sum_{j=0}^{n-1} c_{n-j-1} s^j}{\displaystyle\sum_{i=0}^{n} a_{n-i} s^i} \tag{3-3}$$

式(3-3)称为系统的传递函数。

由于 $U(s) \cdot G(s) = Y(s)$，像是输入信号经过系统传递后成为输出信号，故称 $G(s)$ 为系统的传递函数。它的特点是与输入无关。

3. 权函数

假设系统（初始条件为零）受一个理想脉冲函数 $\delta(t)$ 的作用，其响应为 $g(t)$，则 $g(t)$ 就称为该系统的权函数，或称脉冲过渡函数。理想的脉冲函数 $\delta(t)$ 的定义为

$$\begin{cases} \delta(t) = \begin{cases} \infty, & t=0 \\ 0, & t \neq 0 \end{cases} \\ \displaystyle\int_0^\infty \delta(t) \mathrm{d}t = 1 \end{cases} \tag{3-4}$$

若在仿真系统上施加一个任意作用函数 $u(t)$，则其响应 $y(t)$ 可以通过以下卷积积分得到

$$y(t) = \int_0^\tau u(\tau) g(t-\tau) \mathrm{d}t \tag{3-5}$$

可以证明，$g(t)$ 与 $G(s)$ 构成一拉氏变换对，即

$$L[g(t)] = G(s) \tag{3-6}$$

4. 状态空间描述

上述以常微分方程、传递函数和权函数的模型描述方式,只描述了仿真系统的输入与输出之间的关系,而没有描述系统内部参数的状态变化情况,这些模型称为外部模型。从仿真应用的角度来看,为了在计算机上通过数值计算的方式对系统模型进行仿真分析,有时仅仅依靠系统对象的输入与输出之间的关系是不够的,还必须反映系统模型的内部变量,即状态变量。因此,仿真要求模型能够表现系统内部参数的状态变化情况,也即状态空间模型,称为内部模型。

状态空间描述的一般形式为

$$\dot{x} = Ax + Bu \tag{3-7}$$

$$y = Cx \tag{3-8}$$

其中,A 是 $n \times n$ 维矩阵;B 是 $n \times 1$ 维矩阵;C 是 $1 \times n$ 维矩阵。

式(3-7)称为系统的状态描述方程,式(3-8)称为系统的输出方程。仿真时,必须将系统的外部模型转换成内部模型,也就是建立与输入、输出特性等价的状态方程。

对于形如式(3-1)的单输入、单输出的 n 阶系统,引入一组 n 个内部状态变量 $x_1, x_2, \cdots, x_n$,易于将其转换为上述形式的状态方程。作用函数为单输入 u,输出变量为单输出 y。

3.2.2 离散化数值计算

在连续系统的仿真模型中,微分方程是连续系统模型描述的一种常见方法。这些数学模型通常很难求得其解析解,而只能通过计算机进行数值求解。也就是说,我们针对实际仿真问题所建立的微分方程模型主要依靠数值计算,来获得数值解。为了在计算机上进行仿真,必须将连续时间模型转化为离散时间模型。这就是连续系统仿真算法所要解决的问题。

连续系统仿真在本质上是将连续的仿真时间过程进行离散化处理,并在这些离散时间点上对系统模型进行数值计算,因而需要选择合适的数值计算方法来近似积分运算,这个过程实际上是由离散模型来近似原来的连续模型。这种数值积分算法也称为仿真建模方法。

假设连续系统的微分模型为 $\dot{y} = f(y, u, t)$,其中 $u(t)$ 为输入变量,$y(t)$ 为系统变量。令仿真时间间隔为 h,离散化后的输入变量为 $\hat{u}(t_k)$,系统变量为 $\hat{y}(t_k)$,其中 t_k 表示 $t_k = kh$。如图 3-1 所示,如果 $\hat{u}(t_k) \approx u(t_k)$,$\hat{y}(t_k) \approx y(t_k)$,即离散化数值计算误差 $e_u(t_k) = \hat{u}(t_k) - u(t_k) \approx 0$,$e_y(t_k) = \hat{y}(t_k) - y(t_k) \approx 0$(对所有 $k = 0, 1, 2, \cdots$),则可以认为这两个模型等价。

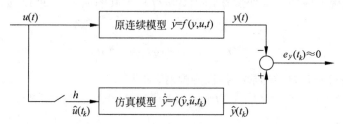

图 3-1 连续模型离散化计算的等价模型示意图

实际上,上述数值计算引起的误差主要是由数值积分算法带来的,而由计算机数字化字长引入的舍入误差基本上可以忽略不计。利用连续系统离散化原理对仿真建模方法有三个基本要求:

(1) 稳定性。若原有的连续系统是稳定的,则离散化后得到的仿真模型也应该是稳定的。

(2) 可计算性。数值仿真是一步一步推进的,即由起始时间的某一初始值出发,逐步计算,这就要求每一步的计算都是收敛的,且每一步计算所需时间决定了仿真推进的速度,即要求数值计算的快速性,因而可计算性要求仿真算法同时考虑计算的收敛性和快速性。

仿真模型从某一初始值 $y(t_0)$ 开始,逐步计算得到 $y(t_1),y(t_2),\cdots,y(t_k)$,每一步计算所需时间决定了仿真速度。如果第 k 步计算时,仿真系统对应的时间间隔为 $h_k=t_{k+1}-t_k$,计算机由 $y(t_k)$ 计算 $y(t_{k+1})$ 需要的时间为 T_k,那么,$T_k=h_k$ 时称为实时仿真,$T_k<h_k$ 时称为超实时仿真,而大多数情况 $T_k>h_k$ 时则对应于离线仿真。

(3) 准确性。这里准确性是指数字仿真的计算值与原有系统的真实值相符合的程度。在连续系统的离散化计算过程中,由计算机本身字长引入的计算误差可以忽略不计,关键是模型离散化引入的计算误差。通常有不同的准确性评价准则,仿真计算的等价模型最基本的准则是

绝对误差准则:$|e_y(t_k)|=|\hat{y}(t_k)-y(t_k)|\leqslant\delta$

相对误差准则:$|\delta_y(t_k)|=\left|\dfrac{\hat{y}(t_k)-y(t_k)}{\hat{y}(t_k)}\right|\leqslant\delta$

其中,δ 表示设定的误差量。

连续系统数字仿真中最基本的算法是数值积分算法。对于形如 $\dot{y}=f(y,u,t)$ 的系统,已知系统变量 y 的初始条件 $y(t_0)=y_0$,现在要计算 $y(t)$ 随时间变化的过程,可以在一系列离散时间点 $t_1,t_2,\cdots,t_N$ 上计算出未知函数 $y(t)$ 值 $y(t_1),y(t_2),\cdots,y(t_N)$ 的近似值 $y_1,y_2,\cdots,y_N$。计算过程可以按照如下步骤进行处理:

求出初始点 $y(t_0)=y_0$ 的 $f(t_0,y_0)$,并对微分方程进行积分计算:

$$y(t)=y_0+\int_{t_0}^{t}f(t,y)\mathrm{d}t \tag{3-9}$$

如图 3-2 所示,式(3-9)中 $y(t)$ 的积分值就是曲线下的面积,通常很难得到 $\dot{y}=f(y,u,t)$ 积分的数学表达式,因而采用数值积分计算方法。其中,欧拉法是最经典的近似方法。

欧拉法用矩形面积近似表示 (t_{k-1},t_k) 这一步的积分结果,即当 $t=t_1$ 时 $y(t_1)$ 的近似值为 y_1:

$$y(t_1)\approx y_1=y_0+\Delta t\cdot f(t_0,y_0) \tag{3-10}$$

对于任意时刻 $t=t_{k+1}$,有

$$y(t_{k+1})\approx y_{k+1}=y_k+(t_{k+1}-t_k)\cdot f(t_k,y_k) \tag{3-11}$$

令 $h_k=t_{k+1}-t_k$,称为第 k 步的计算步长。

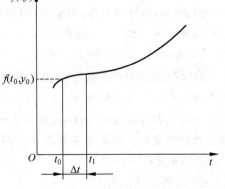

图 3-2　数值积分的基本原理

若数值积分过程中步长保持不变 $h_k = h$，此时即为等步长仿真。如果 h_k 在数值计算过程中发生变化，就称为变步长仿真。可以证明，欧拉法的截断误差正比于 h^2。

上述方法是在已知初值情况下进行数值计算，因而称为微分方程初值问题数值计算法，亦称数值积分法。经典的数值积分法可分为单步法和多步法。

3.2.3　数值积分法

对于式(3-12)的一阶微分方程初值问题：

$$\begin{cases} \dot{y} = f(t, y) \\ y(t_0) = y_0 \end{cases} \tag{3-12}$$

利用数值积分法进行数值计算，主要归结为对函数 $f(t, y)$ 的数值积分问题，即求取该函数定积分的近似解。为此，首先需要把连续变量问题用数值积分方法转化为离散的差分方程的初值问题，然后根据已知的初始值 y_0，逐步递推计算各个离散时刻的数值解 $y_k (k = 1, 2, \cdots, N)$。因此，对于微分方程初值问题的数值求解，其共同特点是步进式计算的，而采用不同的递推算法就会出现各种不同的数值积分法。

数值积分法可分为单步法和多步法两大类。若由当前 t_k 时刻的数值 y_k，就能求出下一步 t_{k+1} 时刻的数值 y_{k+1}，而不需要其他时刻的任何信息，则这种计算方法称为单步法。反之，为了求解 t_{k+1} 时刻的近似值 y_{k+1}，不仅需要事先知道 t_k 时刻的近似值 y_k，而且还要用到过去若干时刻 $t_{k-1}, t_{k-2}, \cdots$ 处的数值 $y_{k-1}, y_{k-2}, \cdots$ 则这种方法称为多步法。

1. 单步法

如果已知 $y(t_k) = y_k$，需要计算数值 y_{k+1}，则由微分中值定理

$$\frac{y(t_{k+1}) - y(t_k)}{h} = \dot{y}(t_k + \theta h), \quad 0 < \theta < 1$$

可以得到

$$y(t_{k+1}) = y(t_k) + h\dot{y}(t_k + \theta h)$$

即

$$y_{k+1} = y_k + h \cdot f[t_k + \theta h, y(t_k + \theta h)] \tag{3-13}$$

其中，$f[t_k + \theta h, y(t_k + \theta h)]$ 为 $f(t, y)$ 在区间 $[t_k, t_{k+1}]$ 上的平均斜率。

由式(3-13)可以看出，只要对区间 $[t_k, t_{k+1}]$ 上的平均斜率提供一种计算的方法，就可以相应地计算得到 y_{k+1} 的数值。

1）欧拉法

在欧拉公式中，用点 (t_k, y_k) 处的斜率 $\dot{y}_k = f(t_k, y_k)$ 来近似代替 $[t_k, t_{k+1}]$ 上的平均斜率，即 $y_{k+1} = y_k + h_k f(t_k, y_k)$，$h_k = t_{k+1} - t_k$，$h_k$ 称为第 k 步的计算步长。若数值积分过程中步长保持不变 $h_k = h$，此时即为等步长仿真。如果 h_k 在数值计算过程中发生变化，那么就称为变步长仿真。参见图 3-2，用数值积分法计算曲线下面的面积，欧拉法就是用矩形面积近似表示积分结果。

2）改进的欧拉法

在欧拉法的基础上，人们提出了"梯形法"来进一步提高计算精度。梯形法的近似积分

形式如式(3-14)所示,令 $h_k = t_{k+1} - t_k$,已知 t_k 时刻 $y(t_k)$ 的近似数值解 y_k,那么下一步 t_{k+1} 时刻 $y(t_{k+1})$ 的近似数值解 y_{k+1} 为

$$y(t_{k+1}) \approx y_{k+1} = y_k + \frac{1}{2}h_k[f(t_k,y_k) + f(t_{k+1},y_{k+1})] \tag{3-14}$$

可见,式(3-14)表示的梯形法是隐函数形式,因式中右半部分隐含 y_{k+1}。采用这种数值积分方法,其最简单的"预报-校正"方法是利用欧拉法估计初值,用梯形法校正,即

$$y_{k+1}^{(i)} \approx y_k + h_k f(t_k,y_k) \tag{3-15}$$

$$y_{k+1}^{(i+1)} \approx y_k + \frac{1}{2}h_k[f(t_k,y_k) + f(t_{k+1},y_{k+1}^{(i)})] \tag{3-16}$$

式(3-15)称为预报公式,式(3-16)称为校正公式,即先用欧拉法估计 $y_{k+1}^{(i)}$ 的值,再代入校正公式得到 y_{k+1} 的校正值 $y_{k+1}^{(i+1)}$。$i=0, i+1=1$,为第一次预报-校正计算;$i=1$,$i+1=2$,为第二次预报-校正计算;如果事先给定控制误差 ε,通过多次迭代计算,直到满足 $|y_{k+1}^{(i+1)} - y_{k+1}^{(i)}| \leqslant \varepsilon$,此时 $y_{k+1}^{(i+1)}$ 是满足误差要求的校正值。

对照图 3-2 所示的连续系统数字仿真等价模型,在改进的欧拉公式中,用点 (t_k,y_k) 处的斜率 $\dot{y}_k = f(t_k,y_k)$ 和点 $(t_{k+1},\hat{y}_{k+1})$ 处的斜率 $\hat{\dot{y}}_{k+1} = f(t_{k+1},\hat{y}_{k+1})$ 的算术平均值来近似代替 $[t_k,t_{k+1}]$ 上的平均斜率。其中,点 $(t_{k+1},\hat{y}_{k+1})$ 处的斜率是通过点 (t_k,y_k) 处的信息来预报的,即

$$\begin{cases} K_1 = f(t_k,y_k) \\ K_2 = f(t_{k+1},y_k + hK_1) \\ y_{k+1} = y_k + h(K_1 + K_2)/2 \end{cases} \tag{3-17}$$

上述欧拉公式每一步计算中的截断误差为 $O(h^2)$,而改进的欧拉公式每跨一步的截断误差为 $O(h^3)$。

由此可以设想,如果在区间 $[t_k,t_{k+1}]$ 上多预报几个点的斜率值,然后将它们的线性组合作为平均斜率的近似值,那么就可能构造出精度更高的计算方法。接下来要介绍的龙格-库塔(Runge-Kutta)法就是基于这一思路来构造的仿真算法。

3) 龙格-库塔法

(1) 龙格-库塔法基本原理。泰勒公式是研究复杂函数性质时经常使用的近似方法之一。它将一些复杂的函数逼近近似地表示为简单的多项式函数。

如果函数满足一定的条件,在已知函数某一点各阶导数的前提下,泰勒公式可以利用这些导数值作为系数,构建一个多项式来近似该函数在这一点的邻域中的值。

泰勒中值定理(泰勒公式):若函数 $f(x)$ 在包含 x_0 的某个开区间 (a,b) 上具有 $(n+1)$ 阶的导数,那么对于任一 $x \in (a,b)$,有

$$f(x) = f(x_0) + \frac{\dot{f}(x_0)}{1!}(x - x_0) + \frac{\ddot{f}(x_0)}{2!}(x - x_0)^2 + \cdots +$$

$$\frac{f^{(n)}(x_0)}{n!}(x - x_0)^n + R_n(x) \tag{3-18}$$

其中，$R_n(x) = \dfrac{f^{(n+1)}(\xi)}{(n+1)!}(x-x_0)^{n+1}$；$\xi$ 为 x_0 与 x 之间的某个值；$R_n(x)$ 称为 n 阶泰勒余项。

泰勒公式集中体现了微积分"逼近法"的精髓，是一个用函数在某点的信息描述其附近取值的公式，在近似计算上有独特的优势。利用泰勒公式可以将非线性问题化为线性问题，且具有很高的精确度，使得它在微积分的各个方面都有重要的应用。

在连续系统仿真中，主要的数值计算是对式(3-12)的一阶微分方程初值问题进行求解。

设 $h = t_{k+1} - t_k$，ξ 为 t_k 与 t_{k+1} 之间的某个值，$K_\xi = f[\xi, y(\xi)]$ 为 $f(t,y)$ 在 $[t_k, t_{k+1}]$ 上的平均斜率，根据积分中值定理，有

$$y(t_{k+1}) = y(t_k) + \int_{t_k}^{t_{k+1}} f(t,y)\mathrm{d}t = y(t_k) + h \cdot f[\xi, y(\xi)] = y(t_k) + h \cdot K_\xi$$

只要对平均斜率 K_ξ 进行计算。德国数学家龙格和库塔两人先后提出间接利用泰勒级数展开式的方法，即用区间 $[t_k, t_{k+1}]$ 内几个点上的 $y(t)$ 一阶导函数值的线性组合，来近似代替 $y(t)$ 在某一点的高阶导数，然后用泰勒级数展开式确定线性组合中各个加权系数。这样既可以避免计算高阶导数，又可以提高数值积分的精度。这就是龙格-库塔法的基本思想。

(2) 龙格-库塔公式。如图 3-3 所示，欧拉公式只采用一个点上的斜率，它实际上是一阶龙格-库塔公式(简称 RK-1)，其截断误差为 $O(h^2)$；而改进的欧拉公式用了两个点上的斜率，如图 3-4 所示，它实际上是二阶龙格-库塔公式(简称 RK-2)，其截断误差为 $O(h^3)$。如果现在在区间 $[t_k, t_{k+1}]$ 上再增加一个新点，即采用三个点上的斜率进行加权平均，然后作为平均斜率的近似值，则可望得到截断误差为 $O(h^4)$ 的龙格-库塔公式，即

$$\begin{cases} K_1 = f(t_k, y_k) \\ K_2 = f(t_k + ph, y_k + phK_1) \\ K_3 = f(t_k + qh, y_k + qhK_2) \\ y_{k+1} = y_k + h(\lambda_1 K_1 + \lambda_2 K_2 + \lambda_3 K_3) \end{cases} \tag{3-19}$$

其中，$t_k, t_k + ph, t_k + qh$ 为区间 $[t_k, t_{k+1}]$ 上的三个点；K_2 由 K_1 来预报，K_3 由 K_2 来预报；$\lambda_1, \lambda_2, \lambda_3$ 是斜率的线性组合系数。

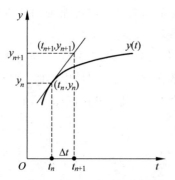

图 3-3　RK-1 法几何表示

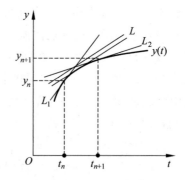

图 3-4　RK-2 法几何表示

接下来考虑：能否通过这三个点上的斜率来构造出截断误差为 $O(h^4)$ 的三阶龙格-库塔公式？问题在于给定三个点（即 p,q 取定某个值）的情况下，是否存在斜率的组合系数 $\lambda_1,\lambda_2,\lambda_3$ 通过以下思路来确定它们之间应满足的条件：首先，根据泰勒公式，分步对式(3-19)中的三个斜率 K_1,K_2 和 K_3 在 (t_k,y_k) 点展开，可以得到点 (t_{k+1},y_{k+1})；然后，再根据泰勒公式在 (t_k,y_k) 点，采用 h 步长直接一步展开，同样可以得到点 (t_{k+1},y_{k+1})；应该使得这两种展开式中的前四项完全对应相等，就可以得到参数 $p,q,\lambda_1,\lambda_2,\lambda_3$ 之间应满足的条件为

$$\begin{cases} \lambda_1 + \lambda_2 + \lambda_3 = 1 \\ p\lambda_2 + q\lambda_3 = \dfrac{1}{2} \\ p^2\lambda_2 + q^2\lambda_3 = \dfrac{1}{3} \end{cases} \tag{3-20}$$

如果取 $p=\dfrac{1}{2}$（中点）, $q=1$（终点），则式(3-20)变为

$$\begin{cases} \lambda_1 + \lambda_2 + \lambda_3 = 1 \\ \dfrac{1}{2}\lambda_2 + \lambda_3 = \dfrac{1}{2} \\ \dfrac{1}{4}\lambda_2 + \lambda_3 = \dfrac{1}{3} \end{cases} \tag{3-21}$$

得到 $\lambda_1=\dfrac{1}{6},\lambda_2=\dfrac{2}{3},\lambda_3=\dfrac{1}{6}$

这样，就可以得到三阶龙格-库塔公式为

$$\begin{cases} K_1 = f(t_k,y_k) \\ K_2 = f\left(t_k + \dfrac{h}{2}, y_k + \dfrac{h}{2}K_1\right) \\ K_3 = f(t_k + h, y_k + hK_2) \\ y_{k+1} = y_k + \dfrac{h}{6}(K_1 + 4K_2 + K_3) \end{cases} \tag{3-22}$$

如果在上述三阶龙格-库塔公式中，取区间 $[t_k,t_{k+1}]$ 上其他任意两点的斜率（取 $p \neq \dfrac{1}{2}, q \neq 1$），就可以得到各种不同的三阶龙格-库塔公式（简称 RK-3）。

例如，取 $p=\dfrac{1}{3}$ 和 $q=\dfrac{2}{3}$ 时，则有

$$\begin{cases} K_1 = f(t_k,y_k) \\ K_2 = f\left(t_k + \dfrac{h}{3}, y_k + \dfrac{h}{3}K_1\right) \\ K_3 = f\left(t_k + \dfrac{2}{3}h, y_k + \dfrac{2}{3}hK_2\right) \\ y_{k+1} = y_k + \dfrac{h}{4}(K_1 + 3K_3) \end{cases} \tag{3-23}$$

根据上述原理,若展开泰勒级数时保留 h、h^2、h^3 和 h^4 项,则可得截断误差为 $O(h^5)$ 的四阶龙格-库塔公式(简称 RK-4),为

$$y(t_{k+1}) \approx y_{k+1} = y_k + \frac{h}{6}(K_1 + 2K_2 + 2K_3 + K_4) \tag{3-24}$$

其中

$$\begin{cases} K_1 = f(t_k, y_k) \\ K_2 = f\left(t_k + \dfrac{h}{2}, y_k + \dfrac{h}{2}K_1\right) \\ K_3 = f\left(t_k + \dfrac{h}{2}, y_k + \dfrac{h}{2}K_2\right) \\ K_4 = f(t_k + h, y_k + hK_3) \end{cases} \tag{3-25}$$

由于这组 RK-4 计算公式有较高的精度,因而在数字仿真中应用较为普遍。

表 3-1 给出了各种常见的龙格-库塔公式。其中,后面三种给出了误差估计公式,这样就可以利用误差来控制积分步长,即每积分一步,利用误差估计公式估计出这一步的截断误差。若此时截断误差大于允许的误差,则缩小步长,反之可以放大步长。一般而言,为了减少计算量,总是希望每步计算时能够减少右端函数 f 的计算次数,即减少计算 K 的次数。

表 3-1　常见的龙格-库塔公式

名　　称	计　算　公　式	误 差 特 点
二阶龙格-库塔法	$y_{k+1} = y_k + \dfrac{h}{2}(K_1 + K_2)$ $K_1 = f(t_k, y_k)$ $K_2 = f(t_k + h, y_k + hK_1)$	
四阶龙格-库塔法	$y_{k+1} = y_k + \dfrac{h}{6}(K_1 + 2K_2 + 2K_3 + K_4)$ $K_1 = f(t_k, y_k)$ $K_2 = f\left(t_k + \dfrac{h}{2}, y_k + \dfrac{h}{2}K_1\right)$ $K_3 = f\left(t_k + \dfrac{h}{2}, y_k + \dfrac{h}{2}K_2\right)$ $K_4 = f(t_k + h, y_k + hK_3)$	
四阶龙格-库塔-默森法	$y_{k+1} = y_k + \dfrac{h}{6}(K_1 + 4K_4 + K_5)$ $K_1 = f(t_k, y_k)$ $K_2 = f\left(t_k + \dfrac{h}{3}, y_k + \dfrac{h}{3}K_1\right)$ $K_3 = f\left[t_k + \dfrac{h}{3}, y_k + \dfrac{h}{6}(K_1 + K_2)\right]$ $K_4 = f\left[t_k + \dfrac{h}{2}, y_k + \dfrac{h}{8}(K_1 + 3K_3)\right]$ $K_5 = f\left[t_k + h, y_k + \dfrac{h}{2}(K_1 + 4K_4 - 3K_3)\right]$	截断误差估计公式 $E_k = \dfrac{h}{6}(2K_1 - 9K_3 + 8K_4 - K_5)$

续表

名　　称	计　算　公　式	误　差　特　点
二阶龙格-库塔-费尔别格法	$y_{k+1}=y_k+\dfrac{h}{512}(K_1+510K_2+K_3)$ $K_1=f(t_k,y_k)$ $K_2=f\left(t_k+\dfrac{h}{2},y_k+\dfrac{h}{2}K_1\right)$ $K_3=f\left[t_k+h,y_k+\dfrac{h}{256}(K_1+255K_2)\right]$	截断误差估计公式 $E_k=\dfrac{h}{512}(K_1-K_3)$
四阶龙格-库塔-夏普法	$y_{k+1}=y_k+\dfrac{h}{8}(K_1+3K_2+3K_3+K_4)$ $K_1=f(t_k,y_k)$ $K_2=f\left(t_k+\dfrac{h}{3},y_k+\dfrac{h}{3}K_1\right)$ $K_3=f\left[t_k+\dfrac{2h}{3},y_k+\dfrac{h}{3}(-K_1+3K_2)\right]$ $K_4=f[t_k+h,y_k+h(K_1-K_2+K_3)]$ $K_5=f\left[t_k+h,y_k+\dfrac{h}{8}(K_1+3K_2+3K_3+K_4)\right]$	截断误差估计公式 $E_k=\dfrac{h}{32}(-K_1+3K_2-3K_3-3K_4+4K_5)$

（3）龙格-库塔法的特点。龙格-库塔的计算方法具有如下特点：

① 在计算 y_{k+1} 时只用到 y_k，而不直接用 y_{k-1},y_{k-2} 等项。在后一步的计算中，仅仅利用前一步的计算结果，因而它也属于单步法。显然，已知初值后，它就能由初值逐步计算得到后续各离散时间点上的仿真值。

② 步长 h 在整个计算过程中并不要求取固定值。可以根据精度要求改变，但在一步中，为了计算若干个系数 K_i（俗称龙格-库塔系数），则必须使用同一个步长 h。

③ 龙格-库塔法的精度取决于步长 h 的大小和方法的阶次。许多计算实例表明：为达到相同的计算精度，四阶方法的 h 可以比二阶方法的 h 大 10 倍左右，而四阶方法的每步计算量仅比二阶方法大一倍，因而其总的计算量仍比二阶方法小。正是基于这个原因，一般系统仿真常用四阶龙格-库塔公式。值得指出的是，高于四阶的方法由于每步计算量增加较多，而精度提高不多，因而使用得也比较少。

④ 若在泰勒展开时，只取 h 这一项，而将 h^2 及以上的项都略去，则可得 $y_{k+1}=y_k+hf(t_k,y_k)$，这就是欧拉公式。因此，欧拉公式也可以看作是一阶龙格-库塔公式，它的截断误差为 $O(h^2)$，是精度最低的一种数值积分公式。

2. 龙格-库塔向量公式

前面的龙格-库塔公式推导过程中假设系统是一阶微分方程的形式，而我们遇到的实际系统很可能是高阶的，即实际系统的数学模型是一阶的微分方程组或高维状态方程，此时可以用龙格-库塔向量公式来求解。事实上，微分方程组中的每一个微分方程都可以用数值积分法求解，这样就可以把整个系统的动态特性都解算出来，但计算过程中要考虑各微分方程之间的耦合关系。下面以四阶龙格-库塔公式为例，给出其向量形式。

用向量形式表示 n 阶动力学系统的微分方程组或状态方程：

$$\begin{cases} \dot{\boldsymbol{Y}} = \boldsymbol{F}(t, \boldsymbol{Y}) \\ \boldsymbol{Y}(t_0) = \boldsymbol{Y}_0 \end{cases} \tag{3-26}$$

其中，$\boldsymbol{Y}(t) = [y_1(t), y_2(t), \cdots, y_n(t)]$ 为 n 维状态向量，$\boldsymbol{F}(t, \boldsymbol{Y}) = (f_1, f_2, \cdots, f_n)$ 为 n 维向量函数，$f_i = f_i[t, y_1(t), y_2(t), \cdots, y_n(t)]$，$i = 1, 2, \cdots, n$。

四阶龙格-库塔公式（简称 RK-4）的向量表示为

$$\begin{cases} \boldsymbol{Y}_{k+1} = \boldsymbol{Y}_k + \dfrac{h}{6}(K_1 + 2K_2 + 2K_3 + K_4) \\ K_1 = \boldsymbol{F}(t_k, \boldsymbol{Y}_k) \\ K_2 = \boldsymbol{F}\left(t_k + \dfrac{h}{2}, \boldsymbol{Y}_k + \dfrac{h}{2}K_1\right) \\ K_3 = \boldsymbol{F}\left(t_k + \dfrac{h}{2}, \boldsymbol{Y}_k + \dfrac{h}{2}K_2\right) \\ K_4 = \boldsymbol{F}(t_k + h, \boldsymbol{Y}_k + hK_3) \end{cases} \tag{3-27}$$

为了应用方便，式(3-27)也可以写成如下形式：

$$\begin{cases} y_{i,k+1} = y_{i,k} + \dfrac{h}{6}(K_{i1} + 2K_{i2} + 2K_{i3} + K_{i4}) \\ K_{i1} = f_i(t_k, y_{1k}, y_{2k}, \cdots, y_{nk}) \\ K_{i2} = f_i\left(t_k + \dfrac{h}{2}, y_{1k} + \dfrac{h}{2}K_{11}, y_{2k} + \dfrac{h}{2}K_{21}, \cdots, y_{nk} + \dfrac{h}{2}K_{n1}\right) \\ K_{i3} = f_i\left(t_k + \dfrac{h}{2}, y_{1k} + \dfrac{h}{2}K_{12}, y_{2k} + \dfrac{h}{2}K_{22}, \cdots, y_{nk} + \dfrac{h}{2}K_{n2}\right) \\ K_{i4} = f_i(t_k + h, y_{1k} + hK_{13}, y_{2k} + hK_{23}, \cdots, y_{nk} + hK_{n3}) \end{cases} \tag{3-28}$$

式(3-28)中，$K_{ij}(i = 1, 2, \cdots, n; j = 1, 2, 3, 4)$ 为微分方程组中第 i 个方程的第 j 个 RK 系数；n 为一阶微分方程的个数；k 为第 k 仿真步。

3. 多步法

单步法在计算 y_{k+1} 时只用到了前一步的函数值 y_k，例如 RK-4 法虽然求出了 $(t_k, t_k + h)$ 区间上的一些中间值，但没有直接用到 y_{k-1}, y_{k-2} 等值，即在后一步的计算中，仅仅利用前一步的计算结果。

多步法在计算微分方程 $\dot{y} = f(t, y)$ 在区间 (t_k, t_{k+1}) 的积分数值 y_{k+1} 时，利用了之前已经求得 $t_k, t_{k-1}, \cdots, t_{k-n}$ 时刻的 $(n+1)$ 个节点处的函数值 $f_k, f_{k-1}, \cdots, f_{k-n}$，再根据插值原理构造一个多项式，来求解 t_{k+1} 时刻的近似值 y_{k+1}。

多步法有多种计算公式，限于篇幅本书不作具体的介绍，读者可以查阅相关专业书籍来进一步了解。

3.2.4 算法稳定性与误差

利用数值积分法进行仿真时常常会出现这样的现象：本来是一个稳定的系统，仿真过程中却出现不稳定的情况。这种现象通常是计算步长选得过大造成的，步长太大会带来较大的计算误差,而数值积分法会使各种误差传播出去,以至于引起仿真不稳定。

1. 误差

设 $y(t_{k+1})$ 为微分方程 $\dot{y}=f(t,y)$ 在 t_{k+1} 时刻的真解(理论值),$\bar{y}(t_{k+1})$ 为其数值积分精确解(没有舍入误差),y_{k+1} 为此时的数值积分近似值(有舍入误差),则有

$$y(t_{k+1})-y_{k+1}=[y(t_{k+1})-\bar{y}_{k+1}]+[\bar{y}_{k+1}-y_{k+1}]=e_{k+1}+\varepsilon_{k+1}$$

式中,$e_{k+1}=y(t_{k+1})-\bar{y}_{k+1}$ 为整体截断误差;$\varepsilon_{k+1}=\bar{y}_{k+1}-y_{k+1}$ 为舍入误差。

1) 截断误差

截断误差分为局部截断误差和整体截断误差。局部截断误差指假定前 k 步为微分方程精确解时第 $k+1$ 步的截断误差。整体截断误差指从初值开始,每一步均有局部截断误差。

通常以泰勒级数为工具进行误差分析。假设前一步得到的结果 y_k 是准确的,则按泰勒级数展开式求得 $t_{k+1}=t_k+h$ 处的解为

$$y(t_k+h)=y(t_k)+h\dot{y}(t_k)+\frac{\ddot{y}(t_k)}{2!}h^2+\cdots+\frac{y^{(n)}(t_k)}{n!}h^n+O(h^{n+1}) \quad (3\text{-}29)$$

例如,考查欧拉法的局部截断误差

$$y_{k+1}=y_k+h\cdot f(t_k,y_k)=y_k+h\dot{y}(t_k) \quad (3\text{-}30)$$

根据式(3-29)和式(3-30),并考虑假设条件 $y_k=y(t_k)$,得

$$e_{k+1}=e(t_{k+1})=y(t_{k+1})-y_{k+1}=O(h^2)$$

采用不同的数值解法,其局部截断误差往往是不同的。一般而言,若截断误差为 $O(h^{n+1})$,则称该方法为 n 阶的。方法的阶次可作为衡量方法精度的一个重要标志。

2) 舍入误差

由于计算机字长的限制,数字不可能表示得完全精确,在计算过程中不可避免会引起误差。这种由计算机本身字长引起的误差称为舍入误差。

产生舍入误差的因素较多,除了与计算机字长相关,还与计算机所使用的数字系统、数的运算次序及程序编码等因素有关。舍入误差通常跟仿真步长成反比,步长越小,计算的次数就越多,则舍入误差越大。

2. 收敛性

数值积分中的收敛性:假设不考虑舍入误差和初始值误差,对于一种数值积分方法,若对于任意固定的 $t_k=t_0+kh$,当 $h\to0$(同时 $k\to\infty$)时,求得 $y_k\to y(t_k)$,则称这种积分方式是收敛的。

3. 稳定性

关于计算的稳定性可以理解为:在实际计算中,给出的初值 $y(t_0)=y_0$ 不一定很准确(即存在初始误差);同时,由于计算机字长有限,在数值计算中有舍入误差;尤其是对于某一步长 h 的数值积分存在截断误差,所有这些误差都可能在计算过程中传播下去。当步长 h 取得过大时,计算误差较大,数值积分方法会让各种误差传播出去,以至于引起计算不稳定。

4. 数值积分方法的选择

数值积分方法的选择往往需要结合实际问题来确定,具有较大的灵活性。主要考虑方法本身的复杂程度、仿真系统特点、计算量和误差、仿真步长等诸多因素。通常,当导函数不十分复杂且精度要求不高时,选择龙格-库塔法比较合适;如果导函数复杂且计算量大,则采用阿达姆斯预估-校正法比较好;而对于实时仿真问题,则需要采用实时算法。

1) 精度要求

影响数值积分精度的因素包括截断误差、舍入误差和初始误差。当步长确定时,算法阶次越高,截断误差越小。当要求高精度仿真时,可采用高阶的隐式多步法,并取较小的步长。但仿真步长不能太小,过小的步长会增加迭代计算的次数,增加计算量,并会增大舍入误差和积累误差。

2) 计算速度

计算速度主要取决于每步积分的运算时间和积分的总次数。每步运算量与选择的积分方法有关,它取决于导函数的复杂程度及每步积分需要计算导函数的次数。在数值求解中,最耗时的地方往往是对积分变量导函数的计算。为了提高仿真速度,确定积分方法后,应该在保证积分精度的条件下尽量加大仿真步长,以缩短仿真过程的总时间。

3) 稳定性

保证数值解的稳定性是系统仿真实现的前提,否则就无法获得仿真结果或计算结果失去实际意义,从而导致仿真失败。如果一个数值积分方法对简单模型是不稳定的,就更难以求解一般方程的初值问题。

5. 步长控制

一个高精度的仿真方法必须将步长控制作为必要手段。实现步长控制涉及两个方面的问题:一是局部误差估计,二是步长控制策略。步长控制的一般方法是测量计算误差 E_k,然后判断是否满足允许误差 E,据此选择相应的步长控制策略,不断调整控制步长 h,再作下一步积分运算。实现步长控制的具体步骤如下。

(1) 估计每步的计算误差 ε_k。

(2) 给定一种误差控制范围的指标函数,或设定一个最小误差限 ε_{min} 和最大误差限 ε_{max}。

(3) 不断改变步长以满足误差控制的指标要求。常用两种步长控制策略:①加倍-减半法,即当估计的局部误差大于最大误差限时将步长减半,并重新计算这一步;当误差在最小误差限 ε_{min} 和最大误差限 ε_{max} 之间时,步长不变;当误差小于最小误差限时将步长加倍。②最优步长法,为使每个积分步在保证精度的前提下能取最大步长(或称最优步长),可以设法根据本步误差的估计,近似确定下一步可能的最大步长。由于这种方法可以在规定的精度下取得最大步长,因而它减少了计算量。

3.3 分布参数连续系统

3.2节讨论了集中参数系统的仿真问题。实际上,真实的物理系统往往是分布参数系统。只是在研究该系统性能时,有时为了突出系统的主要特征而将其进行必要的简化后才得到理论上的集中参数系统。但对某些实际的物理系统而言,不能或难以进行简化,或者只有按分布参数来考虑才能反映其运动规律。

3.3.1　模型描述

分布参数系统的运动特性一般采用偏微分方程来描述。对于确定型的偏微分方程,采用一阶描述形式,可用式(3-31)来形式化描述:

$$F_0(\phi,p,z,t)\frac{\partial \phi}{\partial t} + \sum_{i=1}^{k} F_i(\phi,p,z,t)\frac{\partial \phi}{\partial z_i} = f(\phi,p,u,z,t) \tag{3-31}$$

$$\begin{cases} b(\phi,p,z,t)=0 \quad (z \in \delta_z) \\ \phi(z,0)=\phi^0(z) \\ y(z,t)=g(\phi,p,z,t) \\ h(\phi,p,u,z,t) \geqslant 0 \end{cases} \tag{3-32}$$

上述表达式中有关符号的含义说明如下:

(1) 自变量:常微分方程中自变量只含有时间变量 t,而在偏微分方程中,其自变量除了时间 $t \in T$,还有空间自变量 $z \in Z$;

(2) 输入变量 $u \in U$ 及输入段集合:映射 $Z \times T \rightarrow U : u(z,t)$;

(3) 因变量: $\phi \in \Phi$,且是 z 与 t 的函数;

(4) 式(3-32)中第一项确定边界条件,δ_z 表示 Z 的边界,在 $z \in \delta_z$ 上,ϕ 随时间变化满足该等式;

(5) 式(3-32)中第二项表示初始条件,即规定初始时刻 ϕ 在域内的值;

(6) 输出变量 $y \in Y$ 是时间和空间的函数;

(7) 式(3-32)中第四项规定了约束条件。

当然,在某些情况下,系统是以高阶偏微分方程的形式给出的。一般说来,经过适当的函数变换,高阶偏微分方程可以转换成一阶偏微分方程组。

以下是几种典型形式的偏微分方程。

(1) 双曲方程,典型的有:

对流方程:

$$\frac{\partial u}{\partial t} + a\frac{\partial u}{\partial x} = q \tag{3-33}$$

波动方程:

$$\frac{\partial^2 u}{\partial t^2} - a^2\frac{\partial^2 u}{\partial x^2} = q \tag{3-34}$$

(2) 抛物方程,典型的有:

扩散方程:

$$\frac{\partial u}{\partial t} - b\frac{\partial^2 u}{\partial x^2} = q \tag{3-35}$$

对流-扩散方程:

$$\frac{\partial u}{\partial t} + a\frac{\partial u}{\partial x} - b\frac{\partial u^2}{\partial x^2} = q \tag{3-36}$$

（3）椭圆方程，典型的有泊松方程：

$$\frac{\partial^2 u}{\partial x^2} + \frac{\partial^2 u}{\partial y^2} = q \tag{3-37}$$

对于偏微分方程的数值求解，初始条件的设置是十分重要的，即方程定义必须是充分完整的，既不能"过定"（定义过多的初始边界条件），也不能"欠定"（定义过少的边界条件），而只能是"适定"。

例如，式(3-33)中的一阶对流方程，假设 $a>0$，而欲求 $0<x<1$ 区间上的定解，在 $t=0$ 时给定初值 $u(x,0)$，并给出 $x=0$ 的边值 $u(0,t)$，这种情况下 u 在该区间上的解可以唯一确定为 $u(x,t)=\varphi(x-at)$，且沿特征线 $x-at=\mathrm{cons}(t)$ 为常值。因而，此时的方程初值是"适定"的。反之，若此时还定义了 $x=1$ 的边值 $u(1,t)$，则是"过定"的情况；若只给定初值 $u(x,0)$，而未给出 $x=0$ 的边值 $u(0,t)$，则是"欠定"的情况。此时，无论是"过定"还是"欠定"，都无法确定方程的解。

3.3.2 差分法

经典的以偏微分方程仿真建模的基本思路：在空间和时间这两个方面将系统离散化，从而将偏微分方程转化为差分方程，然后从初值或边值出发，逐层推进计算过程，这种方法称为差分法。它具有高度的通用性，易于程序实现。

为了说明差分法的基本原理，先考虑空间为一维的情况。这样，偏微分方程的自变量为两个，即空间变量 x 和时间变量 t。

如图 3-5 所示，将 $x\text{-}t$ 坐标平面的上半部($t\geqslant 0$)用坐标线划分网格：

$$x=x_j=jh,\quad j=0,\pm1,\pm2,\cdots$$
$$t=t_i=i\tau,\quad i=0,1,2,\cdots$$

其中，h、τ 分别是空间和时间步长。

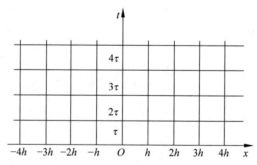

图 3-5 差分计算的基本原理

下面以对流方程为例来说明差分法的一些基本概念。

例如，对于式(3-33)的对流方程 $\dfrac{\partial u}{\partial t}+a\dfrac{\partial u}{\partial x}=q$，若已知其初始条件为

$$u(x,t_0)=\varphi(x),\quad u(x_j,t_0)=\varphi(jh)$$
$$u(x_0,t)=\eta(t),\quad u(x_0,t_i)=\eta(i\tau)$$

且记 $u_j^i = u(x_j, t_i)$，则用差分代替原方程的微分，可以得到

$$\frac{\partial u}{\partial t}\Big|_{\substack{x=jh \\ t=i\tau}} = \frac{u_j^{i+1} - u_j^i}{\tau}, \frac{\partial u}{\partial x}\Big|_{\substack{x=jh \\ t=i\tau}} = \frac{u_{j+1}^i - u_{j-1}^i}{\tau}$$

这里，对 x 的偏微分采用"中心差"公式，如图 3-6 所示。这样，原偏微分方程变为如下的差分方程：

$$\frac{1}{\tau}(u_j^{i+1} - u_j^i) + \frac{a}{2h}(u_{j+1}^i - u_{j-1}^i) - q_j^i = 0$$

整理后得到

$$u_j^{i+1} = u_j^i - \frac{a\tau}{2h}(u_{j+1}^i - u_{j-1}^i) + q_j^i \tag{3-38}$$

式(3-38)称为一阶对流方程显式中心差公式。它可以从初始条件 $u(x_j, t_0) = \varphi(jh)$、$u(x_0, t_i) = \eta(i\tau)$ 出发，沿时间轴一层一层地往前推进。下一层($i+1$ 层)用到的是前一层(i 层)的计算值，因而也叫作两层格式。而在有些差分计算中，可能要用到前两层或多层的值，则相应地称之为三层格式或多层格式。

一阶对流方程的差分公式还有隐式表示，属两层格式，其表达式为

$$u_j^{i+1} = u_j^i - \frac{a\tau}{2h}(u_{j+1}^{i+1} - u_{j-1}^{i+1}) + q_j^{i+1} \tag{3-39}$$

式(3-39)是基于 $\frac{\partial u}{\partial t}\Big|_{\substack{x=jh \\ t=i\tau}} = \frac{u_j^{i+1} - u_j^i}{\tau}, \frac{\partial u}{\partial x}\Big|_{\substack{x=jh \\ t=i\tau}} = \frac{u_{j+1}^{i+1} - u_{j-1}^{i+1}}{2h}$ 的。

显然，在计算 u_j^{i+1} 时用到了 u_{j+1}^{i+1}，但此时后者尚未计算出来，因而称之为"隐式"表示，如图 3-7 所示。隐式公式虽然实现起来比较困难，但具有稳定性好的优点。

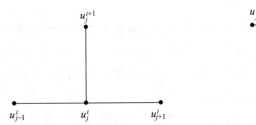
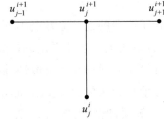

图 3-6 一阶对流方程显式中心差公式 　　图 3-7 一阶对流方程隐式中心差公式

由此可见，对于同一个偏微分方程有多种不同形式的差分法，从而可得到不同形式的仿真模型。

3.3.3 线上求解法

3.3.2 节讨论的计算方法是基于经典的差分法，它是完全独立于常微分方程的各种数值解法而发展起来的。本节介绍的线上求解法(method on lines)则是基于常微分方程仿真方法发展起来的另一大类偏微分方程仿真建模方法，得到了广泛的应用。

实际上，偏微分方程与常微分方程的区别在于，前者有一个或多个空间变量作为自变量。线上求解法的基本思想是将空间变量进行离散化，而时间变量仍然保持连续，从而将偏微分方程转化为一组常微分方程，进而利用常微分方程的各种仿真算法进行数值

计算。

下面仅以对流方程为例,对偏微分方程的线上求解法原理进行简单介绍。

对于一般形式的对流方程 $\dfrac{\partial u}{\partial t}+a\dfrac{\partial u}{\partial x}-q=0$,将 x 所在的区域划分为若干个子区间,得 $x_i=ih\,(i=0,1,2,\cdots,M)$,这样在 x_i 处,原偏微分方程就变成常微分方程

$$\left.\frac{\mathrm{d}u}{\mathrm{d}t}\right|_{x_i}=-a\left(\frac{\partial u}{\partial x}\right)_{x_i,t}+q \tag{3-40}$$

式(3-40)中,在 t_0 处,$\left.\dfrac{\partial u}{\partial x}\right|_{x_i,t_0}$ 的值可以由原方程的初值求得,从而得到

$$\left.\frac{\mathrm{d}u}{\mathrm{d}t}\right|_{x_i}=f_i(u,t) \tag{3-41}$$

这样,由 $M+1$ 个常微分方程所组成的方程组从初值出发,按照统一的步长往前推进,就可以计算得到整个模型的数值解。

线上求解法的基本原理比较简单,它利用常微分方程仿真算法的优点,仅在一个自变量方向采用差分法计算。仿真过程中,数值积分与差分交替进行。在应用这种方法时,正确选择差分方法以实现对空间变量求导,是保证仿真模型稳定性和计算精度的前提。

差分法和有限元法是分布参数系统仿真的两类基本方法。由于篇幅限制,本书仅进行线上求解法的简单原理介绍,且不涉及有限元法,主要目的是让读者对分布参数系统仿真建模问题有一个初步的了解。若要深入学习这些方法,还需要进一步钻研专业书籍。

3.4 小结

本章讨论了经典的连续系统仿真模型与计算方法。被仿真系统的状态变化随时间连续性变化,在计算机上对连续系统进行数值分析和虚拟仿真时,首先遇到的问题是,数字计算机的数值计算及时间均具有离散性,因此离散化原理是数值仿真所必须遵循的。

经典的数值积分法包括单步法和多步法。单步法在计算 y_{k+1} 时只用到 y_k,而不直接用 y_{k-1},y_{k-2} 等项,例如龙格-库塔法。也就是说,在后一步的计算中,仅仅利用前一步的计算结果。从信息利用的观点来看,单步法对信息的利用率是不高的。而"线性多步法"则是利用多步信息来计算下一步的值。因篇幅所限,本书对多步法不作展开介绍。

严格说来,仿真算法的讨论应该从算法的稳定性、准确性及快速性这三个方面来进行,其关键控制参数是仿真步长。从仿真的角度来看,计算方法与步长的选择是十分重要的。在使用这些方法时,步长的选择必须十分小心,这是离散化原理的要求。

经典的数值积分法已经过多年的研究,理论和方法相当完备。本书只是选择其基本部分进行讨论,详细内容读者再参阅相关书籍和文献。

分布参数系统的运动规律一般采用偏微分方程来描述。实际上,真实的物理系统往往是分布参数系统,只是在研究中为了突出系统的主要特征而将其进行必要的简化后才得到理论上的集中参数系统。分布参数系统仿真技术为解决工程应用中复杂的分析计算问题提供了有效的途径。

习题

1. 简述连续系统模型描述的常用方法,集中参数模型和分布参数模型各有哪些数学描述方法?

2. 简述连续系统离散化数值计算的基本思想,并分析连续模型离散化计算方法的等价模型原理。

3. 简述常用的数值积分方法及其主要特点。

4. 分析说明数值积分方法中单步法和多步法的基本原理。

5. 简述分布参数连续系统仿真中差分法的基本原理。

6. 描述某系统的微分方程为 $5\dddot{y}(t)+3\ddot{y}(t)+2\dot{y}(t)=\ddot{u}(t)+2\dot{u}(t)+3u(t)$,已知 y,u 及其各阶导数初始值为零,试将其转换为状态空间表达式。

7. 若系统的传递函数为 $G(s)=\dfrac{Y(s)}{U(s)}=\dfrac{s^2+3s+2}{s(s^2+7s+12)}$,已知 y,u 及其各阶导数初始值为零,试将其转换为系统状态空间表达式。

8. 查阅文献,用伴随方程法将系统的微分方程 $3\ddot{y}(t)+5\dot{y}(t)+20y(t)=3\dot{u}(t)+u(t)$ 转换为状态方程,并求出对应状态变量的初值。已知 $y_0=2.0,\dot{y}_0=-1.0,u_0=1.0,\dot{u}_0=0.5$。

9. 已知系统的传递函数,试在 MATLAB 中进行表示:

(1) $\dfrac{U_2(s)}{U_1(s)}=\dfrac{R_2(1+R_1C_1s)}{R_1+R_2+R_1R_2C_1s}$;

(2) $\dfrac{U_2(s)}{U_1(s)}=\dfrac{R_2(R_1+R_3)C_1C_2s^2+(R_1C_1+R_2C_2+R_3C_1)s+1}{(R_1R_2+R_2R_3+R_1R_3)C_1C_2s^2+(R_1C_1+R_2C_2+R_1C_2+R_3C_1)s+1}$。

10. 求下列各传递函数的状态空间表示:

(1) $G(s)=\dfrac{(s-1)(s-2)}{(s+1)(s-2)(s+3)}$;

(2) $G(s)=\dfrac{2s^3+s^2+7s}{s^4+3s^3+5s^2+4s}$;

(3) $G(s)=\dfrac{3s^3+s^2+s+1}{s^3+1}$;

(4) $G(s)=\dfrac{1}{(s+3)^3}$。

11. 已知方程 $\dot{y}=x+y$ 的解析解为 $y(x)=2e^x-1-x$,且 $x=0$ 时,$y=1$,取计算步长为 $h=0.1$,试用欧拉法、梯形法和四阶龙格-库塔法求 $x=5h$ 时 y 的值,并与解析法结果作比较。

12. 设系统方程为 $\dot{y}+y^2=0,y(0)=1$,试用欧拉法求其数值解(取步长 $h=0.1,0\leqslant t\leqslant1$)。

13. 已知系统方程为 $\ddot{y}+0.5\dot{y}-2y=0,\dot{y}(0)=0,y(0)=1$,取步长 $h=0.1$,用四阶龙格-库塔法(RK-4)计算 $t=0.1,t=0.2$ 时的 y 值。

14. 用欧拉法求系统的响应 $x(t)$ 在 $t \in [0,1]$ 且 $h=0.1$ 时的数值解,并将结果与系统真解作比较,$\dot{x}=-2x$,$x(0)=0.5$。

15. 已知系统的状态方程为 $\begin{cases} \dot{x}=\begin{bmatrix} 0 & 1 \\ -2 & -3 \end{bmatrix}x+\begin{bmatrix} 0 \\ 1 \end{bmatrix}u,\ x(0)=0, \\ y=\begin{bmatrix} 1 & 0 \end{bmatrix}x \end{cases}$,写出四阶龙格-库塔法的递推关系式,并计算当 $h=0.1$ 时,两步递推值 $x(0.1)$ 和 $x(0.2)$。

16. 根据初始条件,选择适当的方法求解下列高阶常微分方程。

(1) $\ddot{x}=1+x^3$,$x(0)=1$,$\dot{x}(0)=2$;

(2) $\dddot{x}=-2x$,$x(0)=1$,$\dot{x}(0)=0$,$\ddot{x}(0)=0$。

17. 将下列连续状态方程离散化:

(1) $\begin{cases} \dot{x}=\begin{bmatrix} 0 & 1 \\ -2 & -3 \end{bmatrix}x+\begin{bmatrix} 0 \\ 1 \end{bmatrix}u; \\ y=\begin{bmatrix} 0 & 1 \end{bmatrix}x \end{cases}$

(2) $\begin{cases} \dot{x}=\begin{bmatrix} 2 & 2 & 1 \\ 1 & 3 & 1 \\ 1 & 2 & 2 \end{bmatrix}x+\begin{bmatrix} 3 \\ 3 \\ 4 \end{bmatrix}u。 \\ y=\begin{bmatrix} 1 & 1 & 1 \end{bmatrix}x \end{cases}$

18. 求下列系统的脉冲传递函数:

(1) $G(s)=\dfrac{s+4}{s^2+50s+25}$;

(2) $G(s)=\dfrac{1}{s^3+10s^2+8s+20}$。

19. 已知微分方程 $\dot{y}=e^{-y}-t^2$,分别用二阶、四阶龙格-库塔法,列出 $y(t)$ 的差分方程。

第4章

离散事件系统建模与仿真

4.1 基本概念

离散系统被分为离散时间系统和离散事件系统。离散事件系统建模与连续系统建模相比,存在较大的区别。第3章所讨论的连续系统,其状态变量是随时间连续变化的,可以用数学方程式来描述系统模型,这类系统的仿真称为连续系统仿真。离散事件系统的时间是连续变化的,而系统的状态仅在一些离散的时刻上由于随机事件的驱动而发生变化,由于状态只是在离散时间点上发生变化,而引发状态变化的事件是随机发生的,在发生的时间点上具有不确定性,所以这类系统的仿真称为离散事件系统仿真。无论是在制造领域还是在工程应用或社会领域,离散事件系统在客观现实中是大量存在的,如库存系统、制造系统、物流系统、订票系统、交通控制系统、军事仿真系统等。

例 4-1 某个理发馆只有一个理发师,上午 9:00 开门营业,下午 5:00 关门,在新型冠状病毒疫情期间顾客的到达时间分为预约和随机两种方式,为每个顾客服务的时长也是随机的。描述该理发馆系统的状态是理发师在某个时间忙或闲(服务台提供服务的状态)、顾客排队的等待时间或人数。显然,这些状态量的变化也只能在离散的随机时间点上发生。

离散事件系统虽然有多种类型,但它们的系统组成要素是基本相同的。下面首先介绍离散事件系统仿真的一些基本概念。

1. 实体

实体是组成系统的个体,为系统描述的三个要素之一。在离散事件系统中,实体可分为两大类,即临时实体和永久实体。

在系统中只存在一段时间的实体叫临时实体。这类实体由系统外部到达并进入系统,通过系统服务,最终离开系统。例 4-1 中的顾客显然属于临时实体,他们按照一定的规律(预约或随机)到达系统(理发馆),经过排队等待一段时间和服务员(理发师)的服务后即离开系统。那些虽然到达而并未进入理发馆的顾客则不能被称为该系统的临时实体。永久性地驻留在系统中的实体称为永久实体,如例 4-1 中的理发师就属于永久实体。只要系统处于活动状态,这些实体就存在,或者说永久实体是系统处于活动状态的必要条件。

临时实体按一定规律不断地到达系统,在永久实体作用下通过系统,最后离开系统,整个系统呈现动态过程。

2. 事件

事件是引起系统状态发生变化的行为,它是描述离散事件系统的另一个重要概念。在一个系统中,一般会有许多类事件,而事件的发生往往与某一类实体相联系,某一类事件的发生还可能会引起其他事件的发生,或成为另一类事件发生的条件等。为了实现对系统中的事件进行管理,仿真模型中必须建立事件表,事件表中记录每一个已经发生的或将要发生的事件类型、发生时间及与该事件相联系的实体的有关属性等。由于事件的发生会导致状态的变化,而实体的活动可以与一定的状态相对应,因而可以用事件来标识活动的开始与结束。

如在例 4-1 中,可以把"顾客到达"称为一类事件,正是由于顾客到达,若理发馆原先无人排队等待,此时系统的状态(理发师的工作状态)就会由闲变忙,或者使另一类系统状态(排队的顾客人数)发生变化(排队人数增加 1 人)。一个顾客接受服务完毕后离开系统,也可以定义成一类事件,因为它可以使得服务台由忙变闲或等待的队列发生变化。

在仿真模型中,由于是依靠事件来驱动的,除了系统中固有事件(又称系统事件)外,还有所谓的"程序事件",它用于控制仿真进程。例如,如果要对例 4-1 的系统进行从上午9:00 到下午 5:00 的动态过程仿真,可以定义"仿真时间达到 8h 后终止仿真"作为一个程序事件。当该事件发生时,即可结束仿真模型的执行。

3. 活动

离散事件系统中的活动,通常用于表示两个可以区分的事件之间的过程,它标志着系统状态的转移。例如,顾客到达事件与顾客开始接受服务事件之间可称为一个活动,该活动使系统的状态(排队人数)发生变化。顾客开始接受服务事件与顾客接受服务结束事件之间也可以称为一个活动,它使服务员由忙变闲。活动总是与一个或几个实体的状态相对应。

4. 属性

属性是实体特征的描述,也称为描述变量,一般是实体所拥有的全部特征的一个子集,用特征参数或变量表示。

选用哪些特征参数作为实体的属性与仿真目的有关,一般可参照如下原则选取:

(1)便于实体的分类。例如,将理发店顾客的性别(男、女)作为属性考虑,可将"顾客"实体分为两类,每类顾客占用不同的服务台。

(2)便于实体行为的描述。例如,将飞机的飞行速度作为属性考虑,便于对"飞机"实体的行为(如两地间的飞行时间)进行描述。

(3)便于排队规则的确定。例如,生产线上待处理工件的优先级有时需要作为"工件"实体的属性考虑,以便于"按优先级排队"规则的建立与实现。

5. 状态

状态是对实体活动的特征状况或性态的划分,其表征量为状态变量。如在理发店服务系统中"顾客"有"等待服务""接受服务"等状态,"服务员"有"忙"和"闲"等状态。状态可以作为动态属性进行描述。

6. 进程

进程由若干个有序事件及若干个有序活动组成。一个进程描述了它所包括的事件及活动之间的相互逻辑关系及时序关系。如例 4-1 中,一个顾客到达系统,经过排队、接受服务,直到服务完毕后离去可称为一个进程。事件、活动、进程三者之间的关系如图 4-1 所示。

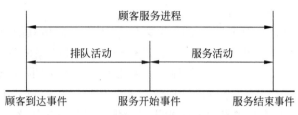

图 4-1 事件、活动与进程的关系

7. 仿真时钟

仿真时钟用于表示仿真时间的变化,它是仿真进程的推进机制。在连续系统仿真中,将连续模型进行离散化而成为仿真模型时,仿真时间的变化是基于仿真步长确定的,可以是定步长,也可以是变步长。而在离散事件系统仿真中,引起状态变化的事件发生时间是随机的,使得仿真时钟的推进步长完全是随机的;而且,在两个相邻发生的事件之间系统状态不会发生任何变化,因而仿真时钟可以跨过这些"不活动"周期,从一个事件发生时刻直接推进到下一个事件发生时刻,仿真时钟的推进呈现跳跃性,推进的速度具有随机性。可见,仿真模型中时间控制部件是必不可少的,以便按一定规律来控制仿真时钟的推进。仿真时钟是仿真系统运行时间在仿真过程中的表示,而不是计算机执行仿真程序的时间长度。

8. 统计计数器

统计计数器是在离散事件系统中进行各类数据统计和计数的部件。连续系统仿真的目的是要得到状态变量的动态变化过程,并由此分析系统的性能。离散事件系统的状态变量随着事件的不断发生呈现出动态变化过程,但仿真的主要目的不是要知道这些状态变量是如何变化的,因为这种变化具有随机性。某一次仿真运行获得的状态变化过程只不过是随机过程的一次取样,如果进行另一次独立的仿真运行,所得到的状态变化过程可能完全是另一种情况。它们只有在统计意义下才有参考价值。例如,在例 4-1 的单服务台系统中,由于顾客到达的时间间隔具有随机性,服务员为每一位顾客提供的服务时长也是随机的,因而在某一时刻,各次仿真运行时顾客排队的人数或服务台的忙闲情况完全是不确定的。我们在分析系统时,感兴趣的可能是系统的平均排队人数、顾客的平均等待时间或服务员的时间利用率等。在仿真模型中,需要有一个统计计数部件,以便统计系统中的有关变量。

4.2 离散事件系统建模

1. 离散事件系统的模型描述

由于离散事件系统的复杂性,目前尚未有统一的建模方法。

对于离散事件系统的建模问题,可根据系统研究的目的分三个层次进行理论模型描述,即逻辑层次、代数层次和统计性能层次。逻辑层次着眼于离散事件系统中事件和状态的逻辑序列关系,采用的数学工具包括形式化语言/有限自动机、Petri 网、马尔可夫链等。代数层次着眼于离散事件系统物理时间上的代数特性和运动过程,采用的数学工具有极大、极小代数等。统计性能层次则着眼于通过统计分析获得系统性能,通常采用的数学工具是排队论、广义半马尔可夫过程等。

现代仿真技术是分析离散事件系统的有效方法,因而面向仿真的离散事件系统建模方法得到发展。这类建模方法基于图论对系统进行描述,比较典型的方法如实体流图法、活动周期图法、CPM/PERT 图法等。实体流图法以临时实体的产生、流动、消亡及其经历永久实体服务的进程为主线,建立系统的运作流程和实体之间的逻辑关系。活动周期图法则以活动为基础,采用直观的方式表示实体的状态变化历程与各实体之间的交互作用关系。

CPM/PERT 图法源于工程项目管理,它将一个工程项目的管理视为若干个有序活动及节点的管理,由此构成的系统就是一个离散事件系统。CPM(critical path method,关键路线法),它借助网络图和各活动所需时间(估计值),计算网络图的关键路径和每一活动的最早或最迟开始与结束时间,这样获知哪些活动具有可调整的弹性时间。PERT(program evaluation and review technique,项目评审技术),利用项目的网络图和各活动所需时间的估计值(通过加权平均得到)去计算项目总时间。PERT 不同于 CPM 的主要点在于 PERT 利用期望值而不是最可能的活动所需时间的估计。如果活动时间是确定的,则为 CPM 网;如果活动时间是随机的,则为 PERT 网。

由于离散事件系统中随机因素的存在,在系统建模过程中需要采用服从各种分布规律的随机变量来描述系统中存在的随机事件。随机变量模型(random variable model)用于描述离散事件系统中随机事件的概率分布形式(规律)。

在典型的离散事件系统中有很多随机因素的实例,例如在排队系统中,顾客到达的时间间隔和接受服务的时间通常是不确定的,这些随机变量通常服从一定的分布规律,而完全准确地描述这些分布规律是比较困难的。常见的随机变量模型有正态分布、指数分布、均匀分布、伽马分布等,各种已知的概率分布都有其自己的特性。因此,如何确定各种随机变量的概率分布形式,建立合理的随机变量模型,也是系统建模的主要任务之一。

2. 离散事件系统仿真建模

在离散事件系统仿真建模时,需要将面向仿真的离散事件系统模型转换为仿真模型。

离散事件系统仿真的核心问题是建立描述系统行为的仿真模型。在某个复杂的离散事件系统中,通常存在着诸多的实体,这些实体之间相互联系、相互影响。然而,其活动的发生统一在同一时间基上,采用何种方法推进仿真时钟,建立起各类实体之间的逻辑联系,这是离散事件系统仿真建模方法学的重要内容,也称为仿真算法或仿真策略。

目前,存在四种比较成熟的仿真建模方法:事件调度法(event scheduling,ES)、活动扫描法(activity scanning,AS)、进程交互法(process interactive,PI)和三阶段法(three phases,TP)。在建立仿真模型时,可以根据需要在同一个仿真模型中同时采用几种仿真策略,而并非只拘泥于采用某种单一的仿真策略。

仿真时钟用于模拟实际系统的时间属性,模型中的时间变量就是仿真时钟。系统的动态特性表现为系统状态随时间变化而发生变化,离散事件系统仿真就是要使模型在系统状态发生变化的时间点上体现实际系统的动态行为。仿真过程中,仿真时钟的取值称为仿真时钟的推进,两次连续取值的间隔称为仿真步长。离散事件系统仿真中的仿真时钟推进大多采用"下一最早发生事件的发生时间"(next event scheduling)的方法。由于事件发生时间的随机性,仿真时钟推进步长也是随机长度,而且若相邻两事件之间系统状态不会发生任何变化,仿真时钟就可跨过这些"不活动"周期,从而呈现出跳跃性,其推进速度具有随机性,这是离散事件系统仿真与连续系统仿真的重要区别之一。

离散事件系统中,许多事件的发生是随机的。因此,在离散事件系统的仿真过程中,根据随机事件发生的规律,由仿真模型产生所需的随机变量来模拟。从本质上说,仿真模型中的随机变量大多是伪随机变量(pseudo random variable)。伪随机变量是指在伪随机数的基础上生成的具有某种概率分布规律的随机变量。

在对离散事件系统进行仿真时,仿真模型需要产生服从某种分布规律的随机变量,以模拟离散事件系统的实际运行过程。而产生一个服从某种分布规律的伪随机变量的基础,是采用随机数发生器产生伪随机数,即在[0,1]区间上均匀分布的伪随机变量,在此基础上经过进一步的变换再得到服从某种概率分布规律的伪随机变量。

3. 离散事件系统仿真的特点

与连续系统相比,离散事件系统仿真具有以下特点:

(1) 在连续系统仿真中,主要是研究系统的动态过程并以此来分析系统的性能,系统模型由表征系统变量之间关系的方程来描述,如微分方程、差分方程等。

在离散事件系统仿真中,系统变量反映系统各部分相互作用的一些事件,系统模型则是反映这些事件状态的集合。一般用概率模型或表示数量关系和逻辑关系的流程图描述。

(2) 连续系统的仿真结果表现为系统变量随时间变化的时间历程,仿真目的通过一次或若干次仿真运行即可达到。

离散事件系统和连续系统在性质上是完全不同的,前一类系统中的状态在时间上和空间上都是离散的。该类系统中,各事件以某种顺序或在某种条件下发生,并且系统变量大多数是随机的。仿真目的是试图通过大量抽样试验的统计结果来逼近总体分布的统计特征值,仿真结果是产生处理这些事件的时间历程,往往需要经过多次仿真才可达到。

(3) 从仿真时间推进机制上来看,两类系统存在着本质的区别。在连续系统的数字仿真中,时间通常被分割成均等的或非均等的间隔,并以一个基本的时间间隔计时,仿真运行采用定步长或变步长推进。而离散事件系统仿真则是面向事件的,时间指针往往不是按固定的增量向前推进的,仿真推进的时间是不确定的,它取决于系统的状态条件和事件发生的可能性。

4.3　离散事件系统仿真策略

离散事件系统仿真的核心问题是建立描述系统行为的仿真模型。它与连续系统的主要区别在于,离散事件系统的模型难以采用某种规范的形式,而通常采用流程图或网络图的形式才能准确定义实体在系统中的活动,因而仿真策略是离散事件系统仿真的重点问题。

4.3.1 事件调度法

事件是离散事件系统中最基本的概念,事件的发生引起系统状态的变化。用事件的观点来分析真实系统,通过定义事件及每个事件发生引起系统状态的变化,按时间顺序确定并执行每个事件发生时有关的逻辑关系,这就是事件调度法(event scheduling)的基本思想。

在讨论事件调度法这种仿真策略之前,我们先定义如下几个术语:

(1) 成分(component):相应于系统中的实体,用于构造模型中的各个部分,根据其在模型中的作用可分为两大类:

主动成分(active-type component):可以主动产生活动的成分。如排队系统中的顾客,他的到达将产生排队活动或服务活动。

被动成分(passive-type component):本身不能激发活动,只有在主动成分作用下,才产生状态的变化。如排队系统中的服务台。

(2) 描述变量:关于成分的状态、属性的描述。例如,在排队系统中,顾客的到达时间是一个描述变量,它是顾客的一个属性;服务台服务是一个描述变量,它描述了服务台的状态(闲或忙)。

(3) 成分间的相互关系:描述成分之间相互影响的规则。例如,在排队系统中,顾客这个成分与服务台这个成分之间,顾客是主动成分,服务台是被动成分。服务台的状态受顾客的影响(作用),作用的规则是:如果服务台"闲",顾客的到达则改变其当前状态,使其由"闲"到"忙";如果服务台"忙",顾客的到达则对服务台不起作用,而作用到顾客自身进入排队状态或取消进入系统。实际上,在一个系统模型中,主动成分对被动成分可能产生影响,而主动成分之间也可能产生影响。

按这种策略建立模型时,所有事件均放在事件表中。模型中设有一个时间控制成分,仿真时该成分从事件表中选择具有最早发生时间的事件,并将仿真时钟修改到该事件发生的时间,再调用与该事件相应的事件处理模块,该事件处理完后返回时间控制成分。这样,事件的选择与处理不断地进行,直到仿真终止的条件或程序事件产生为止。

一个系统的非形式模型描述包括定义成分、描述变量及成分间的相互关系。下面我们给出这种策略的描述:

1) 成分集合 $C = \{\alpha_1, \alpha_2, \cdots, \alpha_n\}$

在成分集合 C 中,α_i 是第 i 个成分分量,C 包括:

① 主动成分集 $C_A = \{\alpha_1, \alpha_2, \cdots, \alpha_m\}$;

② 被动成分集 $C_P = \{\alpha_{m+1}, \alpha_{m+2}, \cdots, \alpha_n\}$。

2) 描述变量

(1) 描述每一主动成分 $\alpha \in C_A$ 的变量 α 的状态 s_α 和值域 S_α,s_α 下一变化时刻的时间变量 t_α。

(2) 描述 $\alpha \in C_P$ 的变量 α 的状态 s_α 和值域 S_α。被动成分的状态变化只有在主动成分作用下才能发生,其发生时间由主动成分来确定,因而不需要时间变量。

(3) 描述所有成分的属性的变量参数集合 $P = \{p_1, p_2, \cdots, p_r\}$ 成分间的相互关系。

在每个主动成分 $\alpha \in C_A$ 的作用下其状态变化的描述,称为事件处理流程;各成分处理的优先级即同时发生时的处理顺序,称为解结规则。在事件调度法中,一般将主动成分也同时定义为被动成分,以便接受其他主动成分的作用。

根据上述非形式描述,事件调度法算法如下:

① 执行初始化操作,包括:

设置初始时间 $t=t_0$,结束时间 $t_\infty=t_e$;

事件表初始化,设置系统初始事件;

主、被动成分状态初始化 $S=[(s_{\alpha_1},t_{\alpha_1}),\cdots,(s_{\alpha_m},t_{\alpha_m}),(s_{\alpha_{m+1}},t_{\alpha_{m+1}}),\cdots,(s_{\alpha_n},t_{\alpha_n})]$。

② 操作事件表,包括:

取出具有 $t(s)=\min\{t_\alpha|\alpha\in C_A\}$ 的事件记录;

修改事件表。

③ 推进仿真时钟 $\mathrm{TIME}=t(s)$。

```
While(TIME≤t∞)则执行
    Case 根据事件类型 i
        i = 1 执行第 1 类事件处理程序①
        i = 2 执行第 2 类事件处理程序
        ……
        i = m 执行第 m 类事件处理程序
    endcase
取出具有 t(s) = min{tα|α∈CA}事件记录②
设置仿真时间 TIME = t(s)
endwhile③
```

从以上的讨论中我们可以看到,事件调度法中仿真时钟的推进仅仅依据 $t(s)=\min\{t_\alpha|\alpha\in C_A\}$ 准则,而该事件发生的任何条件的测试则必须在该事件处理程序内部去处理。如果条件满足,该事件发生;如果条件不满足,则推迟或取消该事件发生。因此,从本质上来说,事件调度法是一种"预定事件发生时间"的仿真策略。这样,仿真模型中必须预定系统中最先发生的事件,以便启动仿真进程。在每一类事件处理子程序中,除了要修改系统的有关状态,还要预定本类事件的下一事件将要发生的时间。该仿真策略对于活动持续时间确定性较强(可以是服从某种分布规律的随机变量)的系统是比较方便的。

但是,事件的发生不仅与时间有关,而且与其他条件有关,即只有满足某些条件时才会发生。在这种情况下,事件调度法策略的弱点则显现出来了,原因在于这类系统的活动持续时间的不确定性,导致无法预定活动的开始或终止时间。下一节讨论的活动扫描法可以克服这方面的不足。

4.3.2 活动扫描法

活动扫描法(activity scanning)的基本思想是:系统由成分组成,而成分包含着活动,这些活动的发生必须满足某些条件;每一个主动成分均有一个相应的活动子例程;在仿真过

---

① 第 i 类事件处理程序对成分的状态变化进行建模,且要进行统计计算;

② 若具有 $t(s)=\min\{t_\alpha|\alpha\in C_A\}$ 事件记录有若干个,则按解结规则处理;

③ 该算法中未包括仿真结束后对仿真结果的处理分析等内容,以下同.

程中,活动的发生时间也作为条件之一,而且较之其他条件具有更高的优先权。

设 $D_\alpha(S)$ 表示成分 α 在系统状态 S 下的条件是否满足[若 $D_\alpha(S)=\text{true}$,则表示满足;若 $D_\alpha(S)=\text{false}$,则表示不满足], t_α 表示成分 α 的状态下一发生变化的时刻,活动扫描法每一步要对系统中所有主动成分进行扫描,当 $t_\alpha\leqslant$ 仿真时钟当前值 TIME,且 $D_\alpha(S)=\text{true}$ 时,执行该成分 α 的活动子程序。所有主动成分扫描一遍后,则又按同样顺序继续进行扫描,直到仿真结束。显然,活动扫描法由于包括了对事件发生时间的扫描,因而它也具有事件调度法的功能。

具体实现时,活动扫描法采取以下方法:

1) 设置系统仿真时钟 TIME 与成分仿真时钟 t_α

系统仿真时钟表示系统的仿真进程的推进时间,而成分仿真时钟则记录该成分的活动发生时刻,两者的关系可能有三种情况:

(1) 当 $t_\alpha>$ TIME 时,表示该活动在将来某一时刻可能发生;

(2) 当 $t_\alpha=$ TIME 时,表示该活动若条件满足,则应立即发生;

(3) 当 $t_\alpha<$ TIME 时,表示该活动按预定时间早应发生,但因条件未满足,到目前为止实际上仍未发生,当前是否发生,则只要判断其发生的条件。

2) 设置条件处理模块

该模块用于测定 $D_\alpha(S)$ 的值及系统仿真时钟与成分仿真时钟之间的关系,即
$$\text{FUTURE}(S)=\{\alpha\mid t_\alpha>\text{TIME}\},\text{PRESENT}(S)=\{\alpha\mid t_\alpha=\text{TIME}\},$$
$$\text{PAST}(S)=\{\alpha\mid t_\alpha<\text{TIME}\}$$

该模块将满足下列条件:

(1) $\alpha\in\text{PRESENT}(S)\cup\text{PAST}(S)$,且

(2) $D_\alpha(S)=\text{true}$

的成分置于可激活(ACTIVATABLE)的成分集合中,即
$$\text{ACTIVATABLE}(S)=\left\{\alpha\,\middle|\,\begin{array}{l}\alpha\in\text{PRESENT}(S)\cup\text{PAST}(S)\\ D_\alpha(S)=\text{true}\end{array}\right\}$$

此时,系统仿真时钟不推进,仅仅处理成分活动,包括修改成分仿真时钟。

如果可激活的成分集合为空,则将系统仿真时钟推进到下一最早发生的活动生成时刻,即 $\text{TIME}=\min\{t_\alpha\in\text{FUTURE}(S)\}$。

活动扫描法的仿真模型中,成分、变量的定义与事件调度法相同,成分间的相互关系除了定义成分的活动外,还包括 $D_\alpha(S)$ 的定义及解结规则的定义。

下面给出活动扫描法的一种典型算法,以便读者对这种仿真策略有一个总体认识。

① 执行初始化操作,包括:

设置初始时间 $t=t_0$,结束时间 $t_\infty=t_e$;

设置主动成分的仿真时钟 $t_\alpha(i),i=1,2,\cdots,m$;

成分状态初始化: $S=[(s_{\alpha_1},t_{\alpha_1}),\cdots,(s_{\alpha_m},t_{\alpha_m}),(s_{\alpha_{m+1}},t_{\alpha_{m+1}}),\cdots,(s_{\alpha_n},t_{\alpha_n})]$。

② 设置系统仿真时钟 $\text{TIME}=t_0$。

```
While(TIME<t∞),则执行扫描
    for j=最高优先数到最低优先数
        将优先数为 j 的成分置成 i
```

```
        if[t_α(i)<TIME,且 D_α_i(S) = true]
            执行活动子例程 i
        退出,重新开始扫描
        endif
    endfor
TIME = min[t_α|α∈FUTURE(S)]
endwhile
```

从上述我们可以看到,活动扫描法的核心是建立活动子例程模型,包括此活动发生引起的自身状态变化,对其他成分的状态所产生的作用等,而条件处理模块则是这种仿真策略实现的本质,它相应于事件调度法中的定时模块。

4.3.3　进程交互法

离散事件系统仿真建模的第三种方法是进程交互法(process interactive)。采用这种策略建模更接近于实际系统,从用户的观点来看这种策略更易于使用。但从这种策略的软件实现来看,较之事件调度法及活动扫描法则要复杂得多。目前流行的许多仿真语言中都具有进程交互法建模的功能,但其软件实现的方法却不尽相同。

进程交互法采用进程(process)描述系统,一个进程包含若干个有序事件及有序活动,它将模型中的主动成分所发生的事件及活动按时间顺序进行组合,从而形成进程表,一个成分一旦进入进程,它将完成该进程的全部活动。

软件实现时,系统仿真时钟的控制程序采用两张事件表。其一是当前事件表(current events list,CEL),它包含了从当前时间点开始有资格执行的事件的事件记录,但是该事件是否发生的条件(如果有的话)尚未判断。其二是将来事件表(future events list,FEL),它包含将来某个仿真时刻发生的事件的事件记录。每一个事件记录中包括该事件的若干属性,其中必有一个属性,说明该事件在进程中所处位置的指针。

当仿真时钟推进时,满足 $t_α \leqslant$ TIME 的所有事件记录从 FEL 移到 CEL 中,然后对 CEL 中的每个事件记录进行扫描,对于从 CEL 中取出的每一个事件记录,首先判断它属于哪一个进程及它在该进程中的位置。该事件是否发生则取决于发生条件是否为真。若 $D_{α_i}(S) =$ true,则发生包含该事件的活动,只要条件允许,该进程要尽可能多地连续推进,直到结束;若 $D_{α_i}(S) =$ false 或仿真时钟要求停止,则退出该进程,然后对 CEL 的下一事件记录进行处理。当 CEL 中的所有事件记录处理完毕后,结束对 CEL 的扫描,继续推进仿真时钟,即把将来事件表中的最早发生的事件记录移到 CEL 中,直到仿真结束。

这种仿真策略可用以下算法来描述:

(1) 执行初始化操作,包括:

设置初始时间 $t = t_0$,结束时间 $t_∞ = t_e$;

设置初始化事件,并置于 FEL 中;

将 FEL 中有关的事件记录置于 CEL 中;

成分状态初始化:$S = [(s_{α_1}, t_{α_1}), \cdots, (s_{α_m}, t_{α_m}), (s_{α_{m+1}}, t_{α_{m+1}}), \cdots, (s_{α_n}, t_{α_n})]$。

(2) 设置系统仿真时钟 TIME $= t$。

While(TIME $\leqslant t_∞$),则执行

① CEL 扫描。

```
While(CEL 中最后一个事件记录未处理完),则
    While[D_{α_i}(S) = true,且当前成分未处理完]则
        执行该成分的活动①
        确定该成分的下一事件②
    endwhile
endwhile
```

② 推进仿真时钟。

```
TIME = FEL 中安排的最早时间
    if(TIME≤t_∞),则
        将 FEL 中所在 TIME 时刻发生的事件记录移至 CEL 中
    endif
endwhile
```

由上面的讨论可以看到,进程交互法既可预定事件,又可对条件求值,因而它兼有事件调度法与活动扫描法两者的优点。

4.3.4 三阶段法

三阶段法也结合了事件调度法和活动扫描法的特点,将整个仿真控制过程分为三个阶段,程序实现也颇为简练,因而在仿真应用中被大量采纳。

1. 基本概念

在讨论三阶段法这种仿真策略之前,先介绍两个基本概念:

(1) B_s:B 类活动,可明确预知起始时间和结束时间的活动。B 源于英文 bound,意为该活动将在界定时间范围内发生。

(2) C_s:C 类活动,非 B 类活动即为 C 类活动。C 源于英文 condition,意为该类活动的发生或结束是有条件的,其发生时间是不可事先预知的。

2. 实体的三个重要属性

三阶段法中每个实体必备的三个属性如下:

(1) 时间片(time cell):下一状态转移时间。只有该实体属于将来某时刻发生的 B 类活动时,该属性才有意义。

(2) 可用性(availability):是一个取布尔值的标志,用来表示该实体是否能属于将来某时刻发生的 B 类活动。换言之,即将来某个时刻发生 B 类活动时,该实体是否可以被无条件占用。如果标志为"真"(true),则说明可用,标志为"假"(false)则说明不可用。

(3) 下一活动(next activity):像"时间片"属性一样,仅当"可用性"属性为"假"时,该属

---

① 一个进程可能包含若干个活动,每一个活动有相应的活动子例程来处理该成分在此活动发生时的状态变化及对其他成分的作用。

② 为了确定该进程的下一事件,必须对 $D_{α_i}(S)$ 求值,以便决定下一活动是否发生。若条件不满足,则该进程退出,并记下断点,将其置于 FEL 中。

性才有意义,它表示"时间片"所预期的 B 类活动。

3. 三阶段法的工作流程

三阶段法的工作流程如图 4-2 所示。

1) A 阶段:时间扫描

扫描事件表,找出下一最早发生事件。将系统仿真时钟推进到该事件的发生时刻。系统时钟一直保持这一时刻直到下一个 A 阶段发生。

具体做法:仿真控制程序搜寻出那些"可用性"属性为"假"且具有最小时间片的实体,并将该时间片作为下一最早事件发生时刻。需要注意的是,此时可能有多个 B 类活动在下一时刻发生,因而仿真控制程序必须记录在该时刻所有的不可用实体而形成一个 DueNow 列表。

2) B 阶段:执行 DueNow 列表

一旦 DueNow 列表形成,仿真控制程序将按顺序扫描列表中的每个实体,从中挑选出可执行的实体,对于每一个可执行实体进行如下操作:

(1) 将实体从 DueNow 列表中删除;

(2) 将该实体的"可用性"属性设置成"真";

(3) 执行该实体"下一活动"属性所代表的活动。

值得注意的是,执行相应的 B 类活动将导致

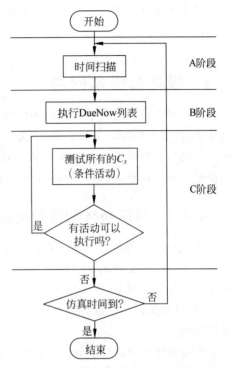

图 4-2 三阶段法的工作流程

同一实体或其他实体被归属于当前 B 类活动或其他未来的 B 类活动。

3) C 阶段:查询 C 事件表

逐一对其中的事件进行条件测试,判断其条件是否满足。如果条件满足,则执行相应的动作。在查询 C 事件表期间,保持当前仿真时钟不变,直到所有的 C 事件都不满足启动条件。

三阶段法要求严格按照其流程框图进行建模,DueNow 事件表的维护是仿真的关键。

至此,我们在本节讨论了四种不同的仿真策略。概括地说,事件调度法建模灵活,可应用范围广泛,但一般需要采用通用的高级语言编写事件处理子例程,建模工作量大。活动扫描法对于各成分相关性很强的系统来说,模型执行效率高,但在建模时,除了要对各成分的活动进行建模,仿真执行程序结构比较复杂,其流程控制要小心处理。进程交互法是建模最为直观的仿真策略,其模型表示接近实际系统,特别适用于活动可以预测、顺序比较确定的系统,但是它的流程控制复杂,建模灵活性不如事件调度法。三阶段法兼有事件调度法和活动扫描法的优点,且控制流程清晰,易于程序实现,因而适用范围广阔,但实体的定义和 B 类、C 类活动的区分,也需要建模过程中对系统有较为深入的理解和分析,这一点不如进程交互法那样直观。

由此可见,这四种仿真策略各有其优缺点,在离散事件系统仿真中均得到了广泛的应用。有些仿真语言采用某一种策略,有的则允许在同一个仿真语言中采用多种策略来建

模,以适应不同用户的需要。

显然,选择何种策略进行仿真建模依赖于被研究系统的特点。一般而言,如果系统中各个成分相关性较少,则宜采用事件调度法,相反则宜采用活动扫描法;如果系统成分的活动比较规则,则宜采用进程交互法或三阶段法。在具体编写离散事件系统仿真程序时,多数情况下不是单一采用某一种仿真策略,而是往往将这四种仿真策略有机地结合起来使用。

4.4　服务台排队问题

排队网络模型是离散事件系统研究领域最早形成的模型描述理论之一,这种建模方法也称为排队网络方法。1918 年,丹麦学者 Erlang 提出排队论,并将其用于电话系统,它的核心问题是研究服务台与顾客之间的效率问题,希望获得服务台服务的高效率,而顾客的等待时间又比较短,也被称为随机服务理论。

4.4.1　排队系统的模型描述

排队网络是由若干个服务台按一定的网络结构所组成的一个系统。服务台称为永久实体。顾客按一定的统计规律进入某个服务台,按约定的排队规则等待,服务台按约定的顺序为顾客提供服务,服务台为顾客提供的服务时间服从某种统计规律。顾客称为临时实体,他在得到所需的服务后离开服务台,然后进入下一个服务台或者所有服务结束后离开服务网络。

排队网络模型常用下列三个特征来描述:①顾客到达系统的间隔时间;②服务台为顾客的服务时间;③服务台的数量。间隔时间和服务时间可分别用某种统计分布来描述。

1. 顾客到达模式

顾客到达模式一般按照到达时间间隔来描述,可分为确定性到达和随机性到达。随机性到达采用概率分布来描述,最常用的是平稳泊松过程,其到达时间间隔服从指数分布规律。

假设每个顾客是随机独立到达的,下一个顾客的到达与前一个顾客的到达时间无关,而受平均到达速度的限制,顾客平均到达速度是已知的且为常数。在 $(t,t+\Delta t)$ 区间内到达的概率正比于 Δt,而与 t 无关。系统中在 t 时刻到达 n 个顾客的概率可用数学表达式表示,则

$$p_n(t)=\frac{(\lambda t)^n \mathrm{e}^{-\lambda t}}{n!}\quad(n=0,1,2,\cdots)\tag{4-1}$$

其中,λ 为单位时间内平均到达的顾客数,即平均到达速度。

平稳泊松过程的两个顾客到达的间隔时间 t 也是随机变量,其概率密度函数为

$$f(t)=\lambda \mathrm{e}^{-\lambda t}=\frac{1}{\beta}\mathrm{e}^{-t/\beta}\quad(t\geqslant 0)\tag{4-2}$$

其中,$\beta=1/\lambda$ 为顾客到达时间间隔的均值。其分布函数表示在 $(0,t)$ 间隔内有一个和一个以上的顾客达到概率之和,数学表达式为

$$F(t) = 1 - e^{-\lambda t} \tag{4-3}$$

2. 服务模式

服务台为顾客服务的时间可以是确定性的,也可以是随机的。后者采用服务时间的概率分布来描述。

3. 排队规则

排队规则表现为服务台结束当前的顾客服务后,选择下一个顾客作为服务对象。根据服务对象的重要程度,按优先级别在候选的顾客队列中选择最优先的服务对象。常用的规则有:

FCFS(first come first served,先到先服务):优先选择最早进入队列的服务对象;

LCFS(last come first served,后到先服务):优先选择最晚进入队列的服务对象;

SPT(shortest processing time,最短作业时间):优先选择服务时间最短的对象;

EDD(earliest due date,最早到期日):优先选择完工期限紧的服务对象。

4. 服务流程

当系统中有多个服务台,有多个队列时,服务台如何从某一个队列中选择某个服务对象则称为服务流程问题。它包括各队列之间的关系,如服务对象可否变换队列及换队规则等。

排队系统普遍使用的性能指标有以下五种:①顾客在队列中的平均等待时间;②顾客在系统中的平均滞留时间;③顾客排队的平均人数;④系统中顾客数量的稳态概率分布;⑤服务台的利用率。这些指标表征了排队系统的主要过程与行为特性,一般只能通过仿真的方法才能得到其性能的估计值。

1)顾客在队列中的平均等待时间 d

$$d = \lim_{n \to \infty} \sum_{i=1}^{n} D_i / n \tag{4-4}$$

其中,D_i 为第 i 个顾客的延误时间;n 是接受服务的顾客数。平均延误时间就是顾客在队列中的平均等待时间。

2)顾客通过系统的平均滞留时间 w

$$w = \lim_{n \to \infty} \sum_{i=1}^{n} W_i / n = \lim_{n \to \infty} \sum_{i=1}^{n} (D_i + S_i) / n \tag{4-5}$$

其中,W_i 为第 i 个顾客通过系统时的滞留时间,它等于顾客在队列中的等待时间 D_i 与该顾客接受服务的时间 S_i 之和。

3)稳态平均队列人数 Q

$$Q = \lim_{T \to \infty} \int_0^T Q(t) \mathrm{d}t / T \tag{4-6}$$

其中,$Q(t)$ 为 t 时刻的队列长度,即顾客排队的平均人数;T 为系统运行时间。

4)系统中稳态平均顾客人数 L

$$L = \lim_{T \to \infty} \int_0^T L(t) \mathrm{d}t / T = \lim_{T \to \infty} \int_0^T [Q(t) + S(t)] \mathrm{d}t / T \tag{4-7}$$

其中,$L(t)$为t时刻系统中的顾客数,它是在队列中的顾客数$Q(t)$与正在接受服务的顾客数$S(t)$之和。

5) 服务台的利用率$\rho(\rho < 1)$

$$\rho = \frac{\text{平均服务时间}}{\text{平均到达时间间隔}} \tag{4-8}$$

4.4.2 单服务台排队系统仿真

上一节所讲述的排队网络模型主要特征一般用符号 GI/G/S 来表示,其中的含义为:

GI(general independent)表示顾客到达模式,若为平稳泊松过程,其到达时间间隔服从指数分布,用 M 表示(马尔可夫过程);若为 Erlang 分布,则用 E_K 表示,K 表示 Erlang 分布的维数;若是确定性时间间隔,则用 D 表示。

G(general)表示服务台为顾客服务的时间的分布,分布函数的符号与 GI 相同。

S 表示系统中按 FCFS 规则服务的单队列并行服务台的数目。

这样,一个单服务台单队列的排队系统,顾客到达的时间间隔服从指数分布规律,服务时间也服从指数分布规律,且按 FCFS 规则服务,该排队系统可记为 M/M/1,如图 4-3 所示。

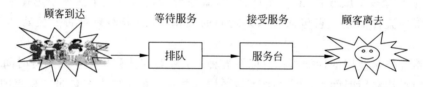

图 4-3 M/M/1 排队网络模型

1. 顾客到达模式

在 M/M/1 系统中,每个顾客是随机独立到达的,下一个顾客的到达与前一个顾客的到达时间无关,顾客到达系统的时间间隔 A_i 服从指数分布规律,由式(4-2)得

$$f(A) = \frac{1}{\beta_A} e^{-A/\beta_A} \quad (A \geqslant 0) \tag{4-9}$$

在对该系统进行仿真时,每个顾客是随机独立到达的,首先需要产生符合这一分布特征的随机变量。为了从式(4-9)中产生顾客到达的时间间隔 A_i,针对这种简单分布的情况,可以采用 $f(x)$ 对应的分布函数 $F(x)$ 反函数的方法(即反变换法)。具体说明如下:

令 u 是取值为[0,1]范围内服从均匀分布规律的随机变量,即

$$u = F(x) = \begin{cases} 0, & x < 0 \\ x, & 0 \leqslant x \leqslant 1 \\ 1, & x > 1 \end{cases} \tag{4-10}$$

对于式(4-10),用反变换法要求用 u 对 $F(A)$ 进行取样,即令 $u_1 = F(A) = 1 - e^{-A/\beta_A}$,则 $A = -\beta_A \ln(1 - u_1)$,此时由于 u_1 为[0,1]之间均匀分布的随机变量,那么$(1 - u_1)$也是[0,1]之间均匀分布的随机变量,因而可令 $A = -\beta_A \ln u_1$。

2. 服务模式

设服务员为每个顾客的服务时间为 s，也服从指数分布规律，均值为 β_s，即

$$f(s)=\frac{1}{\beta_s}\mathrm{e}^{-s/\beta_s} \tag{4-11}$$

同样地，对于 $u_2=F(s)=1-\mathrm{e}^{-s/\beta_s}$，也可得到 $s=-\beta_s\ln u_2$。

3. 服务规则

由于 M/M/1 是单服务台系统，考虑系统中顾客按单队列排队，服务员以 FCFS 规则优先选择最早进入队列的服务对象进行服务。

对于 M/M/1 排队系统，上一节所定义的系统稳态的平均延误时间、顾客通过系统的平均滞留时间、平均队列人数和平均顾客人数四项指标，可通过解析计算得到，即有

$$d=\frac{Q}{\lambda},\quad w=\frac{L}{\lambda},\quad Q=\frac{\rho^2}{1-\rho},\quad L=\frac{\rho}{1-\rho} \tag{4-12}$$

定义系统事件是仿真建模十分重要的阶段。首先，要根据仿真的目的和系统的内部行为特征，确定系统的状态变量。不同的系统，其系统状态定义不同；而即使是同一系统，仿真的目的不同，系统状态的定义也可能不尽相同。其次，在定义系统状态的基础上，定义系统事件及其有关的属性。

对于单服务台系统，系统的状态可以用顾客排队的人数及服务员的忙闲状态来描述。相应地，引起这些状态发生变化的事件有：顾客到达系统事件，顾客接受服务事件，顾客接受完服务后离开系统事件。这三类事件的类型及属性见表 4-1。

表 4-1　单服务台系统三类事件的类型与属性

事 件 类 型	事 件 描 述	属　　　性
第 1 类	顾客到达系统	到达时间
第 2 类	顾客接受服务	开始服务时间
第 3 类	顾客接受完服务后离开系统	离开时间

例 4-2　某个银行只有一台自动存取款机，可以一天 24h 不间断提供自助服务，假设顾客到达时间是随机的，到达时间间隔 t 服从均值为 $\beta=5\mathrm{min}$ 的指数分布规律，每个顾客在机器上的存取款服务时长也是随机的，服从均值为 $\beta_s=4\mathrm{min}$ 的指数分布规律，顾客在机器提供服务前按单队列排队等候，并且遵守先到先服务规则。要求通过仿真的方法，求取顾客排队的平均等待时间和平均排队人数。

这是典型的 M/M/1 单服务台排队系统仿真问题，仿真的目的是要求估计该机器服务 n 个顾客后的平均排队人数 $Q(n)$ 和平均的排队等待时间 $d(n)$，可以参考式(4-4)和式(4-6)得到相应的算式：

$$d(n)=\sum_{i=1}^{n}D_i/n \tag{4-13}$$

$$Q(n)=\frac{1}{T}\sum_{i=1}^{n}R_i=\frac{1}{T}\sum_{i=1}^{n}q_i(b_i-b_{i-1}) \tag{4-14}$$

其中，D_i 为第 i 个顾客排队等待时间；$Q(n)$ 为该机器服务 n 个顾客后的平均排队人数；T 为完成 n 个顾客服务所耗时间；b_i 是第 i 个任何一类事件发生的时间；R_i 为时间区间 $[b_{i-1}, b_i]$ 里排队人数 q_i 乘以该时间期间长度 $(b_i - b_{i-1})$。

如图 4-4 所示，在任何相邻的事件时间区间上，系统的状态不发生变化，因而顾客排队的人数 q_i 在 $(b_i - b_{i-1})$ 内保持常数，那么对式（4-6）的积分计算时实际上只需计算 R_i 即可。

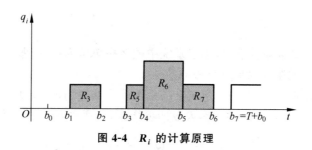

图 4-4 R_i 的计算原理

图 4-4 中，在 b_1, b_3, b_4, b_7 时刻发生顾客到达，在 b_2, b_5, b_6 时刻发生顾客离开。

按事件调度法推进仿真时钟的机理，其仿真程序框架可用图 4-5 表示，接下来就可以编制该系统的仿真程序了。

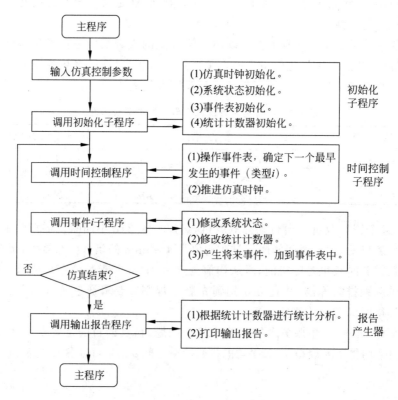

图 4-5 事件调度法程序框架

这里，我们直接给出例 4-2 的一个仿真运行输出结果：当仿真运行到系统服务完 $n = 3000$ 个顾客结束，得到的仿真结果是平均排队人数 3.181 人，平均每个顾客的等待时间为

15.563min。

对于 M/M/1 系统,我们可以用解析法求得该系统性能的稳态理论值。由 $\beta=5$min, $\beta_s=4$min,可得 $\lambda=0.2$,$\rho=0.8$,代入式(4-12)得到 $Q=3.2$,$d=16.0$。

可见,上述仿真结果很接近该系统的稳态理论值,这说明该仿真的结果是可信的。

但需要注意的是,并不是在任何情况下都能得到这样准确的仿真结果。实际上,对于例 4-2 当分别仿真运行服务完 $n=1000$、2000、3000、5000 个顾客结束,其仿真结果见表 4-2。

表 4-2　例 4-2 中不同仿真运行时长的结果

仿真长度 n/个	1000	2000	3000	5000
平均排队人数 Q/人	3.916	3.62	3.181	3.425
平均等待时间 d/min	19.723	17.586	15.563	16.982

产生这种现象的根本原因在于离散事件系统的随机性。模型的随机性决定了系统性能取值的随机性,由于每次仿真运行的结果只是对表征系统性能的随机变量的一次取样。那么,当系统比较复杂时,如何对仿真结果的可信性进行判断,是离散事件系统仿真中十分重要的内容。对于仿真结果分析的相关内容,限于篇幅本书不作具体的介绍,读者可以查阅相关专业书籍来进一步了解。

下面将通过一个实例来说明采用不同的排队规则,对服务台排队系统的性能指标的影响。

在生产作业系统中,首先补充说明下列基本概念:

流程时间:工件 i 的流程时间是指该工件从进入加工系统的第一个加工步骤开始至最后一个加工步骤完工的时间,包括加工时间、等待时间、移动时间、因各种问题的延迟时间。

平均流程时间:指 n 个工件的算术平均流程时间,通常用来评价某一加工系统的性能。

如图 4-6 所示,工件 Job1、Job2、Job3 经过加工系统(M_1 和 M_2)的流程时间分别为 F_1、F_2 和 F_3,它们的平均流程时间为 $(F_1+F_2+F_3)/3$。

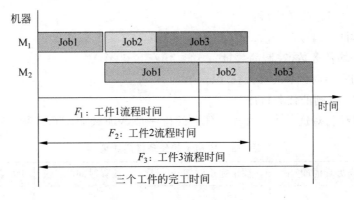

图 4-6　工件作业的流程时间

完工时间:指完成一组工件(所有 n 个工件)所需的全部时间。从第 1 个工件在第一台机器上开始,到最后一个工件完成加工为止。使完工时间最小是作业排程问题普遍采用的目标。

滞后时间:指某工件的实际完工时间与预定完工时间所延迟的时间部分。当某项工作的完工时间早于预期时,则滞后时间为 0。

例 4-3 某加工中心的工件存放区有 5 个等待加工处理的任务,每个零件所需的加工时间和按任务计划预定的完工时间见表 4-3。该加工中心可视为单服务台系统,现采用 FCFS(先到先服务)、SPT(最短作业时间)和 EDD(最早到期日)3 种不同的排队规则,对这些工件在加工中心的加工任务进行作业排序,试从零件平均流程时间、系统中的平均零件任务数、零件加工任务平均延误时间等几个方面,对这些排队规则进行比较分析。

表 4-3　待加工零件的任务处理时间和预定完工时间

任　　务	所需处理时间/h	预定完工时间/h
A	6	10
B	12	16
C	9	8
D	14	14
E	8	7

1) 基于 FCFS 规则的任务排序

采用 FCFS 规则,对这 5 个工件加工任务的排序是 A,B,C,D,E,见表 4-4。

表 4-4　按 FCFS 的任务排序结果

任务	所需处理时间/h	预定完工时间/h	流程时间/h	滞后时间/h
A	6	10	6	0
B	12	16	18	2
C	9	8	27	19
D	14	14	41	27
E	8	7	49	42
累计	49	—	141	90

FCFS 规则的实施结果分析:

平均流程时间:141/5＝28.2(h)。

系统中的平均任务数(在制品数量):141/49＝2.88(个)。

任务的平均滞后时间:90/5＝18.0(h)。

2) 基于 SPT 规则的任务排序

采用 SPT 规则,对这 5 个工件加工任务的排序是 A,E,C,B,D,见表 4-5。

表 4-5　按 SPT 的任务排序结果

任务	所需处理时间/h	预定完工时间/h	流程时间/h	滞后时间/h
A	6	10	6	0
E	8	7	14	7
C	9	8	23	15
B	12	16	35	19
D	14	14	49	35
累计	49	—	127	76

SPT 规则的实施结果分析：

平均流程时间：127/5＝25.4(h)。

系统中的平均任务数(在制品数量)：127/49＝2.59(个)。

任务的平均滞后时间：76/5＝15.2(h)。

3) 基于 EDD 规则的任务排序

采用 EDD 规则,对这 5 个工件加工任务的排序是 E,C,A,D,B,见表 4-6。

表 4-6　按 EDD 的任务排序结果

任务	所需处理时间/h	预定完工时间/h	流程时间/h	滞后时间/h
E	8	7	8	1
C	9	8	17	9
A	6	10	23	13
D	14	14	37	23
B	12	16	49	33
累计	49	—	134	79

EDD 规则的实施结果分析：

平均流程时间：134/5＝26.8(h)。

系统中的平均任务数(在制品数量)：134/49＝2.73(个)。

任务的平均滞后时间：79/5＝15.8(h)。

可见,选择不同的排序规则,对工件在加工系统中的平均流程时间、在制品数量和任务及时完成等性能指标都会产生直接的影响。

例 4-3 中,如果这 5 个工件所需的加工处理时间不是确定值,而是考虑加工过程存在的不确定性因素所带来的随机性成分,就很难直接对其性能进行比较分析,而往往只能通过多次仿真运行的方式来评估该加工系统的性能指标。

4.5　机修车间维修服务系统仿真实例

机修车间维修服务系统是一个典型的离散事件系统。对这类工程实际系统的研究往往是比较困难的,这里简化为单服务台、单队列服务系统,只用于说明服务台排队问题在实际应用中的仿真过程。

例 4-4　一个通用机修车间对外提供全天候的机器修理服务,顾客可以将有问题的故障机器拿到这里进行维修。该车间具有一个机器修理工作台,遵循先到先服务的排队规则,若顾客到达间隔服从负指数分布 $\lambda_1=\dfrac{1}{10}$ 台/天,车间为每个顾客提供的维修时间服从负指数分布 $\lambda_2=\dfrac{1}{15}$ 台/天,要求通过仿真的方法,仿真时间长度为 365 天,求解：①等修机器的平均等待时间；②等修机器的平均逗留时间；③车间修理台的利用率。

1. 机修车间服务系统模型

该机修车间服务系统属于单服务台、单队列 M/M/1 排队服务系统。如图 4-7 所示,机修车间服务系统共有 3 个实体:①需要修理的故障机器;②维修工作台;③等修机器的等待队列。维修工作台是永久实体,其活动为"维修机器",有"忙"和"闲"两种状态。故障机器是临时实体,它与维修工作台协同完成修理活动,有"等待服务""接受服务"等状态(与修理台"忙"状态相对应)。等修机器的等待队列作为一类特殊实体,其状态以队列长度表示。

采用实体流程图方法建立维修服务系统模型。"故障机器到达"事件或"等修机器结束排队"事件将导致"机器修理"活动的开始,"机器修理完成离开"事件会带来"机器修理"活动的结束。图 4-8 表示临时实体(故障机器)产生、在系统中流动、接受永久实体(维修工作台)进行机器修理及修理完成后离去等过程。

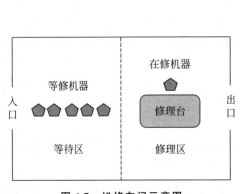

图 4-7　机修车间示意图

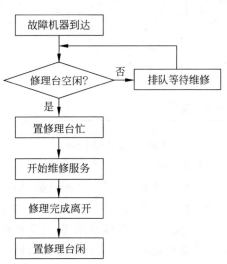

图 4-8　机修车间服务系统实体流程图

2. 仿真模型

根据机修车间服务系统的实体流程图,可以采用进程交互法的仿真策略。由于它是一个单服务台排队系统,因而只需给出故障机器的处理进程,就可以描述所有事件的处理流程。故障机器的整个处理进程包括:机器到达维修现场的等待区;排队等待;进入服务通道和修理区;停留于修理区接受维修服务,直到修理完毕后离开。

单一维修工作台排队系统的故障机器处理进程如图 4-9 所示,图中"*"表示无条件延迟的复活点,即故障机器到达、维修工作台修理预先确定的延迟期满后才复活;"+"表示条件延迟的复活点,即队列中的故障机器等到维修工作台空闲且自身处于队首时才能离开队列接受维修服务。

仿真模型中最关键的处理步骤是故障机器到达事件和机器修理完毕事件的处理。

故障机器到达事件发生时,首先要执行的操作是向未来事件表中插入下一故障机器到达事件,其事件发生的时间为当前时钟时间加上到达间隔时间。接下来,测试维修服务台当前的忙闲状态。若忙,则故障机器实体进入队列列表等待;否则,故障机器实体将通过置维修服务台为"忙"状态而占用维修工作台,并将修理完成事件插入未来事件表,其执行的时间为当前时钟时间加上服务时间。故障机器到达事件将导致安排两个事件,图 4-10 为故障机器到达事件处理流程框图。

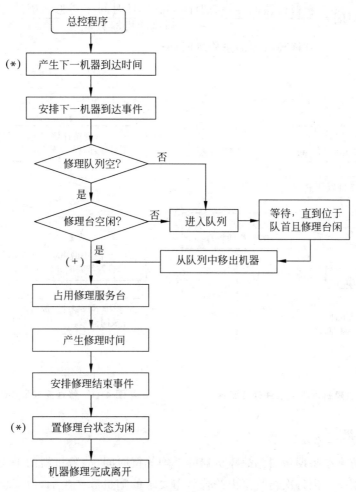

图 4-9　单修理台排队系统的故障机器处理流程图

故障机器修理完成事件的第一件事是收集统计数据。接下来,要检查下一队列列表是否为空,若为空,则置维修服务平台"闲";否则,从队列表中选出队列头实体并安排下一修理完成事件,事件发生的时间为当前时钟时间加上修理时间。故障机器修理完成事件处理过程如图 4-11 所示。

3. 仿真算法

设 u 为$[0,1]$范围内服从均匀分布规律的随机变量,则

故障机器到达的时间间隔的随机数为 $t_1 = -\dfrac{1}{\lambda_1}\ln u = -10\ln u$。

每台故障机器的维修时间的随机数为 $t_2 = -\dfrac{1}{\lambda_2}\ln u = -15\ln u$。

再按以下算式计算相关指标:

$$平均等待时间 = \frac{被修机器的等待总时间 + 等修机器的总等待时间}{到达的机器数量}$$

$$平均逗留时间 = \frac{被修机器的等待总时间和总修理时间 + 等修机器的总等待时间}{到达的机器数量}$$

$$修理台利用率 = \frac{被修理机器的总修理时间}{365}$$

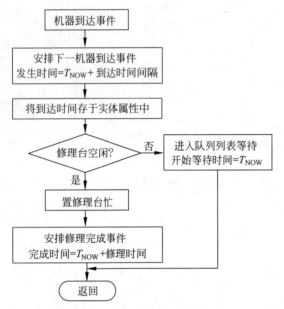

图 4-10　故障机器到达事件处理流程

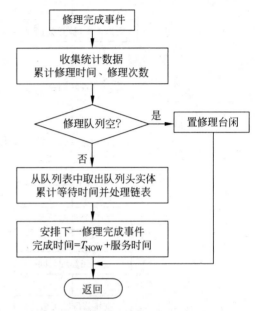

图 4-11　修理完成事件的处理流程图

4. 仿真结果

本实例的仿真结果期望得到故障机器的平均等待时间、故障机器的平均逗留时间和车间修理台的利用率。因每次仿真是由符合分布要求的随机数产生的,故障机器到达的间隔时间和修理时间不一样,仿真运行过程中故障机器等待维修的机器数也不一样,使得每次仿真结果不一样。因此,可以采用取平均值的方法,即让程序运行 n 次,得到 n 次故障机器的平均等待时间、故障机器的平均逗留时间、车间修理平台的利用率,然后再求它们的平均值。

4.6　小结

离散事件系统是状态只在离散时间点上发生变化的系统,且这些离散时间点一般是不确定的。由于离散事件系统这种固有的随机性,对这类系统的研究往往是十分困难的。经典的概率及数理统计理论、随机过程理论虽然为研究这类系统提供了理论基础,并能对一些简单系统提供解析解,但对工程应用中的很多实际系统,唯有依靠计算机仿真技术才能得到比较完整的结果。

本章简要介绍了实体、事件、活动、进程等离散事件系统仿真的基本概念,重点介绍了离散事件系统的仿真策略和单服务台排队系统的仿真问题。

离散事件系统的建模方法有多种,限于篇幅,本书不作介绍。

离散事件系统的应用领域很多,如订票系统、库存系统、交通系统、网络系统、加工制造系统等。本章为了使读者对离散事件系统仿真有一个初步的理解,讨论了两个常见的离散事件系统仿真实例。

习题

1. 什么是离散事件系统?试举 2~3 个实例说明。

2. 离散事件系统的基本组成要素是什么?

3. 举例说明离散事件系统中实体、事件和活动的基本内涵及三者之间的关系。

4. 如何区分离散事件系统中的临时实体和永久实体?

5. 离散事件系统中实体的属性选取通常应考虑哪些因素?

6. 试分析说明离散事件系统仿真与连续系统仿真的主要区别。

7. 简述离散事件系统仿真的 4 种常用仿真策略及其主要特点。

8. 试说明服务台排队系统模型的基本组成及主要描述特征。

9. 对下列系统的若干实体、属性、活动、事件和状态变量命名:①钟表维修小店;②咖啡馆;③自助洗衣店;④杂货小卖部;⑤汽车装配线。

10. 若某个排队系统,顾客到达的时间间隔分别为 $A_i = 5,6,7,14,6$(单位:min,i 表示到达顾客的顺序号),为第 i 个顾客服务的时间分别为 $S_i = 12,5,13,4,9$(单位:min)。试分析和作图该排队系统中顾客排队的人数随时间变化的情况,并统计计算仿真运行长度为 40min 时系统中顾客排队的平均人数和平均等待时间。

11. 若某银行只有一台取款机和一间只能容纳一个等待顾客的房间,当队列没有人的时候有顾客到达将会直接进入银行办理业务。到达时间间隔和服务时间分布如下:

到达时间间隔/min	概率	服务时间/min	概率
0	0.09	1	0.2
1	0.17	2	0.4
2	0.27	3	0.28
3	0.20	4	0.12
4	0.15		
5	0.12		

试仿真 10 个新顾客的取款机的运行情况。前 10 个新顾客在随机确定的时间到达。仿真开始的时候有一个顾客正在接受服务,将在时刻 3 离开,并且有一个顾客在队列里面等待。试问,这种情况下有多少顾客进入银行交易?

12. 若某汽车修理厂只有一个修理工,来修理汽车的顾客到达次数服从泊松分布,平均每小时 4 人;修理时间服从负指数分布,平均需时 10min。根据排队系统流程图,编制仿真程序,试求:

(1) 汽车修理厂处于空闲状态的概率;

(2) 修理厂内有 3 位顾客的概率;

（3）修理厂内至少有 1 位顾客的概率；

（4）在修理厂内顾客的平均人数；

（5）顾客在修理厂内的平均逗留时间；

（6）等待修理的顾客平均人数；

（7）顾客平均等待修理的时间；

（8）顾客必须在修理厂内消耗 25min 以上的概率。

第5章

单领域仿真及应用

计算机仿真已成为复杂产品设计开发、技术验证和性能优化的重要手段。目前,计算机仿真技术在产品开发过程的实际应用中,主要还是采用各分系统的单领域仿真方式,单领域仿真技术在产品设计与制造过程中的应用非常广泛。本章介绍产品设计中的单领域仿真问题。

5.1 概述

仿真技术已经在制造领域得到了大量的技术开发和工程应用。它不仅用于产品设计阶段,而且也适合于整个产品生命周期的应用开发。通过将仿真技术全面应用于复杂产品设计,使得相关人员在产品设计阶段即可获得产品在全生命周期后续的制造、使用、维护和销毁等各个不同阶段,在各种不同环境、在人的各种不同操作下的产品行为,在产品设计阶段就可能充分保证产品的制造要求、使用要求、维护要求等,从而缩短产品开发周期,提高产品设计质量,使企业提高对市场需求的响应能力,增强市场竞争力。

所谓单领域仿真,是指将复杂产品按照各部分涉及的不同领域划分为不同的子系统,如机械系统、控制系统、电子系统等,分别对不同的子系统进行性能仿真,如多体动力学仿真、控制逻辑仿真、电路仿真等。

单领域仿真实时过程中,在对某个领域子系统进行仿真建模时,由于系统之间的耦合关系,有些输入/输出参数也会涉及其他领域子系统的输出、输入。这种情况下,一般会对其他领域子系统模型进行简化,然后加入整个仿真过程中。例如,在对车辆控制系统进行仿真时,为了得到刹车控制系统的输入/输出参数,往往将其受控的车辆动力学模型进行简化。这样的简化,使得模型建立过程和整个仿真过程比较简单。在仿真对输出/输入参数要求不是十分严格的情况下,其结果也能够符合设计指标的要求。

目前,单领域仿真在产品设计中被广泛采用,并出现了很多成熟的单领域仿真软件,如有限元分析(ANSYS、MSC. NASTRAN、ADINA)、多体动力学(ADAMS、VisualNastran、DADS)、控制分析(MATLAB、Matrix X、EASY5)、电子电路(PROTEL、PSPICE)等。

5.2 误差估计与步长控制

1. 单一系统仿真步长控制原理

复杂产品一般为连续系统,其模型一般可以描述成微分方程组的形式。假设一个完整

系统的模型可以描述为大型常微分方程组的初值问题,即

$$\frac{\mathrm{d}z(t)}{\mathrm{d}t} = f[z(t),t], z(t_0) = z_0, z \in \mathbf{R}^{M+N} \tag{5-1}$$

其中,t 是时间,$z(t)$ 是 $M+N$ 维空间的状态向量。对模型的仿真过程就是对该微分方程组的求解过程。

连续系统仿真可以采用定步长和变步长两种方式。定步长方式在一次完整的仿真过程中步长保持不变,有时为了提高仿真精度就要缩小步长,而导致运算速度变慢。变步长方法综合了小步长积分的计算精度高和大步长积分的求解快速的优点,既保证了仿真求解的精确性又提高了计算速度,有效地解决了计算准确性和实时性之间的矛盾,甚至可以明显改善仿真系统的收敛速度和稳态性能,因而成为复杂系统仿真的优选方式。

单一系统变步长仿真的基本思想是基于误差估计来控制步长,理论相对成熟,高效、实用的算法比较多。步长控制的一般方法是测量计算误差 ε_k,按某种给定的指标函数不断控制步长 h,使该指标函数达到最优。实现步长控制的具体步骤为

(1) 估计每步的计算误差;

(2) 给出一种容差控制指标;

(3) 不断改变步长以满足指标要求。

2. 误差估计

误差估计有两种,即全局截断误差估计和局部截断误差估计,用于步长控制的主要是局部截断误差估计。各种积分算法都带有局部截断误差估计公式,围绕该误差估计问题,一般有以下三种误差估计的方法。

1) 外推法

对于式(5-1)的积分计算,以 Richardson 外推法为例,它可以得到一种计算简单的局部截断误差估计公式,该方法的示意过程如图 5-1 所示。其计算过程如下:

设 $\psi(z,t,h)$ 是该积分算法的增量函数,z_k 是函数 $z(t)$ 在 t_k 时刻的计算值。以步长 h,计算得到 t_k+h 处的数值解 $z_{k+1}^{[h]}$:

$$z_{k+1}^{[h]} = z_k + h\psi(z_k, t_k, h) \tag{5-2}$$

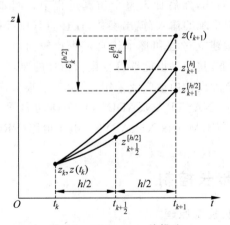

图 5-1　Richardson 外推法

再以步长 $h/2$，计算两步得到 t_k+h 时刻的数值解 $z_{k+1}^{[h/2]}$：

$$z_{k+\frac{1}{2}}^{[h/2]} = z_k + \frac{h}{2}\psi\left(z_k, t_k, \frac{h}{2}\right)$$

$$z_{k+1}^{[h/2]} = z_{k+\frac{1}{2}}^{[h/2]} + \frac{h}{2}\psi\left(z_{k+\frac{1}{2}}^{[h/2]}, t_k + \frac{h}{2}, \frac{h}{2}\right) \tag{5-3}$$

当积分算法为 p 阶（即局部截断误差为 $p+1$ 阶）时，由式(5-2)和式(5-3)进一步得到

$$\varepsilon_k^{[h]} = z(t_{k+1}) - z_{k+1}^{[h]} = z(t_{k+1}) - z_k - h\psi(z_k, t_k, h) = c(t_k)h^{p+1} + O(h^{p+2}) \tag{5-4}$$

从而有 $z(t_{k+1}) = z_{k+1}^{[h]} + c(t_k)h^{p+1} + O(h^{p+2})$

$$\varepsilon_k^{[h/2]} = z(t_{k+1}) - z_{k+1}^{[h/2]} = z(t_{k+1}) - z_k - \frac{h}{2}\psi\left(z_k, t_k, \frac{h}{2}\right) - \frac{h}{2}\psi\left(z_{k+\frac{1}{2}}^{[h/2]}, t_k + \frac{h}{2}, \frac{h}{2}\right)$$

$$= z(t_{k+1}) - z_{k+\frac{1}{2}} - \frac{h}{2}\psi\left(z_{k+\frac{1}{2}}^{[h/2]}, t_k + \frac{h}{2}, \frac{h}{2}\right) + z_{k+\frac{1}{2}} - z_k - \frac{h}{2}\psi\left(z_k, t_k, \frac{h}{2}\right)$$

$$= c(t_{k+\frac{1}{2}})\left(\frac{h}{2}\right)^{p+1} + c(t_k)\left(\frac{h}{2}\right)^{p+1} + O(h^{p+2})$$

$$\approx c(t_k)\frac{h^{p+1}}{2^p} + O(h^{p+2}) \tag{5-5}$$

从而有 $z(t_{k+1}) = z_{k+1}^{[h/2]} + c(t_k)\dfrac{h^{p+1}}{2^p} + O(h^{p+2})$

再由 $z(t_{k+1}) = z_{k+1}^{[h]} + c(t_k)h^{p+1} + O(h^{p+2})$，得到 $c(t_k) \approx \dfrac{1}{h^{p+1}(1-2^{-p})}(z_{k+1}^{[h/2]} - z_{k+1}^{[h]})$

由此得到单系统的局部截断误差估计公式：

$$\varepsilon_k^{[h]} \approx \frac{1}{1-2^{-p}}(z_{k+1}^{[h/2]} - z_{k+1}^{[h]}) \tag{5-6}$$

$$\varepsilon_k^{[h/2]} \approx \frac{1}{2^p - 1}(z_{k+1}^{[h/2]} - z_{k+1}^{[h]}) \tag{5-7}$$

因此，可以从步长为 h、$h/2$ 的两次计算中估计出每一步的局部截断误差，并通过将该估计误差与控制误差的比较，就可以控制步长，实现变步长数值计算。采用这种方法来估计 ε_k，计算量大约要增加一倍。

2) 嵌入法

Fehlberg 设计了一个更加精巧的嵌套方法如下。

在采用一个 p 阶方法的同时，计算一个 $p+1$ 阶的结果，并由此给出误差估计：

p 阶的方法：$z_{k+1} = z(t_k + h) - c_k h^{p+1}$。

$p+1$ 阶的方法：$z_{k+1}^{\#} = z(t_k + h) - c_k h^{p+2}$。

因此，p 阶方法的局部截断误差可近似为 $\varepsilon_k \approx z_{k+1}^{\#} - z_{k+1}$，就用这个估计式来控制步长。

嵌入法的示意过程如图 5-2 所示。

例如，对于第 3 章中讨论的 Runge-Kutta 法而言，其待定系数不是唯一确定的，因而就可以利用这个特点，选择适当的系数使得 p 阶和 $p+1$ 阶公式中尽可能多的系数相同，从而

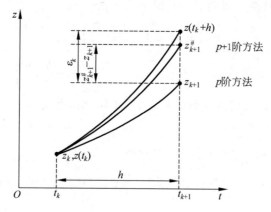

图 5-2 嵌入法示意过程

达到减少计算量的目的。

比如 Runge-Kutta-Merson 法：

$$y_{k+1}=y_k+\frac{h}{6}(K_1+4K_4+K_5)$$

$$K_1=f(t_k,y_k)$$

$$K_2=f\left(t_k+\frac{h}{3},y_k+\frac{h}{3}K_1\right)$$

$$K_3=f\left[t_k+\frac{h}{3},y_k+\frac{h}{6}(K_1+K_2)\right] \qquad (5\text{-}8)$$

$$K_4=f\left[t_k+\frac{h}{2},y_k+\frac{h}{8}(K_1+3K_3)\right]$$

$$K_5=f\left[t_k+h,y_k+\frac{h}{2}(K_1-3K_3+4K_4)\right]$$

这是一个四阶五级的 Runge-Kutta 公式，Merson 还找到了一个三阶五级的 Runge-Kutta 公式，它与式(5-8)有相同的 K_i：

$$y^\#{}_{k+1}=y_k+\frac{h}{6}(3K_1-9K_3+12K_4)$$

故

$$\varepsilon_k=\frac{h}{6}\mid 2K_1-9K_3+8K_4-K_5\mid \qquad (5\text{-}9)$$

采用这种方法来估计 ε_k，计算量大约只增加 15%，但并不是所有的积分算法都能找到一个阶次低至少 1 阶而且相匹配（K_i 相同）的 R-K 公式，这样就不能采用这种方法来估计误差。

3）统计法

已知 p 阶单步法或多步法的截断误差 ε_k 可写成下式：

$$\varepsilon_k=ch^{p+1}z_k^{(p+1)} \qquad (5\text{-}10)$$

其中，c 是常数，对于某一种积分公式可以利用大量试题，经计算、比较（与精确解比较，或与双精度浮点计算值比较）、统计得出 c 值。这种方法，计算量几乎不增加。

以上 3 种误差估计的方法中，前两种都要每步计算两次，属于迭代方法。其中第 1 种是

先按步长 h 计算一次,再按步长 $h/2$ 分两步整体计算一次;第 2 种是先按低阶方法计算一次,再按高阶方法计算一次;第 3 种只需计算 1 次,但必须事先统计得出截断误差公式的系数 c 的值。

3. 指标函数

为保证计算效率与精度,指标函数可这样给出:

在保证误差 E 不超过规定的最大误差限 E_{max} 的前提下,尽可能放大步长 h。当估计出 ε_k 后如何给出误差 E_k,是给出绝对误差还是相对误差? 通常采用下式:

$$E_k = \frac{\varepsilon_k}{|z_k + \delta|} \tag{5-11}$$

其中,z_k 是变量 z 的历史数据最大正值或负值。δ 是一个可选的常数,如 δ 可取 1,表示当 $z_k \ll 1$ 时 E_k 是绝对误差,而当 $z_k \gg 1$ 时 E_k 是相对误差。

4. 控制策略

变步长仿真时,一般有两类常用的步长控制策略,即对分策略和最优控制策略。

1) 对分策略

给出允许误差限 E_{min} 和 E_{max}。

(1) 若 $E_k > E_{max}$,则本步作废,$h_k \Leftarrow h_k/2$。

(2) 若 $E_k < E_{min}$,则本步成功,$h_{k+1} \Leftarrow 2h_k$。

(3) 若 $E_{min} \leqslant E_k \leqslant E_{max}$,则本步成功,$h_{k+1} \Leftarrow 2h_k$。

这种策略计算简单,但不能保证每步步长都是最优的。

2) 最优控制策略

给出最大误差限 E_{max}。

估计下一步误差 E_{k+1},选择 h_{k+1},使 $E_k = E_{max}$。这时一般需要得到 E_{k+1} 和 h_{k+1} 之间的函数关系,选择 h_{k+1} 相当于求方程的解。有时这种函数关系相当复杂,求解的代价太高,可以选择其他近似的方法来估计 h_{k+1}。

通常,为了使步长不频繁变动,除采用上述基本策略外,还可附加一些控制原则,如限制 h_{k+1} 与 h_k 之间的倍数,限制步长的连续变动等。

5.3 机械系统仿真

5.3.1 机械系统仿真技术概况

工程领域中的机械系统是由大量零部件构成的,在对这些复杂系统进行性能分析与优化设计时,通常将其分为两大类。一类称为结构,其特征是在正常工况下构件间没有相对运动,如建筑钢结构、桥梁、航空航天器与各种车辆的壳体、各种零部件,人们关心的是这些结构在受到载荷时的强度、刚度与稳定性。另一类称为机构,其特征是系统在运动过程中这些部件间存在相对运动,如航空航天器、机车与汽车、操作机械臂、机器人等复杂机械系统。

在机械产品设计开发过程中,除了完成传统的原理图形、机构方案的概念设计,还包括三维结构设计、可装配性设计、可靠性设计、虚拟装配、三维实体仿真、运动干涉检验、空间布局、工业外观设计等,并针对该产品在投入使用后的各种工况进行仿真分析,预测产品的整体性能,进而改进产品设计,提高产品性能。

目前,计算机仿真技术在机械系统设计中的应用非常广泛,包括机械结构分析、多体动力学仿真、碰撞仿真、空气动力学仿真等,通过对产品各种性能(如汽车碰撞性、空气动力特性、可操作性、耐疲劳性)的仿真分析,可以验证机械设计,并对机械系统设计进行性能优化。

1. 结构分析

工程领域的结构分析通常包括土木工程结构,如桥梁和建筑物;海洋结构,如船舶结构;航空结构,如飞机机身;汽车结构,如车身骨架;同时,还包括机械零部件,如活塞、传动轴等。最常用的分析方法是有限元法,在 20 世纪 60—70 年代,有限元法随着计算机技术的发展在 CAE 这一工程领域形成了一套结构力学分析方法,特别是在高性能计算机支持下,有限元法得到了广泛应用,以至于到 90 年代初很多人都认为 CAE 分析就是指有限元分析。

在传统机械系统设计中,人们通常利用有限元分析方法对关键机械结构件进行应力、应变的分析,其负载往往是静态的。在具体的结构分析仿真应用中,通常需要在产品三维几何模型的基础上,再利用相关的仿真软件进行分析计算。结构分析中计算得出的基本未知量(节点自由度)是位移,其他的一些未知量,如应变、应力和反力可通过节点位移导出。典型的结构分析常用于如下工程问题。

(1) 静力学分析:用于求解静力载荷作用下机械结构的位移和应力等。静力分析包括线性分析和非线性分析,而非线性分析涉及塑性变形、应力刚化、大变形、大应变、超弹性、接触面和蠕变。

(2) 模态分析:用于计算机械结构的固有频率和模态。

(3) 谐波分析:用于分析机械结构在随时间正弦变化的载荷作用下的系统响应。

(4) 谱分析:它是模态分析的应用拓宽,用于计算响应谱或随机振动引起的应力和应变。

(5) 屈曲分析:用于计算屈曲载荷和确定屈曲模态,可以进行线性屈曲分析和非线性屈曲分析。

(6) 瞬态动力分析:用于计算机械结构在随时间任意变化的载荷作用下的响应,并可进行上述静力学分析中所有的非线性性质分析。

(7) 显式动力学分析:用于计算高度非线性动力学和复杂的接触问题。

结构分析问题一般包含以下三个主要步骤:

(1) 建模:通常需要在有限元分析软件或三维(3D)建模软件中建立分析对象的几何模型,定义单元类型、材料属性等,并进行有限元网格划分。

(2) 施加载荷和边界条件并进行求解:通常包括对分析对象施加载荷和各种约束条件,并设置求解选项,进行分析计算。

(3) 结果评价和分析:主要包括计算结果的后处理,即应力、应变、位移等计算结果的分析和可视化显示。

2. 耐疲劳性分析

将多体动力学仿真分析得到的动态负载用于随后的机械结构有限元分析。这种将有限元分析和多体动力学分析综合的方法，被人们称为"耐疲劳性分析"方法。例如，汽车领域传统的耐疲劳性分析方法是首先开发新车型的实物试验物理样车，然后在尽可能接近最终市场用户实际使用的目标路面条件下进行路试，时间长达几个月，这种传统方法不但耗时，而且成本高。目前，计算机仿真技术已经可以成功地用于耐疲劳性分析领域。

3. 碰撞仿真

碰撞仿真是研究相对运动物体之间相互碰撞所发生的速度、动量或能量改变现象与性能分析。例如，汽车新车型开发中，汽车碰撞性能是衡量汽车安全性的重要指标。碰撞发生时，汽车结构在巨大碰撞冲击力的作用下，发生大位移的弹性变形。碰撞仿真涉及两类关键技术：一是碰撞建模技术，二是大规模并行计算技术。通常需要对汽车的整个结构进行网格划分，相邻网格的实体则互相作用。为了取得足够的置信度，往往需要对汽车结构进行十万数量级的网格实体划分。

目前，这方面的研究已经实用化，汽车碰撞仿真已经被人们用于汽车碰撞性能测试，以全部或者部分代替实物样车试验。例如，德国宝马公司利用了交互式碰撞仿真环境 SIM-VR，为设计人员提供三维虚拟环境进行交互式碰撞仿真研究和性能分析，若改变汽车物理结构（拓扑结构、钢板厚度），然后通过计算机仿真迅速得到仿真结果，对结果进行分析和评估。

4. 计算流体动力学仿真

计算流体动力学（computational fluid dynamics，CFD）是一门流体力学、数值计算和计算机科学相结合的交叉学科。它是将流体力学的控制方程中积分、微分项近似地表示为离散的代数形式，使其成为代数方程组，然后通过计算机求解这些离散的代数方程组，获得离散的时间、空间点上的数值解，在给定的参数下利用计算机快速的计算能力得到流体控制方程的模拟实验数值。CFD 兴起于 20 世纪 60 年代，90 年代后随着计算机性能的提高得到了快速发展，逐渐与实验流体力学一起成为产品开发的重要手段。例如，车厢内部制冷、加热仿真；采暖、通风和空调（HVAC）单元仿真；功率系（power-train）相关零部件的优化；发动机进气、排气歧管，尾气排放系统中消声器和催化变换器，发动机头部冷却罩等的仿真优化等。

5. 空气动力学仿真

空气动力学是一门专门研究物体与空气作相对运动情况下的受力特性、气流规律及其发生的性能变化的学科，它是在流体力学的基础上发展起来的。空气动力学仿真在飞行器、高速铁路、汽车等复杂产品开发中具有重要的应用场合，涉及产品的运动性能、稳定性和操纵性等问题。例如，汽车外部空气动力学的仿真应用。汽车空气动力学与整车的造型息息相关，会影响整车的造型设计，对于整车的振动噪声控制也有很大影响。汽车空气动力学性能主要影响高速时的风阻系数,从而影响高速时的汽车油耗和动力性能。汽车外部空气动力学对汽车安全性、稳定性和汽车油耗都有重要的影响。很多汽车公司已经采用仿真技术对新车型进行外部空气动力学和空气声学的研究分析,以取代或者部分取代利用实物样车进行风洞测试的方法。

6. 机械动力学仿真

机械动力学仿真通常被人们用来研究机械系统的位移、速度、加速度与其所受力(力矩)之间的关系,解决系统的运动学、动力学、静平衡等问题。目前,多刚体动力学分析应用最为广泛。

运动学分析涉及机械系统及其构件的运动分析,主要是在不考虑力的作用情况下研究机械系统组成各构件的位置、速度和加速度。动力学分析包括正向动力学分析和逆向动力学分析,正向动力学分析主要研究外力作用下系统的瞬态响应,包括运动过程中各约束反力,各构件的位置、速度和加速度;逆向动力学分析主要是指由机械系统的运动确定运动副的动反力问题。静平衡分析主要是指确定系统在定常力作用下系统的静平衡位置。

上述机械系统的仿真技术是复杂产品虚拟样机技术的重要组成部分。虚拟样机技术是在 CAD 模型的基础上,把虚拟技术与仿真方法相结合,利用虚拟环境对产品进行几何、功能、制造等诸多方面的建模与分析,它能够反映实际产品的特性,包括外观、空间结构及运动学和动力学特性,并针对该产品在投入使用后的各种工况进行仿真分析,预测产品的整体性能,进而改进产品设计,提高产品性能,目前已成为复杂机械产品开发的重要手段。

5.3.2 机械运动学、运动学仿真基础

由于复杂运动部件组成的机械系统层出不穷,而且越来越复杂,为了应对这些复杂工程对象的动力学分析问题,必须借助于先进的计算机技术,在虚拟环境下建立多体系统零部件的数字化模型,完成系统整体的虚拟装配从而组成多体系统的虚拟样机,实现复杂系统运动学和动力学的性态分析及优化方法,是对虚拟环境下复杂系统进行大规模数字仿真的基础。

对于复杂机械系统,人们关心的问题大致有三类。一是在不考虑系统运动起因的情况下研究各部件的位置和姿态及其它们变化速度与加速度的关系,称为系统的运动学分析;二是当系统受到静载荷时,确定在运动副制约下的系统平衡位置及运动副静反力,这类问题称为系统的静力学分析;三是讨论载荷与系统运动的关系,即动力学问题。研究复杂系统在载荷作用下各部件的动力学响应是产品设计中的重要问题。已知系统的运动确定运动副的动反力的问题是分析系统各部件强度的基础,这类问题称为动力学的逆问题。现代机械系统离不开控制技术,产品设计中经常遇到这样的问题,即系统的部分构件受控,当它们按已知规律运动时,外载荷作用下系统其他构件如何运动,这类问题称为动力学正逆混合问题。

20 世纪 60 年代,古典的刚体力学、分析力学与计算机相结合的力学分支——多体系统动力学在计算机性能提高和生产实际需要的推动下产生了。其主要任务是:

（1）建立复杂机械系统运动学和动力学程式化的数学模型，开发实现这个数学模型的软件系统，用户只需输入描述系统的最基本数据，借助计算机就能自动进行程式化处理。

（2）开发和实现有效的处理数学模型的计算方法与数值积分方法，自动得到运动学规律和动力学响应。

（3）实现有效的数据后处理，采用动画显示、图表或其他方式提供数据处理结果。

目前，多体系统动力学已经形成了比较系统的研究方法。其中，主要有工程中常用的以拉格朗日方程为代表的分析力学方法、以牛顿-欧拉方程为代表的矢量学方法、图论方法、凯恩方法和变分方法等。目前，相关技术的软件已经得到广泛应用，如前美国机械动力公司（Mechanical Dynamics Inc.）的 ADAMS，CADSI 的 DADS，德国航天局的 SIMPACK，其他如 WorkingModel、Flow3D、IDEAS、Phoenics、ANASYS 等。

机械系统的运动学和动力学仿真一般分四个步骤进行：物理建模、数学建模、数值求解和结果分析。仿真的目的是对复杂机械系统进行运动学和动力学性能评估，从而优化设计参数和提高系统性能。

（1）物理建模主要是对实际系统进行简化，用标准的约束副、驱动力、机械构件建立与实际系统一致的物理模型，这一步骤是动力学仿真的基础，建好后的模型也就是动力学分析的研究对象。

（2）数学建模是由物理模型根据相关动力学理论生成描述系统运动学和动力学方程。

（3）数值求解采用合适的数值算法和计算步长，求解运动学/动力学方程。数学建模与数值求解是最为复杂的步骤，在商用软件中，这两步基本实现了自动化，用户只要选择合适的求解器参数即可。

（4）结果分析主要是指计算后与试验结果的对比，商用软件后处理器一般都提供了计算结果曲线绘制和动画回放功能。

5.3.3　多体系统仿真

多体动力学（multi-body dynamics，MBD）是一门研究多体系统（一般由若干个柔性和刚性物体相互连接所组成）运动规律的学科。多体系统动力学包括多刚体系统动力学和多柔体系统动力学。它起源于多刚体系统动力学，多刚体动力学假设物体本身的变形很小，以至于不会对系统整体运动产生明显影响。由于多柔体动力学涵盖了多刚体动力学，现在人们已不再特意强调系统中的物体是否为刚体，统称这两类系统为多体系统。

1. 多体系统的模型描述

多体系统是将机械系统建模成由一系列的刚体（可以包含柔性体）通过对相互之间的运动进行约束的关节（joints）连接而成的系统，也即多个物体通过运动副连接的系统。图 5-3 就是一个描绘了人体躯干结构的多体系统模型。

在对多体系统进行运动学、动力学分析前，首先需要建立多体系统力学模型，即分析用模型或分析用样机。多体系统力学模型是在软件工具环境下，基于多体构件施加了载荷和约束的数字化模型，其中各构件、载荷和约束是由真实系统中部件、载荷和约束进行简化、抽象和整合而得到的，这些抽象实质上就是对系统如下四个要素进行定义。

1）物体

多体系统中的构件定义为物体。运动学分析中，通常将那些运动性态需要特别关注的零部件定义为物体。在动力学分析中，物体的惯量特性是影响系统的重要参数，此时部件惯量的大小成了是否将部件定义成物体的一个重要依据。多体系统模型中物体的定义并不一定与工程对象中的零部件一一对应。一个低速运动的对象，其零部件的弹性变形并不影响其大范围的运动性态，可以做刚性假定；高速情况下，大范围运动与弹性变形耦合容易引起复杂的动力学性态，物体必须做柔性假定。刚柔混合多体系统是多体系统中最常见的模型，但基于问题简化的需要，多刚体系统模型则成为最基本的模型。

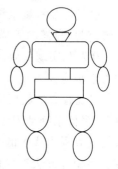

图 5-3　人体躯干结构的多体系统模型

2）铰

多体系统中物体间的运动约束定义为铰，也称为运动副。机构本身的运动副是铰的物理背景；另外，还包括一些非机构运动副的运动约束，如曲柄滑块机构中的滑块等。铰连接的一对物体称为该铰的邻接物体。忽略铰的质量，将标志铰的几何点称为铰点。铰在物体上的分布情况影响到物体质心的位置、速度和加速度的分析。

3）外力（外力偶）

多体系统之外的物体对系统中物体的作用力定义为外力（外力偶）。重力是典型的外载荷。对刚性体，力偶可以作用在构件的任意点上；对柔性体，由于要考虑对构件弹性变形的影响，力偶必须施加在合适的作用点上。

4）力元

多体系统中物体之间的相互作用定义为力元，也称内力。实际系统中零部件之间的相互联系，一种是通过运动副，另一种则通过力的相互作用。两者的本质差异为，前者限制了相连物体相对运动的自由度，后者却没有这种限制。力元的作用必须通过器件来实现，它描述了构件之间的相互作用方式和作用力大小。

2. 拓扑构型

为了利用系统动力学模型进行运动学和动力学分析，满足在计算机上进行数值分析的需求，还需要将系统的拓扑构型进行数学描述。

多体系统内各物体的联系方式称为系统的拓扑构型。利用图论的方法，可对多体系统的拓扑构型做出直观的描述。

假设每个物体记作 $B_i(i=1,2,\cdots,n)$，i 表示物体的序号，n 为系统中物体的个数。铰用一条连接邻接物体的有向线段表示，记作 $H_j(j=1,2,3,\cdots)$，j 表示铰的序号，也同时描述了铰点所在的位置。这种由顶点和线段组成的有向图称为多体系统的结构图。其中，用有向线段表示铰，既可以明确刚体之间相互作用力的正方向，又能够定义相邻物体相对运动的参照关系。

铰与邻接物体的关系称为关联。设顶点 B_i 沿一系列物体和铰到达另一顶点 B_j 而没有一个铰被重复过，则称这组铰（或物体）组成 B_i 至 B_j 的路。当系统中任意两顶点之间只有唯一的路存在时，称为树系统；反之称为非树系统或带回路系统。图 5-4 所示便是一个树系统的拓扑结构图。如果在 B_1 和 B_5 之间多增加一个铰 H_6，则变成了图 5-5 所示的带回路系统。

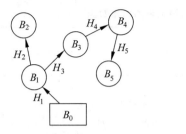 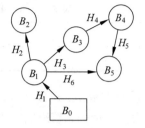

图 5-4　一个树系统的拓扑结构图　　图 5-5　一个带回路系统的拓扑结构图

工程应用中，常见的机器人手臂(图 5-6)便是一个树系统的典型例子；而图 5-7 中的曲柄滑块机构则属于非树系统，它除了根物体以外，还有两个物体和三个铰，铰的个数多于物体的个数，故为非树系统。

若人为解除非树系统中某些铰的约束，则可使原来的非树系统转变为树系统，称为原系统的派生树系统。

如果多体系统力学模型与系统之外运动规律已知的物体有铰联系，则称该系统为有根系统。B_0 表示系统外运动规律为已知的物体，称为系统的根。具有固定基座的任何机械系统都是有根系统，图 5-6 和图 5-7 中的系统都是有根系统。反之，若系统模型与系统之外运动规律为已知的物体无任何铰联系，则称之为无根系统。无根系统的一个典型例子是卫星天线系统。无根系统可以将参考坐标系视作抽象的根，并认为系统以抽象的虚铰与其根相联系。这样，有根系统和无根系统可以在形式上取得一致。

 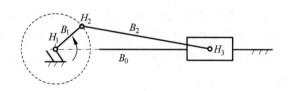

图 5-6　机器人手臂(树系统)　　图 5-7　曲柄滑块机构(非树系统)

设有 n 个物体 $B_i(i=1,2,\cdots,n)$ 和 n 个铰 $H_j(j=1,2,\cdots,n)$ 组成的树系统，规定：若 B_j 在 B_0 至 B_i 的路上，则称 B_j 位于 B_i 的内侧，或 B_i 位于 B_j 的外侧。与任意物体 B_i 直接联系的内侧物体称为 B_i 的内接物体，联系铰称为 B_i 的内接铰。物体和铰按以下规则标号：

① 各物体的编号大于其内接物体的序号；

② 各物体与其内接铰有相同的序号；

③ 表示铰的有向线段由内侧指向外侧。

按此规定，任意铰 H_j 的外接物体的序号等于铰的序号 j，即 H_j 的外接物体为 B_j。所有内接物体的序号 i 定义为 j 的整标函数 $i(j)$，且有 $i(j)<j$，i 为 H_j 的内接物体的序号。$i(j)$，$j=1,2,\cdots,n$，称为该系统的内接物体数组，是对系统结构的一种数学描述。例如，

图 5-4 中树系统的内接数组可以在表 5-1 中给出。

表 5-1　图 5-4 所示的树系统的内接数组

j	1	2	3	4	5
$i(j)$	0	1	1	3	4

引入两个一维整型数组：$i^+(j)$ 和 $i^-(j)$（$j=1,2,\cdots,n$）。$i^+(j)$ 和 $i^-(j)$ 的值为与铰 H_j 关联的两个物体的标号，且该铰由物体 $B_{i^+(j)}$ 指向物体 $B_{i^-(j)}$。$i^+(j)$ 和 $i^-(j)$ 称为关联数组，它与系统的拓扑结构图一一对应。

关联矩阵和通路矩阵是对系统结构的另一种数学描述。关联矩阵 S 的行号和列号分别与物体和铰的序号相对应，其第 i 行第 j 列元素 S_{ij} 定义为

$$S_{ij}=\begin{cases}1, & \text{当 } H_j \text{ 与 } B_i \text{ 关联，且以 } B_i \text{ 为起点} \\ -1, & \text{当 } H_j \text{ 与 } B_i \text{ 关联，且以 } B_i \text{ 为终点} \\ 0, & \text{当 } H_j \text{ 与 } B_i \text{ 无关联}\end{cases}$$

通路矩阵 T 为 n 阶方阵，与关联矩阵相反，其行号和列号分别与铰和物体的序号相对应，其第 j 行第 i 列元素 T_{ji} 定义为

$$T_{ji}=\begin{cases}1, & \text{当 } H_j \text{ 属于 } B_0 \text{ 至 } B_i \text{ 的路，且指向 } B_0 \\ -1, & \text{当 } H_j \text{ 属于 } B_0 \text{ 至 } B_i \text{ 的路，且背向 } B_0 \\ 0, & \text{当 } H_j \text{ 不属于 } B_0 \text{ 至 } B_i \text{ 的路}\end{cases}$$

S 和 T 矩阵有以下性质：

① S 和 T 均为上三角阵；

② S 的对角线元素均为 -1，除第一列外，每一列另有一个非零元素 1，其余元素为零；

③ T 的第一行和对角线的元素及其他非零元素全为 -1；

④ S 和 T 互逆。

图 5-4 所示树系统的关联数组、关联矩阵和通路矩阵分别见表 5-2、表 5-3 和表 5-4。最简单的多体系统结构为无分支的树结构，称为链结构。链结构的内接物体数满足 $i(j)=j-1$，其关联矩阵 S 的对角线右上方的次对角元素均为 1，通路矩阵 T 为充满 -1 元素的上三角阵。

表 5-2　图 5-4 所示的树系统的关联数组

j	1	2	3	4	5
$i^+(j)$	0	1	1	3	4
$i^-(j)$	1	2	3	4	5

表 5-3　图 5-4 所示的树系统的关联矩阵

i	j				
	1	2	3	4	5
0	1	0	0	0	0
1	-1	1	1	0	0
2	0	-1	0	0	0

续表

i	j				
	1	2	3	4	5
3	0	0	-1	1	0
4	0	0	0	-1	1
5	0	0	0	0	-1

表 5-4　图 5-4 所示的树系统的通路矩阵

i	j				
	1	2	3	4	5
1	-1	-1	-1	-1	-1
2	0	-1	0	0	0
3	0	0	-1	-1	-1
4	0	0	0	-1	-1
5	0	0	0	0	-1

3. 多刚体系统运动学建模

1）坐标系

本节讨论基于拉格朗日坐标的多刚体系统运动学模型描述。它是一种相对坐标方法，其特征是以多刚体系统中各铰的相对坐标为描述系统的位形坐标。另一种常见的方法是基于笛卡儿坐标的描述方法。这两种坐标系具有完全不同的处理方式，前者是相对于不同的动参考系来定义刚体的位形，后者是相对于一个总体坐标系来定义，但其最终的目的和结果是一致的，只是途径不同而已。

刚体的运动可以分解为平动和定轴转动两种基本运动形式。同样，多刚体上某一点 P 的运动也由平动和转动两部分组成。

开环系统的位置完全可以由所有铰的拉格朗日坐标阵 q 所确定。动力学方程为拉格朗日坐标阵的二阶微分方程组：

$$A(q,t)\ddot{q} = B(q,\dot{q},t) \tag{5-12}$$

多体系统的运动将在公共坐标系中进行考查，称为总体坐标系或总体基 $\underline{e}$。如图 5-8 所示，设 P_i 为多刚体上任一点，点 P_i 所在刚体部件为 B_i，$\underline{e}^i$ 是刚体 B_i 所固联的局部坐标系的基或称为连体基。

2）刚体的姿态、角速度和角加速度

系统中刚体 $B_i(i=1,2,\cdots,n)$ 关于系统总体基的姿态可由其关于系统总体基 $\underline{e}$ 的方向余旋阵 $\underline{A}^i$ 来描述：

$$\underline{A}^i = \begin{cases} \underline{A}^0 \underline{A}^{01}, & i=1 \\ \underline{A}^{L(i)} \underline{A}^{L(i)i}, & i=2,\cdots,n \end{cases} \tag{5-13}$$

其中，$\underline{A}^0$ 为根物体 B_0 关于系统总体基方向余旋阵，

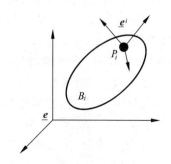

图 5-8　总体坐标系与局部坐标系

$\underline{A}^{01}$ 为刚体 B_1 所在基 $\underline{e}^1$ 关于刚体 B_0 所在基 $\underline{e}^0$ 的方向余旋阵，$\underline{A}^{rs}$ 表示刚体 B_s 所在基 $\underline{e}^s$ 关于刚体 B_r 所在基 $\underline{e}^r$ 的方向余旋阵。$L(i)$ 为刚体 B_i 的内接物体的下标，$A^{L(i)i}$ 为刚体 B_i 所在基 $\underline{e}^i$ 关于其内接刚体 $B_{L(i)}$ 所在基 $\underline{e}^{L(i)}$ 的方向余旋阵。决定刚体 B_i 在总体坐标系下姿态的方向余旋阵为 B_i 至 B_0 的通路上所有刚体基在其内接刚体基下的方向余旋阵的乘积。

刚体 $B_i (i=1,2,\cdots,n)$ 的绝对角速度记为 $\boldsymbol{\omega}_i$，由角速度叠加原理，刚体 B_i 的绝对角速度可以表达为如下的矢量递推公式：

$$\boldsymbol{\omega}_i = \begin{cases} \boldsymbol{\omega}_{r1} + \boldsymbol{\omega}_0, & i=1 \\ \boldsymbol{\omega}_{ri} + \boldsymbol{\omega}_{L(i)}, & i=2,\cdots,n \end{cases} \tag{5-14}$$

其中，$\boldsymbol{\omega}_0$ 为根物体的绝对角速度；$\boldsymbol{\omega}_{r1}$ 表示刚体 B_1 相对于其内接刚体 B_0 的角速度；$\boldsymbol{\omega}_{ri}$ 表示刚体 B_i 相对于其内接刚体 $B_{L(i)}$ 角速度；$\boldsymbol{\omega}_{L(i)}$ 是 B_i 的内侧刚体 $B_{L(i)}$ 的绝对角速度。B_i 的绝对角速度 $\boldsymbol{\omega}_i$ 为 B_i 至 B_0 的通路上所有刚体在其内接刚体基下的相对角速度与 $\boldsymbol{\omega}_0$ 的矢量和。

刚体 $B_i (i=1,2,\cdots,n)$ 的绝对角加速度记为 $\dot{\boldsymbol{\omega}}_i$，将式(5-14)在总体基上对时间求导数，有

$$\dot{\boldsymbol{\omega}}_i = \begin{cases} \dot{\boldsymbol{\omega}}_{r1} + \dot{\boldsymbol{\omega}}_0, & i=1 \\ \dot{\boldsymbol{\omega}}_{ri} + \dot{\boldsymbol{\omega}}_{L(i)}, & i=2,\cdots,n \end{cases} \tag{5-15}$$

其中，$\dot{\boldsymbol{\omega}}_0$ 为根物体的绝对角加速度。同上，$\dot{\boldsymbol{\omega}}_{r1}$ 表示刚体 B_1 相对于其内接刚体 B_0 的角加速度；$\dot{\boldsymbol{\omega}}_{ri}$ 表示刚体 B_i 相对于其内接刚体 $B_{L(i)}$ 角加速度。$\dot{\boldsymbol{\omega}}_{L(i)}$ 是 B_i 的内侧刚体 $B_{L(i)}$ 的绝对角加速度。B_i 的绝对角加速度 $\dot{\boldsymbol{\omega}}_i$ 为 B_i 至 B_0 的通路上所有刚体在其内接刚体基下的相对角加速度与 $\dot{\boldsymbol{\omega}}_0$ 的矢量和。

一般的多刚体系统中，刚体之间的相对运动既有转动也有平移，即系统既有转动铰也有滑移铰。下面首先讨论只存在相对转动的多刚体系统，然后讨论带滑移铰的多刚体系统。

3) 转动铰系统各刚体质心的位置、速度和加速度

首先考虑各刚体质心的位置。纯转动系统中各刚体是由旋转铰、万向节或球铰等转动铰连接而成的转动铰系统，其特点是所有与某一铰连接的物体上的各铰点重合于一点。转动铰系统中，刚体质心的位置、速度和加速度的分析与铰点在刚体上的分布密切相关，因而首先引入描述各铰点分布情况的体铰矢量 $\boldsymbol{c}_{ij}$ 和通路矢量 $\boldsymbol{d}_{ij}$。

如图 5-9 所示，刚体 $B_i (i=1,2,\cdots,n)$ 的质心记为 C_i，体铰矢量定义为由质心 C_i 指向刚体 B_i 上某铰 H_j 的矢量，记为 $\boldsymbol{c}_{ij}$，i 为此矢量所固结刚体的下标，j 为此矢量所指向铰的下标。若铰 H_j 与刚体 B_i 不关联，$\boldsymbol{c}_{ij}=0$。对于运动规律为已知的根物体，体铰矢量的起点 C_0 可以任选。另外，定义加权体铰矢量 $\boldsymbol{C}_{ij}=S_{ij}\boldsymbol{c}_{ij}$，$S_{ij}$ 为关联矩阵的元素。

对于树系统，每个物体有且只有一个内接铰，因此刚体 B_i 的通路矢量是以其内接铰 H_i 为起点的一个 B_i 的连体矢量 $\boldsymbol{d}_{ik}$，i 为刚体 B_i 的下标，k 是 B_i 外侧的另一刚体 B_k 的下标。如图 5-10 所示。当 $k=i$ 时，该矢量由 H_i 指向 B_i 的质心 C_i；当 $k \neq i$ 时，该矢量指向 B_i 上的另一个铰——外侧铰 H_j，此铰在 B_i 至 B_k 的路上。由上有

$$\boldsymbol{d}_{ik} = \begin{cases} \boldsymbol{d}_{il}, & B_i < B_k, l = L^{-1}(i) \\ C_{ii}, & B_i < B_k \\ 0, & \text{其他} \end{cases}$$

若 B_k 和 B_l 为 B_i 的外侧且在同一路上,则 $\boldsymbol{d}_{ik}$ 和 $\boldsymbol{d}_{il}$ 为同一矢量。对于 B_i 的内侧刚体或与其不在同一路上的刚体 B_k,通路矢量 $\boldsymbol{d}_{ik}$ 为零。

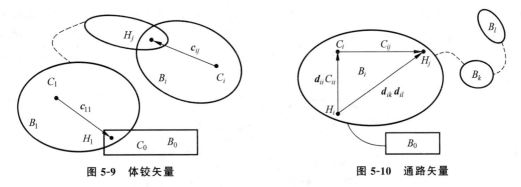

图 5-9 体铰矢量   图 5-10 通路矢量

体铰矢量与通路矢量均描述刚体上铰点的位置,只是矢量的起点不同而已。

下面再看质心的位置、速度和加速度。

设刚体质心的位置就是刚体连体基基点所在的位置,由图 5-10 可知,刚体 $B_i(i=1, 2, \cdots, n)$ 连体基的基点关于系统总体基的基点之矢径为

$$\boldsymbol{r}_i = \sum_{k:B_k \in B_i} \boldsymbol{d}_{ki} + \boldsymbol{r}_0 \quad (i=1, \cdots, n) \tag{5-16}$$

其中,求和号下表示 k 为刚体 B_i 至 B_0 通路上所有刚体的下标。根据通路矢量的性质,不在 B_i 的通路上或在 B_i 外侧的刚体 B_k 对应的广义通路矢量为零,则有

$$\boldsymbol{r}_i = \sum_{k=1}^n \boldsymbol{d}_{ki} + \boldsymbol{r}_0 \quad (i=1, \cdots, n) \tag{5-17}$$

其中,$\boldsymbol{d}_{ki} = \underline{A}^k \boldsymbol{d}'_{ki}$,$\boldsymbol{d}'_{ki}$ 为通路矢量 $\boldsymbol{d}_{ki}$ 在连体基下的矢量形式,其分量为通路矢量在连体基下的常值坐标。因此,上式只含有刚体 B_i 至 B_0 路上的所有刚体的方向余旋矩阵 $\underline{A}^k$ 与相应的通路矢量在连体基下的常值坐标阵。因此 B_i 的质心坐标是 B_i 至 B_0 路上的所有刚体内接铰广义坐标的函数。

各刚体质心的速度通过将式(5-16)对时间进行求导而得到,可得

$$\dot{\boldsymbol{r}}_i = \sum_{k:B_k \in B_i} \dot{\boldsymbol{d}}_{ki} + \dot{\boldsymbol{r}}_0 \quad (i=1, \cdots, n) \tag{5-18}$$

由于矢量 $\boldsymbol{d}_{ki}$ 固结于刚体 B_k,有 $\dot{\boldsymbol{d}}_{ki} = \boldsymbol{\omega}_k \times \boldsymbol{d}_{ki}$,另外考虑到通路矢量的性质,有

$$\dot{\boldsymbol{r}}_i = \sum_{k=1}^n \boldsymbol{\omega}_k \times \boldsymbol{d}_{ki} + \dot{\boldsymbol{r}}_0 \quad (i=1, \cdots, n) \tag{5-19}$$

各刚体质心的加速度通过将式(5-16)对时间求两次导数,可得

$$\ddot{\boldsymbol{r}}_i = \sum_{k:B_k \in B_i} \ddot{\boldsymbol{d}}_{ki} + \ddot{\boldsymbol{r}}_0 \quad (i=1, \cdots, n) \tag{5-20}$$

由于矢量 $\boldsymbol{d}_{ki}$ 固结于刚体 B_k，有 $\ddot{\boldsymbol{d}}_{ki}=\dot{\boldsymbol{\omega}}_k\times\boldsymbol{d}_{ki}+\boldsymbol{\omega}_k\times(\boldsymbol{\omega}_k\times\boldsymbol{d}_{ki})$，得到

$$\ddot{\boldsymbol{r}}_i=-\sum_{k=1}^{n}\boldsymbol{d}_{ki}\times\dot{\boldsymbol{\omega}}_k+\sum_{k\,:\,B_k\in B_i}\boldsymbol{\omega}_k\times(\boldsymbol{\omega}_k\times\boldsymbol{d}_{ki})+\ddot{\boldsymbol{r}}_0\quad(i=1,\cdots,n)\qquad(5\text{-}21)$$

4）滑移铰系统各刚体质心的位置、速度和加速度

对于带滑移铰的系统，如图 5-11 所示，H_l 为一滑移铰，h_l 为滑移铰 H_l 的移动铰矢量。B_k 为 B_l 的内接刚体，即有 $k=L^{+}(l)$，或 $l=L^{-1}(k)$。描述系统刚体的运动，需要定义广义通路矢量 $\boldsymbol{d}_{ki}^{*}$：当 $k\neq i$，且 B_i 在 B_k 的外侧时，该矢量指向其外接刚体 B_l 的内接铰点；B_i 在 B_k 的内侧或 B_i 与 B_k 不在同一条通路时该矢量为零；当 $k=i$ 时，则与通路矢量的定义一致，该矢量指向 B_k 的质心。

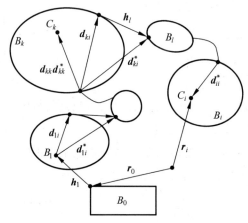

图 5-11　广义通路矢量

引入通路元素，考虑到 $T_{li}=-1$，则上述定义可表示为

$$\boldsymbol{d}_{ki}^{*}=\begin{cases}\boldsymbol{d}_{ki}-T_{li}\boldsymbol{h}_l,&B_k<B_i,l=L^{-1}(k)\\[2mm]\boldsymbol{d}_{kk},&B_k=B_i\\[2mm]0,&\text{其他}\end{cases}$$

这里需要注意的是，通路矢量 $\boldsymbol{d}_{ki}$ 是一个固结于刚体 B_k 的矢量，因而是一个常矢量。然而当 $k\neq i$ 时，由于滑移铰 H_l 的移动铰矢量 $\boldsymbol{h}_l$ 是移动的，广义通路矢量却是相对于刚体 B_k 的一个动矢量。当 H_l 退化为一个转动铰时，该广义通路矢量 $\boldsymbol{d}_{ki}^{*}$ 退化为通路矢量 $\boldsymbol{d}_{ki}$。

下面考虑刚体质心的位置。由图 5-11 可知，刚体 B_i 的质心关于系统总体基的基点的矢径为

$$\boldsymbol{r}_i=\sum_{k\,:\,B_k\in B_i}\boldsymbol{d}_{ki}^{*}+\boldsymbol{r}_0+h\quad(i=1,2,\cdots,n)\qquad(5\text{-}22)$$

其中，求和号下表示 k 为刚体 B_i 至 B_0 通路上所有刚体的下标。根据通路矢量的性质，不在 B_i 的通路上或在 B_i 外侧的刚体 B_k 对应的广义通路矢量为零，则有

$$\boldsymbol{r}_i=\sum_{k=1}^{n}\boldsymbol{d}_{ki}^{*}+\boldsymbol{r}_0+h_1\quad(i=1,2,\cdots,n)\qquad(5\text{-}23)$$

下面考虑各刚体质心的速度，将式(5-23)在总体基对时间求导，可得到各刚体质心的速

度。考虑上述 $\boldsymbol{d}_{ki}^* = \boldsymbol{d}_{ki} - T_{li}h_l$，有 $\dot{\boldsymbol{d}}_{ki}^* = \dot{\boldsymbol{d}}_{ki} - T_{li}\dot{h}_l$，而 $\dot{h}_l = \bar{h}_l + \omega_k \times h_l = v_{rl} + \omega_k \times h_l$，$v_{rl}$ 为滑移铰 H_l 的相对移动速度，故得

$$\dot{\boldsymbol{d}}_{ki}^* = \omega_k \times \boldsymbol{d}_{ki}^* - T_{li}v_{rl} \tag{5-24}$$

将式(5-23)在总体基对时间求导，并根据通路矢量的性质，可得到各刚体质心的速度，则有

$$\dot{r}_i = \sum_{k=1}^n \omega_k \times \boldsymbol{d}_{ki}^* - \sum_{l=1}^n T_{li}v_{rl} + v_r + \omega_0 \times h + \dot{r}_0 \quad [i=1,\cdots,n; \ l=L^+(k)] \tag{5-25}$$

其中，v_{rl} 为铰 H_l 的相对移动速度。右边第二项的物理意义为刚体 B_l 至 B_i 的路上所有铰的相对移动速度的矢量和，加上第三项，则为刚体 B_0 至 B_i 的路上所有铰相对移动速度的矢量和。

对式(5-25)求导，因 $\ddot{\boldsymbol{d}}_{ki}^* = \dot{\omega}_k \times \boldsymbol{d}_{ki}^* + \omega_k \times \dot{\boldsymbol{d}}_{ki}^* - T_{li}(\bar{v}_{rl} + \omega_k \times v_{rl})$，有

$$\ddot{r}_i = -\sum_{k=1}^n \dot{\omega}_k \times \boldsymbol{d}_{ki}^* - 2\sum_{k=1}^n T_{li}\omega_k \times v_{rl} + \sum_{k=1}^n \omega_k \times (\omega_k \times \boldsymbol{d}_{ki}^*) -$$

$$\sum_{k=1}^n T_{li}\bar{v}_{rl} + \bar{v}_r + 2\omega_0 \times v_{r1} + \dot{\omega}_0 \times h_1 +$$

$$\omega_0 \times (\omega_0 \times h_1) + \ddot{r}_0 \quad (i=1,\cdots,n) \tag{5-26}$$

当系统只有转动铰而无滑移铰时，广义通路矢量退化为通路矢量，相对移动的矢量和相对速度项均为零，这时与转动铰系统一致。

由以上刚体在绝对坐标系下位置、速度和加速度的表达式，结合广义坐标与刚体绝对坐标之间的关系，可以进一步推导出广义坐标下刚体位置、速度和加速度的表达式。

对于无根树系统，通常需讨论系统相对于某个运动规律为已知的动参考基的运动。例如，对于航天器可取轨道坐标为动基。为了让系统的拓扑构型在运动学上与有根系统取得一致，令这个动参考基为 B_0。将系统中某一刚体设定为 B_1，与 B_0 以虚铰方式连接，如图5-12所示。虚铰 H_1 对于邻接刚体 B_1 和 B_0 无任何运动学约束，也不存在约束力和力矩。虚铰 H_1 的位置也可以任意设定，为了方便将它的一端取在动参考基 B_0 的基点，另一端与 B_1 的质心 C_1 重合，这样，体铰矢量 $\boldsymbol{c}_{11} = 0$。

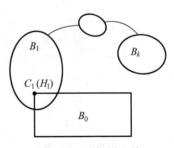

图5-12 无根树系统

由于在系统的拓扑构型与运动学上，上述定义的无根系统与一个 H_1 为六自由度的有根系统等价，因此各刚体的位姿、绝对角速度及角加速度的公式与前述有根系统的相同。各刚体质心的位置、绝对速度和绝对加速度与带滑移铰系统的公式相同。

4. 多刚体系统动力学建模

研究多体系统的动力学性态前需要搞清楚系统各刚体的受力情况。刚体除了受外力作用外还受到系统内各刚体之间的作用力。刚体受到的外力一般比较明确，也较容易描

述,而系统内力则因刚体本身结构与运动形式的复杂性而较难描述和模拟。系统的内力(其力学描述是力元)有两种:约束力元和非约束力元。约束力元与影响刚体间运动自由度的铰有关,即铰间的约束力。铰之间不做功的那部分约束力称为理想约束力(力矩),做功的那部分称为非理想约束力。约束力元指的是非理想约束力,不包括理想约束力部分。例如,有摩擦的旋转铰,铰处的摩擦力可以用一个旋转阻尼器来模拟。非约束力元与铰无关,不影响刚体间运动自由度。常见的如刚体间与铰无关的忽略质量的线弹簧-阻尼器的相互作用。

力元对刚体作用力的大小取决于刚体的相对运动。为了在力学模型中获得对力元的正确描述,必须给出力元拓扑的数学描述和运动学分析。

限于篇幅本书不作具体的介绍,读者可以查阅相关专业书籍作进一步了解。

5. 多体系统仿真分析

多体系统仿真分析的主要任务是进行运动学和动力学计算,而静力学作为仿真分析软件最基本功能的一部分,也必然包括在其中。

多体运动学的主要任务是求解刚体上任意一点在任一时刻的位置、速度和加速度,以及在某一个时间段上的运动轨迹。动力学分析的主要任务是获得系统的动力学方程,并对方程进行数值求解,得到任一时刻各刚体之间的相互作用力等。

多体运动学和动力学分析软件一般包括三个基本模块:前处理模块、仿真计算核心模块和后处理模块,如图 5-13 所示。其中,前处理模块主要是各种参数输入,建立分析模型。后处理模块主要是结果的数表、图形和动画显示,这两个模块的功能相对比较简单。仿真计算是其核心模块,涉及静力学分析、运动学分析和动力学分析三个核心过程。利用计算机软件进行多体运动学动力学仿真,其处理流程一般和单一问题仿真的人工解算流程基本一致。

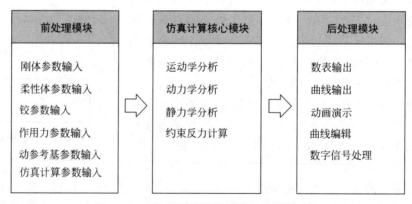

图 5-13 多体系统仿真分析软件的基本功能

图 5-14 是多体系统仿真计算的主要工作流程,该流程图中的中间数据文件即是通过物体坐标形式的转换和拼装构成的系统广义质量阵与广义力阵数据。中间数据文件存放物体递推关系矩阵。闭环系统指描述系统位形的广义坐标之间不独立,即在运动过程中存在某些约束关系的系统。

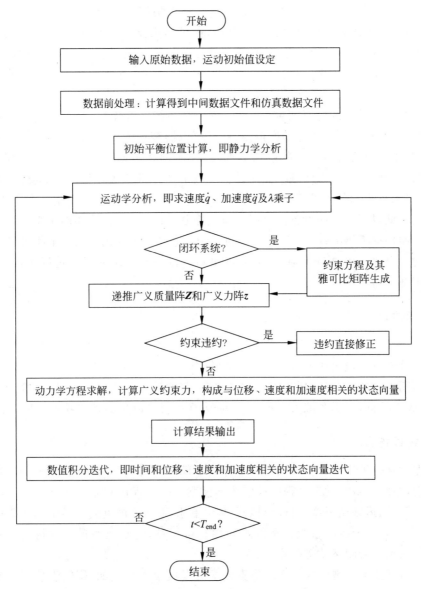

图 5-14　多体系统仿真计算流程图

5.4　控制系统仿真

5.4.1　控制系统仿真技术概况

　　控制系统仿真技术是通过构建系统的数学模型和计算方法,编写计算机仿真分析程序,以数值计算的方式求解系统主要控制变量的动态变化情况,得到关于系统输出和所需的各中间变量状态变化的有关数据、曲线等,从而实现对控制系统性能指标的分析与设计。目前,仿真技术是研究和设计控制系统的一种有效方法。

　　在控制系统单领域仿真时,控制系统与受控系统往往是高度耦合的系统,有些输入/输出参数也会涉及其他领域子系统的输出/输入。这种情况下,一般会对其他领域子系统模型进行简化,然后加入整个仿真过程中。例如,在对车辆控制系统进行仿真时,为了得到刹车控制系统的输入参数/输出参数,往往简化建立一个车辆的动力学模型。这样的简化,使得模型建立过程和整个仿真过程比较简单。在仿真对输出/输入参数要求不是十分严格的情况下,其结果也符合设计指标的要求。

为了进行控制系统的仿真研究,需要构建仿真系统。首先要确定系统模型,然后用仿真计算机和各种仿真设备(如运动模拟器、目标模拟器和环境模拟器等)来具体实现这个模型。例如,对于航空飞行器的控制系统仿真问题,通常利用地面仿真设备来研究飞行器控制系统动态性能的相关技术问题。仿真设备一般由计算机和各种物理仿真器组成,它能模拟飞行器、控制系统和各种飞行环境。仿真设备具有通用性,既便于使用又便于维修,比飞行试验的成本低得多。这些设备不仅用来研究控制系统,而且有的还能用来训练飞行员和航天员。按照建立模型的性质,可以把控制系统的仿真分为数学仿真、半物理仿真和全物理仿真三类。全物理仿真最为逼真,但代价很高。在控制系统的研制过程中,三种仿真的作用是互相补充的。

1. 数学仿真

数学仿真也称计算机仿真,就是在计算机上建立系统物理过程的数学模型,并在这个模型上对系统进行定量的研究和实验。这种仿真方法常用于系统的方案设计阶段和某些不适合做实物仿真的场合(包括某些故障模式)。它的特点是重复性好、精度高、灵活性大、使用方便、成本较低,仿真系统可以重复使用,仿真运行可以是实时的或非实时的仿真。

2. 半物理仿真

半物理仿真是采用部分物理模型和部分数学模型的仿真。其中,物理模型采用控制系统中的实物,系统本身的动态过程则采用数学模型。半物理仿真系统通常由满足实时性要求的仿真计算机、运动模拟器、目标模拟器、控制台和部分实物组成。半物理仿真的逼真度较高,所以常用来验证控制系统方案的正确性和可行性,进行故障模式的仿真及对各研制阶段的控制系统进行闭路动态验收试验。

半物理仿真技术是现代控制系统仿真技术的发展重点。例如,用航天仿真器来训练航天员和用飞行仿真器来训练飞行员就属于半物理仿真性质,后者更着重于实景模拟和人机关系。以仿真计算机实现系统模型和以航天器计算机或控制系统电子线路为实物的闭路试验,也可认为是半物理仿真,这种仿真重点在于检验控制计算机软件的正确性或研究控制方式中某些功能和参数。半物理仿真的逼真度取决于接入的实物部件、仿真计算机的速度、精度和功能,转台和各目标模拟器的性能。通常对三轴机械转台的要求是精度高、转动范围大、动态响应快和框架布置不妨碍光学敏感器的视场。

3. 全物理仿真

全物理仿真是全部采用物理模型的仿真,又称实物模拟。例如,航天器的动态过程用气浮台(单轴或三轴)的运动来代替,控制系统采用实物。因为实物是安放在气浮台上的,这种方法很适合于研究具有角动量存贮装置的航天器姿态控制系统的三轴耦合,以及研究控制系统与其他分系统在力学上的动态关系。在对航天器姿态控制系统进行全物理仿真时,安装在气浮台上的实物应包括姿态敏感器、控制器执行机构和遥测遥控装置及有关的分系统。目标模拟器、环境模拟器和操作控制台均设置在地面上。航天器在空间的运动是由气浮台来模拟的,所以全物理仿真的逼真度和精度主要取决于气浮台的性能。全物理仿真技术复杂,一般只在必要时才采用。

5.4.2 基本原理

控制系统仿真时,先要建立描述控制系统运动的数学模型,这是进行其数字仿真的前提。

线性定常连续系统数学模型主要有微分方程形式、传递函数形式、零极点增益形式、部分分式形式和状态方程形式。

在建立控制系统数学模型时,常常遇到非线性问题。严格地讲,实际的物理系统都包含着不同程度的非线性因素,但许多非线性系统在一定条件下可近似地视之为线性系统。这种有条件地把非线性数学模型转为线性数学模型来处理的方法,称为非线性数学模型的线性化。采用线性化的方法,可以在一定条件下将线性系统的理论和方法用于非线性系统,从而使问题得到简化。例如,连续变化的非线性函数可以采用切线法或小偏差法进行线性化,在一个小范围内,将非线性特性用一段直线来代替(分段定常系统)。

连续系统的时域数学模型的基本形式是高阶微分方程,而高阶微分方程能转换成一阶微分方程组,即状态方程。因此,连续系统的时域数学模型的基本形式是状态空间表达式。

例如,MATLAB 的控制系统工具箱,主要处理以传递函数为主要特征的经典控制和以状态空间为主要特征的现代控制理论中的问题。MATLAB 的控制系统工具箱对线性时不变(LTI)系统提供了建模、分析、设计等比较完整的功能。

1. 系统建模

通过控制系统工具箱提供的函数,可以方便地建立离散系统和连续系统的状态空间、传递函数、零极点增益和频率响应模型,并可实现任意两种模型之间的转换。而且,可以通过组合连接两种或多种系统,来构建一个复杂的系统模型。

2. 系统分析

建立了系统的数学模型后,接下来的任务就是对控制系统进行系统分析和系统综合设计。在经典控制理论中,常用时域法、根轨迹法和频域法来分析线性系统的性能。

在 MATLAB 的控制系统工具箱中,支持对 SISO 系统和 MIMO 系统进行性能分析。

(1) 时域响应分析可支持对系统的单位阶跃响应、单位脉冲响应、零输入响应及更为广泛地对任意信号进行仿真分析。

(2) 频率响应分析支持 Bode 图、Nichols 图、Nyquist 图。

3. 系统设计

MATLAB 的控制系统工具箱在系统设计方面,支持自动控制系统的设计及校正,系统的可观、可控标准型实现,可以进行系统的极点配置及状态观测器的设计。例如,我们可以对一个简单闭环控制的调速系统进行 PI 校正设计,并通过仿真分析来验算该设计后的时域与频域性能指标是否满足要求。

一个系统的数学模型表达式之间存在着内在的联系,如微分方程模型、传递函数模型、零极点模型、状态空间模型等,虽然它们外在表达形式不同,但其实质内容是等价的。人们对系统进行分析研究时,往往根据不同的要求选择不同形式的数学模型。这些不同表现形式的数学模型之间通常是可以转换的。例如,在 MATLAB 的控制系统工具箱中,常用的数学模型转换函数如表 5-5 所示。

表 5-5　MATLAB 常用的模型转换函数

函　数　名	函数功能描述	常　用　格　式
ss2tf	状态空间模型转换为传递函数模型	$[b,a]=ss2tf(A,B,C,D,iu)$
ss2zp	状态空间模型转换为零极点模型	$[z,p,k]=ss2zp(A,B,C,D,iu)$
tf2ss	传递函数模型转换为状态空间模型	$[A,B,C,D]=tf2ss(b,a)$
tf2zp	传递函数模型转换为零极点模型	$[z,p,k]=tf2zp(b,a)$
tf2zpk	传递函数模型转换为零极点模型	$[z,p,k]=tf2zpk(b,a)$
zp2ss	零极点模型转换为状态空间模型	$[A,B,C,D]=zp2ss(z,p,k)$
zp2tf	零极点模型转换为传递函数模型	$[b,a]=zp2tf(z,p,k)$
chgunits	转换 FRD 模型的 nunits 属性	$sys=chgunits(sys,units)$
reshape	转换 LTI 阵列的形状	$sys=reshape(sys,s1,s2,\cdots,sk)$ $sys=reshape(sys,[s1,s2,\cdots,sk])$
residue	提供部分分式展开	$[z,p,k]=residue(b,a)$ $[b,a]=residue(z,p,k)$

例 5-1　利用 MATLAB 控制系统工具箱,进行汽车半主动悬架系统的建模分析

悬架系统是汽车的重要组成部件,它把车轴(或车轮)与车身(或车架)弹性地连接起来,其作用直接关系到车辆的平顺性、安全性等多种性能。

按照不同的工作原理,汽车悬架可分为被动悬架(passive suspension)、半主动悬架(semi-active suspension)和主动悬架(active suspension)三种基本类型。目前,工程应用研究中普遍采用的汽车半主动悬架由弹性元件和可调减振器组成,所使用的半主动悬架模型有二自由度 1/4 车辆模型、四自由度 1/2 车辆模型、七自由度整车模型等。其中,1/4 车辆模型是研究汽车半主动悬架控制规律最常用的基础模型。如图 5-15 所示,它是一个双质量两自由度的力学模型,考虑了汽车的垂直振动,忽略车身的俯仰和侧倾,该模型所反映的汽车信息比较少。但它可以方便地用来研究悬架的基本特性,如车身地板振动、轮胎动载荷变化和悬架动行程等。

为了简化计算,这里采用二自由度 1/4 汽车模型,只研究车身垂直振动加速度、悬架动挠度和轮胎动载荷特性,而不研究车身俯仰的侧倾运动。这种分析方法简单且不失研究重点,与复杂的全车模型比较,1/4 车辆模型具有所涉及的设计

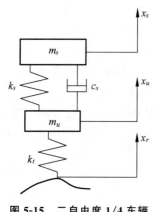

图 5-15　二自由度 1/4 车辆
悬架模型

参数少、可以简化系统输入、容易理解设计与性能之间的关系等优点。

根据图 5-15 的二自由度 1/4 车辆悬架模型,可以建立如下动力学方程:

$$m_s \ddot{x}_s = -k_s(x_s - x_u) - c_s(\dot{x}_s - \dot{x}_u) \tag{5-27}$$

$$m_u \ddot{x}_u = k_s(x_s - x_u) + c_s(\dot{x}_s - \dot{x}_u) - k_t(x_u - x_r) \tag{5-28}$$

其中,m_s、m_u 分别为簧载质量和非簧载质量;k_s、k_t 分别为悬架弹簧刚度和轮胎刚度;x_r、x_s、x_u 分别为路面位移、簧载质量位移和非簧载质量位移;c_s 为阻尼器的可变阻尼系数。

对式(5-27)式(5-28)进行拉氏变换,得

$$(m_s s^2 + c_s s + k_s) X_s(s) - (c_s s + k_s) X_u(s) = 0 \tag{5-29}$$

$$(m_u s^2 + c_s s + k_s + k_t) X_u(s) - (c_s s + k_s) X_s(s) = k_t X_r(s) \tag{5-30}$$

对式(5-29)和式(5-30)解方程组,得

$$\begin{cases} X_s(s) = k_t(c_s s + k_s) \cdot \dfrac{X_r(s)}{\Delta s} \\ \\ X_u(s) = k_t(m_s s^2 + c_s s + k_s) \cdot \dfrac{X_r(s)}{\Delta s} \end{cases} \tag{5-31}$$

其中,$\Delta s = m_u m_s s^4 + (m_s c_s + m_u c_s) s^3 + (m_s k_s + m_s k_t + m_u k_s) s^2 + k_t c_s s + k_s k_t$

那么,簧载质量振动加速度相对于路面输入的传递函数可以表示为

$$H_A(s) = \frac{\ddot{X}_s(s)}{X_r(s)} = \frac{k_t(c_s s + k_s) s^2}{\Delta s} \tag{5-32}$$

悬架动扰度相对于路面输入的传递函数可以表示为

$$H_D(s) = \frac{X_s(s) - X_u(s)}{X_r(s)} = \frac{k_t m_s s^2}{\Delta s} \tag{5-33}$$

轮胎动载荷相对于路面输入的传递函数可以表示为

$$H_F(s) = \frac{k_t[X_u(s) - X_r(s)]}{X_r(s)} = \frac{k_t X_u(s)}{X_r(s)} - k_t$$

$$= \frac{k_t(m_s s^2 + c_s + k_s)}{\Delta s} - k_t \tag{5-34}$$

这样,建立了上述模型后,我们接下来就可以利用 MATLAB 控制系统工具箱,对二自由度 1/4 车辆悬架模型的主要性能参数进行仿真分析。例如,产品开发技术人员对于某车企微型面包车的某个悬架设计方案进行仿真分析,已知该悬架的一组设计参数值为:簧载质量 $m_s = 264.2\text{kg}$,非簧载质量 $m_u = 25.8\text{kg}$,弹簧刚度 $k_s = 15.0\text{kN/m}$,轮胎刚度 $k_t = 116.9\text{kN/m}$,减震器阻尼系数 $c_s = 1.1\text{kN/m}$。利用上述 1/4 车辆悬架模型,就可以分析该型面包车的悬架响应及悬架参数对悬架传递特性的影响,包括簧载质量振动加速度相对于路面输入的响应、悬架动扰度相对于路面输入的响应、轮胎动载荷对于路面输入的响应等。

5.4.3 案例分析

本节以某轻型车辆的防抱死制动系统开发中的仿真应用为实例,采用控制系统分析软件 MATLAB/Simulink,来说明实现控制系统建模与仿真分析的应用过程。

1. ABS 工作原理

防抱死制动系统(anti-lock brake system,简称 ABS),其作用就是在汽车制动时,自动控制制动器的制动力大小,使车轮不被抱死而处于边滚边滑的状态,以保证车轮与地面的附着力在最大值。ABS 系统可以提高行车时车辆紧急制动的安全系数。换句话说,没有 ABS 的汽车,车辆在遇到紧急情况下采取紧急刹车时,容易出现轮胎抱死现象,也就是会导致汽车的方向盘不能转动,这样危险系数就会随之增加,很容易造成安全事故的严重后果。ABS 系统被认为是自汽车上采用安全带以来在安全性方面所突破的最为重要的技术成就。

简单地说,ABS 系统具有如下作用:①充分发挥制动器的效能,缩短制动时间和距离;②可有效防止紧急制动时车辆侧滑和甩尾,具有良好的行驶稳定性;③可在紧急制动时转向,具有良好的转向操纵性;④可避免轮胎与地面的剧烈摩擦,减少轮胎的磨损。

在 ABS 系统中,对能够独立进行制动压力调节的制动管路称为控制通道。ABS 装置的控制通道分为四通道式、三通道式、二通道式和一通道式。

例如,四通道式 ABS 系统具有四个轮速传感器,在通往四个车轮制动分泵的管路中,各设一个制动压力调节器装置,进行独立控制,构成四通道控制形式。但是,如果汽车左右两个车轮的附着系数相差较大(如路面部分积水或结冰),制动时两个车轮的地面制动力就相差较大,这样就会产生横摆力矩,使车身向制动力较大的一侧跑偏,不能保持汽车按预定方向行驶,会影响汽车制动方向的稳定性。因此,这也从另一个侧面要求驾驶员在部分结冰或积水等湿滑的路面行车时,应降低车速,不可盲目信任 ABS 装置。

三通道式 ABS 是对两前轮进行独立控制,两后轮按低选原则进行同步控制,即两个后轮由一个通道控制,称之为混合控制。对两前轮进行独立控制,主要考虑汽车前轮的制动力在汽车总制动中所占的比例较大,特别是前轮驱动的汽车可以充分利用两前轮的附着力。两后轮按低选原则进行同步控制时,可以保证汽车在各种条件下左右两后轮的制动力相等,即使两侧车轮的附着系数相差较大,两个车轮的制动力都限制在附着力较小的水平,使两个后轮的制动力始终保持平衡,保证汽车在各种条件下制动时都具有良好的方向稳定性。因此,基于这些因素考虑,三通道式 ABS 在小轿车上被普遍采用。

ABS 系统的工作原理:汽车在制动时,ABS 根据每个车轮速度传感器传来的速度信号,可迅速判断出车轮的抱死状态,关闭开始抱死车轮上面的常开输入电磁阀,让制动力不变,如果车轮继续抱死,则打开常闭输出电磁阀,这个车轮上的制动压力由于出现直通制动液贮油箱的管路而迅速下移,防止了制动力过大而将车轮完全抱死。汽车减速后,一旦 ABS 系统检测到车轮抱死状态消失,它就会让主控制阀关闭,从而使系统转入普通的制动状态下进行工作。ABS 系统让车辆的制动状态始终处于最佳点,制动效果最好,行车最安全。

2. 车辆模型分析

汽车行驶过程中可看作是一个复杂的多自由度运动系统,若要考虑其相关运动的自由度,就必须列出该自由度方向相应的运动微分方程,这样多自由度条件下汽车运动的微分方程数量比较多,往往使得微分方程组分析和求解变得极为困难。因此,必要时需要对问题进行一些简化,抓住一些主要的参数及自由度,建立整车的运动方程。

1) 整车模型

这里采用一种常用的双轴汽车模型,整车及轮胎受力分析如图 5-16 所示,对各车轮及整车分别建立运动微分方程,考虑车辆行驶过程中轮胎法向载荷、轮胎的侧向力、制动力、滚动阻力、空气阻力等外力,并作如下假设:

(1) 汽车行驶在水平路面上,不考虑道路坡道阻力的影响;

(2) 忽略汽车行驶中受侧向风的影响;

(3) 不考虑车辆制动过程的振动和由此引起的法向载荷的变化;

(4) 假定并装双胎的轮胎摩擦力为 1/2 双胎垂直载荷作用下的单胎摩擦力的 2 倍。

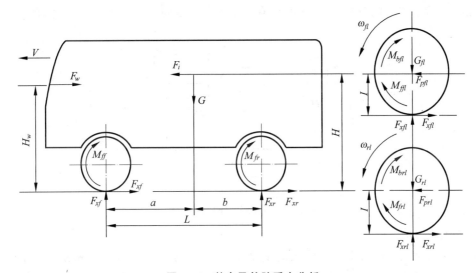

图 5-16　整车及轮胎受力分析

2) 制动器模型

建立车辆的制动器模型,主要步骤包括:确定制动因数,建立制动力距与制动管路压力之间的函数表达式,通过试验确定制动管路压力在制动过程中与时间的函数关系,最终建立制动器制动力矩与时间的函数表达式。

3) 轮胎模型

车辆行驶过程中轮胎与地面之间的制动附着系数与滑移率、侧偏角、外倾角、法向载荷、道路状况、轮胎参数及车速等因素有关。目前,国内外对该领域已进行较深入的研究,建立了经验、半经验或理论模型。这里结合普通客车轮胎参数,考虑主要的影响因素,建立简化的轮胎-路面动力学模型。

4) ABS 控制模型

在 ABS 系统中,逻辑控制单元是其核心部分。ABS 系统的优劣,在很大程度上取决于逻辑控制单元。这里采用车轮角加减速度和车轮角加减速度变化率为控制对象,控制压力按如下条件升降:

升压:①$\dot{\omega} > -k_1$;②$\ddot{\omega} \leqslant 0$。

降压:①$\dot{\omega} \leqslant -k_1$;②$\ddot{\omega} > 0$。

当车轮角加减速度 $\dot{\omega}$ 大于门限值 $-k_1$,且 $\dot{\omega}$ 与时间 t 的关系曲线呈下降趋势时,逻辑控制单元发出升压信号；当 $\dot{\omega}$ 小于或等于门限值$-k_1$，且 $\dot{\omega}$ 与时间 t 的关系曲线呈上升趋势时，逻辑控制单元发出降压信号。以此来决定管路压力的变化，达到防抱死制动的目的。

3. Simulink 模型分析

在建立车辆动力学模型的基础上，利用 MATLAB 编制仿真程序，在 MATLAB/Simulink 环境下进行车辆行驶过程中防抱死制动系统建模与性能仿真。

1）系统模型

整车由制动系统、车辆动力学系统、逻辑控制器和显示系统构成。在 MATLAB/Simulink 环境下建立的整车 Simulink 仿真模型子系统之间的关系如图 5-17 所示。

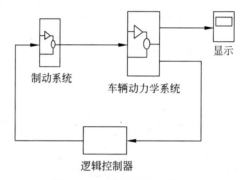

图 5-17　系统模型的结构关系

2）轮胎模型

如图 5-18 所示，轮胎模型中输入的车速和车轮的转速经合成后，首先在滑移率模块中计算出车轮的滑移率，再输入至附着系数模块中，根据由道路试验确定的附着系数公式确定该时刻的路面附着系数。

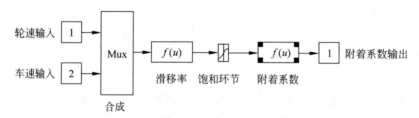

图 5-18　轮胎模型

3）车辆制动过程中车轮动力学模型

如图 5-19 所示，在车辆制动过程车轮动力学模型中，以制动器制动力矩和车辆减速度为输入参数。减速度和经积分模块换算成的速度一起，输入地面法向力模块以求得地面法向力。制动器制动力矩和实时求出的地面制动力矩进行代数求和后，输入角加速度模块，根据转动惯量求出车轮的角减速度，再经积分模块求出车轮转速。车轮转速和车速一起作为轮胎子模型的输入，计算出的制动附着系数和地面法向力，输入地面制动力模块求出地面制动力。

4）车辆制动系统模型

车辆制动系统模型如图 5-20 所示。系统输入为制动管路油压，按不同车轮分别输入，共有四组。其值由道路试验实际测得,输入形式为一个 $N \times 2$ 矩阵,第 1 列为时间变量,第 2 列为油压值。管路油压经增益模块,根据制动器模型转化为制动器制动力矩,作为车轮运力学子模块的输入。经每个车轮子模块实时计算出地面制动力矩,合成后可求出车辆的减速度。加速度经积分模块转换为速度,速度再经积分模块可转换为制动距离。

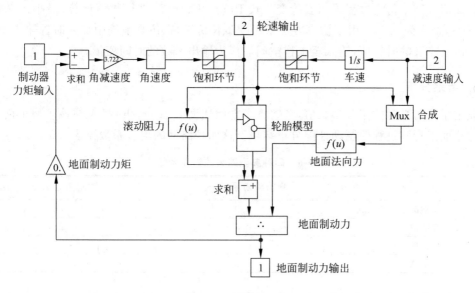

图 5-19 车辆制动过程中车轮动力学模型

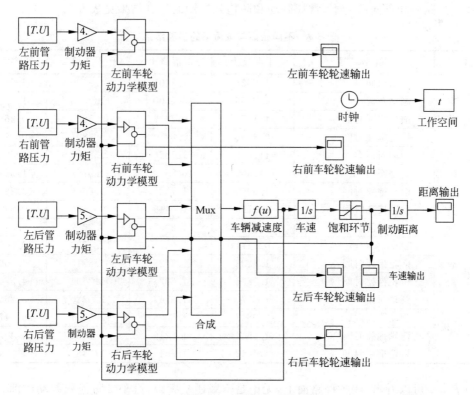

图 5-20 车辆制动系统模型

4. 仿真过程

在车辆制动系统的仿真过程中,每一时刻求得的减速度值再反馈至车轮动力学模型作为输入,而车速值则反馈至合成模块。车轮动力学模块除了输出地面制动力外,还输出车轮的转速值。整个仿真过程采用五阶变步长 Runge-Kutta 法进行数值计算,最小仿真步长为 0.001s,最大为 0.1s。由于仿真方法采用变步长仿真,在仿真系统中加入时钟输入源,记录每一仿真步长的时钟值,输入至工作空间后作为输出参数的时间变量。

5. 结果分析

设定系统仿真时的相关参数值,考察汽车初始速度为 40km/h 时,关注该车型车辆在四种典型路面上行驶过程的制动性能分析结果。这四种路面的附着系数见表 5-6。

表 5-6   四种典型路面的附着系数

路　　面	峰值附着系数 φ_{xb}	滑动附着系数 φ_{xg}
干混凝土	0.9	0.75
湿混凝土	0.8	0.7
干土路	0.7	0.65
压实雪路	0.3	0.2

1)不同路面和不同载荷的仿真结果与分析

在不同路面和不同载荷下,常规制动和防抱死制动的仿真结果见表 5-7。

表 5-7   不同路面与载荷下的仿真结果

载荷状况		参　数　项	干混凝土	湿混凝土	干土路	压实雪路
不带防抱死	空载	制动时间/s	1.6021	1.7401	1.8720	5.5813
		制动距离/m	9.8756	10.5300	11.2545	31.3631
		前轮抱死时间/s	1.1972	0.7617	0.5838	0.2684
		后轮抱死时间/s	0.8698	0.8270	0.7891	0.5959
	满载	制动时间/s	1.7092	1.7526	1.8991	5.5763
		制动距离/m	10.7302	10.9503	11.5725	31.3244
		前轮抱死时间/s	1.6950	1.7121	0.8666	0.2888
		后轮抱死时间/s	1.1765	1.0449	0.9555	0.6400
带防抱死	空载	制动时间/s	1.6766	1.8009	2.0609	5.5497
		制动距离/m	10.5271	11.0674	12.4786	30.6058
		前轮抱死时间/s	1.4333	1.5228	1.8715	4.6690
		后轮抱死时间/s	1.5866	1.6828	1.7794	4.5744
	满载	制动时间/s	1.7070	1.8547	2.0320	5.2656
		制动距离/m	10.9827	11.5505	12.5311	28.7173
		前轮抱死时间/s	1.6544	1.8216	1.9331	4.4323
		后轮抱死时间/s	1.4843	1.6646	1.8487	4.5091

由表 5-7 可以看出,在各种路面上,无论是空载还是满载,汽车带防抱死制动时前、后轮开始抱死的时间都大大延迟。这一点对提高车辆制动时的操纵稳定性特别有利,也是车辆

防抱死制动系统所要达到的最主要目的。因为车辆行驶过程中如果出现前轮抱死的情况，那么它很容易丧失转向能力，而后轮抱死时则容易发生侧滑等危险情况。

例如，车辆在附着系数较小的压实雪路上制动时，没有装备 ABS 系统的汽车前、后轮很快进入抱死状态；装备 ABS 系统的汽车，车辆制动性能得到了明显的提高，具体表现为较短的制动时间与制动距离，前、后轮抱死的时间也大大延迟了，特别是满载时的制动距离有较大的缩短。而车辆行驶在附着系数较大的混凝土路面上，装备 ABS 系统之后，似乎对汽车的制动性能提高作用并不是很大。

2）制动力矩增加与减小速率变化的仿真结果和分析

取下面三组制动力矩变化率，它们的值分别为：

Ⅰ：$U_{zf}=6750$，$U_{zr}=8750$，$U_{jf}=20250$，$U_{jr}=26250$

Ⅱ：$U_{zf}=7750$，$U_{zr}=9750$，$U_{jf}=23250$，$U_{jr}=29250$

Ⅲ：$U_{zf}=8750$，$U_{zr}=10750$，$U_{jf}=26250$，$U_{jr}=32250$

车辆在取不同制动力矩变化率时，其仿真结果见表 5-8。

表 5-8　不同制动力矩变化率时的仿真结果

组　别	参　数　项	干混凝土	压实雪路
Ⅰ	制动时间/s	1.6923	5.4153
	制动距离/m	10.7726	29.8591
Ⅱ	制动时间/s	1.6766	5.5497
	制动距离/m	10.5271	30.6058
Ⅲ	制动时间/s	1.6597	5.7334
	制动距离/m	10.3090	32.0173

由表 5-8 可以看出，在附着系数较大的干混凝土路面上，随着制动力矩变化率的增加，车辆制动时间、制动距离有减小的趋势；而在附着系数较小的压实雪路上，随着制动力矩变化率的增加，车辆制动时间、制动距离有增大的趋势。因此，在不同附着系数的路面上，应当选择不同的制动力矩变化率，以最大限度地利用地面的附着潜能，提高车辆制动性能。

3）制动系统滞后时间变化时的仿真结果与分析

车辆制动系统滞后时间变化时的仿真结果见表 5-9。由该仿真结果可以看出，随着滞后时间的增加，车辆制动时间与制动距离有增加的趋势，而 ABS 系统的调节频率有减小的趋势，防抱死制动性能越来越差，甚至提前抱死，导致防抱死失败。

表 5-9　不同滞后时间的仿真结果

滞后时间	参　数　项	干混凝土	调节次数
前轮 0.01s 后轮 0.015s	制动时间/s	1.6373	前轮 4 次 后轮 6 次
	制动距离/m	10.2962	
	前、后轮抱死时间/s	1.4845/1.5428	
前轮 0.015s 后轮 0.02s	制动时间/s	1.6766	前轮 3 次 后轮 4 次
	制动距离/m	10.5271	
	前、后轮抱死时间/s	1.4333/1.5866	

续表

滞 后 时 间	参 数 项	干 混 凝 土	调 节 次 数
前轮 0.02s 后轮 0.025s	制动时间/s	1.7285	前轮 2 次 后轮 4 次
	制动距离/m	10.6750	
	前、后轮抱死时间/s	0.7060/1.0986	

4）转动惯量变化时的仿真结果与分析

车辆转动惯量变化时的仿真结果见表 5-10。可以看出，随着车辆转动惯量的增加，制动时间与制动距离有增加的趋势，而 ABS 系统的调节频率有减小的趋势。

表 5-10　转动惯量变化时的仿真结果

参 数 项	数据及仿真结果		
车轮与轮毂的转动惯量 值/kg·m³	前轮 3.722 后轮 15.774	前轮 9.722 后轮 3.774	前轮 15.722 后轮 9.774
制动时间/s	2.0320	2.0712	2.1195
制动距离/m	12.5311	12.8074	13.1136

由上述系统仿真的分析结果可以看出，以车轮角加速度、角减速度及车轮角加速、角减速变化率为控制对象的 ABS 系统，有效地改善了汽车行驶过程中的制动性能。

在汽车行业中，车辆动力学计算机模拟是比较活跃的研究领域。随着车辆动力学的不断发展，新的仿真方法不断涌现。开展车辆动力学的计算机仿真，一方面可以在设计阶段预测车辆的动力学性能，为设计参数优化提供依据；另一方面，随着车辆控制系统的增多，需要大量的计算机仿真来取代一些真实道路上的实际试验。特别是车辆的控制系统越来越复杂，只靠道路试验无法解决一些现实问题。采用基于 MATLAB/Simulink 软件工具进行计算机仿真，软件工具本身的模块化特点，给车辆动力学系统的建模与仿真带来极大的方便。

5.5　在产品设计中的典型应用

在制造领域，企业面临着外部环境与内部环境两方面的挑战。一方面，市场客户对产品的性能、品种不断提出新的需求，追求多元化、个性化的产品消费；另一方面，企业内部及其制造系统要适应这种快速变化的要求，形成以多品种、小批量为主导的生产方式。当企业开发一个新产品时，往往难以对市场需求的不确定性风险和内部适应性进行切实有效的评估，而产品设计过程中需要兼顾下游开发各个阶段的诸多因素，如产品性能、可制造性、可装配性、制造成本等，提高企业的柔性和快速响应市场的能力，成为发展智能制造的重点。

最近几十年来建模与仿真技术快速发展，系统仿真技术已向人们展示了其在复杂产品设计与分析领域的重要作用和巨大能力。建模与仿真技术是虚拟样机、虚拟制造、数字孪生等的主要支撑技术，可以为复杂产品的设计开发、性能分析、加工制造、生产组织及系统优化等提供一个虚拟的仿真环境，从而在实际投入生产前对产品的可制造性和可生产性等各方面进行性能评估与分析论证，确保复杂产品设计开发的一次成功率，缩短产品开发周期。

虚拟产品开发(virtual product development,VPD)是一种先进的产品开发方式,它能够在计算机虚拟环境下构思、设计、分析、制造和测试产品,以解决复杂产品开发中可能体现在时间、成本、质量诸多方面存在的重大问题。VPD 的实现需要一系列计算机辅助工具的支持,如 CAD 提供三维数字化建模,CAM 则可对加工制造过程进行仿真,而各个专业领域的 CAE 分析软件是 VPD 最重要的工具,如有限元分析、运动学分析、动力学分析、耐疲劳性分析、碰撞过程仿真及计算流体力学等,利用计算机仿真实验来尽可能多地取代实物原型试验,用计算机仿真分析的结果来代替传统上通过许多实物样机的实验测试来改进设计。仿真技术在产品设计/开发过程中所占的比重越来越大,已经涵盖了包括动力学、热力学、液压、电子和控制等多个领域。

汽车是一种典型的机电一体化复杂产品,本节通过对汽车产品设计中单领域仿真技术的典型应用的介绍,我们可以看出,随着计算机仿真技术的飞速发展,计算机仿真可以应用于产品设计的各个方面,为产品的设计开发提供了强有力的工具和手段。

对于汽车这种复杂产品的设计开发,需要考虑的因素非常多,控制的难度也非常大。从空间上分析,一个系统的设计需要考虑到同其他系统之间的配合问题,尽量避免出现冲突现象,一旦发现冲突要及时进行协调;从时间上分析,在系统的设计阶段需要考虑到可制造性、可装配性及其他在后继环节才能表现出来的性能特点,防止由于设计失误出现大规模返工现象。实际上,很多问题是非常隐蔽的,有些只有到了下游环节才能充分暴露出来。在这种情况下,如果没有一种有效的技术支持在早期对设计方案进行分析验证,必然出现在设计阶段考虑不全面、顾此失彼的现象,这也是传统设计方法周期长、费用高的主要原因之一。

仿真技术在汽车产品开发中应用广泛,如图 5-21 所示。在汽车设计开发过程中,可以全面采用计算机仿真技术,在新车型的样车定型之前,完成数字化汽车的设计,在设计阶段对汽车的总体性能匹配和车身系统布置设计等进行仿真分析、评价及改进,甚至不再需要建立一个完整的物理样车。如图 5-22 所示,轿车产品全生命周期中不同阶段涉及诸多的设计与仿真活动。计算机仿真技术的应用,使得开发人员在设计的早期就可以通过仿真的手段来对方案进行验证,尽早发现其中存在的问题,从而为以上问题提供了有效的解决方案。

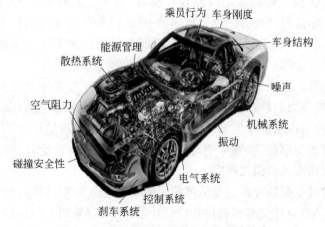

图 5-21　车辆产品涉及的专业子系统仿真

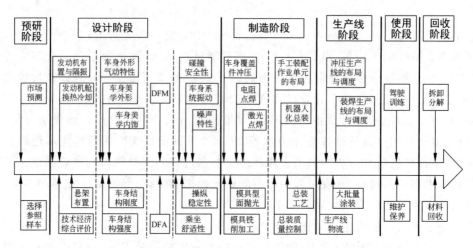

图 5-22 轿车产品全生命周期中不同阶段的设计与仿真活动

一般来说,各个专业领域的 CAE 分析软件可以应用于汽车的概念设计、详细设计、样车实验、生产制造、车型改进等各个阶段。

汽车方案设计阶段的主要任务是根据市场的发展和客户的需求等信息进行需求定义,包括参考样车选型、系统功能定义、技术经济评价等。在方案设计阶段实际样车并不存在,设计人员需要建立不同的功能模型来比较不同方案的优劣,并为进一步的设计提供决策依据。

在汽车的详细设计阶段,各种 CAX/DFX 工具已经得到广泛的应用,具有比较完善的数字化基础,因而这个阶段的仿真活动是同这些计算机辅助工具紧密结合的。详细设计阶段仿真的主要目的是对设计结果进行验证和评估,通常有以下几个方面。

1. 汽车零部件的静态、动态性能分析

基于零部件的 CAD 主模型及各种仿真简化模型,从运动学、动力学、热力学等各个方面对零部件的性能进行仿真分析。常用的仿真软件有 ADAMS、Nastran、ANSYS 等。

例如,悬架是汽车上重要的总成,悬架的设计方案对最终设计出的汽车的性能有重大影响。当汽车行驶在颠簸的路面上或曲线行驶时,由于左右两侧车轮的垂直载荷出现变化,汽车将发生侧倾,这时即使方向盘转角固定不动,因为前悬架导向杆系和转向杆系的运动及变形,转向总成也会绕主销小角度转动,引起前轮转动而损害汽车的操纵稳定性。因此在悬架系统的设计阶段,分析和预测侧倾特性参数是非常必要的。

汽车结构强度分析是新车型结构设计中的重要内容,强度是车身结构在正常行驶时能承受的载荷,通常用应力的峰值来表示结构强度的性能,而刚度是汽车结构在某种情况下的许可变形量,在外力作用下发生单位变形的情况,用刚度表示结构抵抗变形的能力,工程师一般比较关注宏观变形量、微观应力这两个指标,汽车结构在受力条件下其应力是否超过材料本身的屈服极限或者强度极限。

汽车零部件的可装配性分析主要从可装配的角度对汽车零部件的设计进行仿真分析、验证。目前许多 CAD 设计工具都提供相应的功能,也可以采用专门的仿真软件进行仿真。例如,从装配仿真的角度对装配序列规划进行详细分析,建立一个层级关联关系模型描述

机械产品零部件的层次关系、装配关联关系，并进行相应的分析研究。

2. 汽车外部空气动力学分析和内部流体分析

汽车外部空气动力学分析是计算流体力学 CFD 的典型应用。外部空气动力学性能对汽车行车安全的稳定性、汽车油耗都有非常重要的影响。通过汽车外部空气动力学仿真，人们在产品设计阶段即可对汽车进行外部空气动力学分析和空气声学的仿真研究，从而验证汽车外形设计是否满足空气动力学要求，并可能进行汽车外形的优化设计。

流场分析是基于计算流体力学 CFD 的分析方法。汽车空气动力学的性能分析将影响整车的造型、风阻、风噪、稳定性等，在汽车车型开发中的应用非常广泛。例如，汽车车型的外流分析，以获得较低的空气阻力系数；汽车发动机舱的流场分析，使流场分布通畅，以便将发动机产生的热量高效地带出舱外；发动机燃烧及排放分析；发动机进排气及水套流场分析；车内乘员空间的冷热舒适及风窗玻璃除霜除雾分析。这些仿真分析结果对于提升整车空气动力学性能都有重要影响。

除了用于外部空气动力学的分析，计算流体力学 CFD 还可用于汽车设计的以下方面：

(1) 车内气候控制(climate control)。可用于车厢内的气流分布分析；对除霜管道的形状和位置进行优化，以取得较好除霜效果；车厢内制冷、加热仿真分析。此外，计算流体力学 CFD 还可用于采暖、通风和空调(HVAC)单元，对压力通风罩的几何形状进行优化设计等。

(2) 引擎盖下总成的空气动力学/热力学管理(aerodynamics/thermal management)。包括在高速和空载情况下发动机前端冷却气流的确定；引擎盖下关键零部件温度场分析，以确保不会发生热失效。

(3) 功率系(power-train)零部件的优化。对各种零部件，如发动机进气、排气歧管的形状优化；对废气排放系统的优化，如消声器和催化变换器优化；对发动机头部冷却罩的气流分布进行分析等。

3. 汽车外载荷及耐疲劳性分析

汽车在路面激励、发动机的怠速和工作转速的激励等外载荷作用下发生振动，利用有限元分析方法对汽车结构的振型、频率和阻尼等模态参数，以及对汽车结构的振动噪声和舒适性(NVH，Noise、Vibration，Harshness)进行分析。汽车的 NVH 性能与乘坐舒适性直接相关，性能良好的 NVH 设计方案，会让车内的乘员感觉到更平稳和舒适。汽车的 NVH 仿真分析涉及范围广，比如整车 NVH、白车身 NVH、发动机 NVH、动力总成的悬置系统 NVH、进排气系统 NVH、传动系统 NVH、路面-轮胎-悬架系统的 NVH 等。通常采用的方法是首先对各个子系统的 NVH 问题进行建模仿真和性能分析，然后再整合起来解决系统集成后整车层面的 NVH 仿真分析问题。

耐疲劳性主要是针对汽车在正常的使用条件下，车体各个主要结构部件在功能失效前能够经历的持久时间或者失效时的行驶里程数。目前，一般利用道路试验所采集的载荷数据，采用 CAE 计算车身及关键部件连接处载荷的受力性能，用有限元法计算单位载荷作用下的应力应变，结合材料的疲劳破坏试验曲线，计算车身及关键部件在动载荷作用下的疲劳寿命，从而极大地减少汽车在实际道路上各种路面模拟试验的次数。

4. 汽车的可操作性分析

车辆的可操作性仿真是指利用整车多体动力学模型,对驾驶人员在采用各种不同驾驶方法的情况下,对车辆的侧倾稳定性进行仿真研究。由于车辆可操作性能的重要性,国际标准化组织 ISO 已经制定了大量的有关车辆可操作性测试的标准。

用于车辆操作仿真的整车模型通常由以下几个部分构成:①悬架;②转向系统;③车轮;④轮胎;⑤车辆惯性等。其中,悬架对于车辆的可操作性和乘坐舒适性有着决定性的影响。悬架的功能主要有两个,一个是将车身与不规则路面隔绝开,从而提高乘坐舒适性;另一个则是保持轮胎和路面的接触性,使路面的不规则性,以及车身的弹跳、俯仰和侧倾不会危及车辆的方向控制及稳定性。

通过对整车模型的操作仿真,可以得到汽车的轮胎受力情况,汽车前、后侧倾中心高度的垂直摆幅等性能参数,并可以对为提高车辆性能所进行的各种修改进行评估分析;另外,还可以预测车辆在各种极限条件下的性能。

5. 整车性能的分析评价与预测

从整体的角度对汽车的各种性能进行分析与预测,包括汽车的空气动力学特性、声学特性、振动特性、操纵稳定性、乘坐舒适性、碰撞安全性等。通过计算机仿真,可以大大减少对物理样车试验的要求,而且具有费用低、便于修改、试验结果可存储可回放等优点。

例如,汽车安全性通常分为主动安全与被动安全两部分。主动安全领域更多涉及电子和软件控制系统,需要对控制系统进行建模、仿真和程序测试;而被动安全领域则涉及汽车碰撞、车身性能优化、材料性能研究等。当汽车碰撞发生时,车身结构、驾驶系统、乘员座位等能够吸收较高的碰撞动能,缓和冲击影响,确保车内乘员生存空间、安全气囊、座椅安全带等对乘员的保护功能。这些方面均需要利用 CAE 技术进行仿真建模分析。目前,几乎每一款车型都要进行碰撞安全性的 CAE 仿真分析,并根据不同需求设计出合理的安全车身结构。

6. 仿真在汽车其他阶段的应用

除了在汽车设计阶段大量应用仿真技术,仿真技术也还正被逐渐应用到制造、生产线、销售、使用和回收阶段。

在制造阶段需要从技术角度出发,对产品的制造工艺进行数值模拟与优化,对制造装备进行数值模拟与改进。典型的如汽车车身覆盖件冲压成型工艺的数值模拟、模具型面抛光仿真等。

计算机仿真技术在汽车生产线阶段的主要应用包括确定生产管理控制策略、车间层的设计和调度、库存的规划管理等。其中,用于生产管理控制策略的仿真包括确定有关参数及用于不同控制策略之间的比较;用于车间设计和调度的仿真主要用于对各种可能方案进行分析评价,进而选择出最优方案;用于库存管理的仿真主要目的为确定订货策略、确定订货点和订货批量、确定仓库的分布及确定安全库存水平等。

汽车的使用阶段,可以通过计算机仿真技术对用户进行驾驶培训、维修培训等。同生产设计阶段的仿真相比,这种面向用户的仿真大量应用了虚拟现实技术,由计算机全部或部分生成的多维感觉环境,使参与者产生沉浸感。通过这个虚拟环境,人们可以进行观察、感知和决策等活动。

在回收阶段,计算机仿真技术可以用于为产品拆卸分解过程提供决策支持。产品材料的使用和产品结构的合理性,直接影响废旧产品的可拆卸和回收价值。利用计算机仿真技术对产品回收拆卸序列的分析和优化,可以对现有产品给出最大回收价值的拆卸方案。

由此可见,计算机仿真技术已经广泛应用于汽车产品生命周期中的各个阶段,CAE技术的应用几乎贯穿着汽车设计研发的整个流程,特别是在试验样车之前通过CAE来验证整车性能,优化设计方案,可以极大地降低整车开发的风险,提升设计开发的效率。因此,产品设计的全数字化和仿真技术的广泛应用已经成为汽车领域数字化技术的发展趋势,在现代汽车产品开发中扮演越来越重要的角色,并且对整个汽车工业产生了革命性的影响。

5.6　小结

仿真技术已经在制造领域得到了大量的技术开发和工程应用。单领域仿真是将复杂产品按照各个组成部分所涉及的不同领域划分为不同的子系统,而对不同的子系统进行性能仿真。在单领域仿真过程中,对某个子系统进行仿真建模时,往往会对存在系统耦合关系的其他子系统模型进行简化处理。这样的简化,使得模型建立过程和整个仿真过程比较简单。在仿真对输出/输入参数要求不是十分严格的情况下,其结果也能够符合设计指标的要求。目前,单领域仿真在产品设计中被广泛采用。

在制造领域,复杂产品的连续系统模型一般可以描述成微分方程组的形式。单一系统变步长仿真的基本思想是基于误差估计来控制步长,理论相对成熟,高效、实用的算法比较多。本章介绍了用于步长控制的局部截断误差估计方法和仿真步长控制策略。

本章详细讨论了机械系统和控制系统的建模仿真技术。同时,结合汽车产品设计中单领域仿真技术的典型应用,说明了单领域仿真技术在复杂产品设计开发中的广泛应用场景。

本章内容的介绍,使读者了解如何利用商用CAE仿真软件进行仿真应用的建模过程和分析方法,对单领域仿真技术在制造领域的实际应用有一定的认识。然而,随着产品复杂度的提高,我们需要在设计开发过程中更多地考虑产品的整体性能,单领域仿真技术已不能满足系统层面的建模仿真要求,因而提出了多领域协同仿真方法。这正是下一章要讨论的内容。

习题

1. 简述单领域系统仿真的基本思想,并举 $1\sim2$ 个实例说明。

2. 试分析单一系统仿真步长控制的基本原理。

3. 试推导二阶龙格-库塔法的截断误差系数。

4. 在给定的初始条件下,用 MATLAB 求微分方程的数值解,并画出函数曲线,$\dot{x} = x - \dfrac{1}{x}, x(0) = 1, t \in [0,2]$。

5. 已知方程 $\dot{y}(t)=-\dfrac{1}{\tau}y(t)$，$\tau$ 为系统的时间常数，试用四阶龙格-库塔法进行积分计算。为保证系统设计稳定，计算步长 h 最大不能超过多少？

6. 分别用欧拉法和龙格-库塔法计算系统 $G(s)=\dfrac{100(5s+1)}{(10s+1)(s+1)(0.15s+1)}$ 在单位阶跃激励下的瞬态响应。

(1) 选择相同的步长 $h=0.05$，试比较计算结果。

(2) 选择不同的步长，欧拉法 $h=0.001$，二阶龙格-库塔法 $h=0.01$，四阶龙格-库塔法 $h=0.05$，试比较计算结果。

7. 结合四阶龙格-库塔法，试用 MATLAB 编程求解系统 $G(s)=\dfrac{10}{s(s+1)(s+2)}$ 的单位阶跃响应的数值解，已知初始条件为 $y(0)=1$。

8. 某控制系统：$\begin{bmatrix} \dot{x}_1 \\ \dot{x}_2 \end{bmatrix} \begin{bmatrix} -0.5 & -0.8 \\ 0.8 & 0 \end{bmatrix} = \begin{bmatrix} x_1 \\ x_2 \end{bmatrix} + \begin{bmatrix} 1 \\ 0 \end{bmatrix}u,\ y=\begin{bmatrix} 2.1 & 6.3 \end{bmatrix}\begin{bmatrix} x_1 \\ x_2 \end{bmatrix} + \begin{bmatrix} 0 \end{bmatrix}u$，将系统离散化，采样周期为 $T=0.5\mathrm{s}$，试求系统在初始条件为 $x_0=\begin{bmatrix} 1 & 0 \end{bmatrix}$ 时的零输入响应。

9. 已知单位负反馈系统前向通道的传递函数为 $G(s)=\dfrac{80}{s^2+2s}$，试在 MATLAB 中完成仿真和作出其单位阶跃响应曲线与误差响应曲线。

10. 已知某控制系统的闭环传递函数为 $G(s)=\dfrac{s^3+7s^2+24s+24}{s^4+25s^3+35s^2+50s+24}$，试利用 Simulink 动态结构图的时域响应仿真工具，绘制其单位阶跃响应曲线。

11. 已知某控制系统的开环传递函数 $G(s)H(s)=\dfrac{75(0.2s+1)}{s(s^2+16s+100)}$，试用 MATLAB 中 Bode 图法判断其闭环系统的稳定性，并用阶跃响应曲线验证。

12. 已知系统开环的传递函数 $G(s)H(s)=\dfrac{K}{s(0.5s+8)(s+1)}$，试用 MATLAB 工具对该系统的稳定性进行分析，并用根轨迹设计器对系统进行补偿设计，使系统单位阶跃给定响应一次超调 $\sigma \leqslant 20\%$ 后即衰减到稳定值，调节时间 $t_s \leqslant 5\mathrm{s}$；并在根轨迹设计器中观察根轨迹图与 Bode 图，以及系统阶跃给定响应曲线。

13. 设某控制系统的状态空间表达式为 $\begin{cases} \dot{x}=\begin{bmatrix} 0 & 0 & -2 \\ 1 & 0 & 9 \\ 0 & 1 & 0 \end{bmatrix}x + \begin{bmatrix} 3 \\ 2 \\ 1 \end{bmatrix}u \\ y=\begin{bmatrix} 0 & 0 & 1 \end{bmatrix}x \end{cases}$，试利用 MATLAB 工具判别该系统的能观测性，并设计一个状态观测器，使极点为 $-3,-4,-5$。

第6章

多领域协同仿真

协同仿真是近年来虚拟样机技术领域的热点研究问题。复杂产品往往是机电一体化系统,本身涉及机械、控制、液压、电子、软件等多个不同领域,其仿真对象是由多个子系统构成的耦合模型,要想对复杂产品进行系统性能的综合分析,传统的单学科仿真技术难以满足要求。在此背景下,发展了多学科协同仿真技术,将机、电、液、控等多个领域的子系统集成为一个整体进行联合仿真,已成为计算机仿真技术在复杂产品开发中的发展趋势。

本章将围绕复杂产品多学科协同仿真的核心思想、基础理论、计算方法和典型应用等内容予以介绍。

6.1 协同仿真的产生及其内涵

复杂产品具有机、电、液、控等多领域耦合的显著特点,如飞行器、工程车辆、复杂机电产品、大型装备等,其集成化开发需要在设计早期综合考虑多学科协同和模型耦合问题,通过系统层面的仿真分析和优化设计,提高整体的综合性能。

在计算机数值仿真领域,单领域仿真技术及其应用已经过多年的实践检验,随着计算机仿真技术的发展,研究对象的复杂程度也在不断增加,而复杂产品通常是机械、控制、液压、电子、软件等不同学科领域子系统的组合,多学科耦合作用问题突出。

由于复杂产品行为的复杂性,当仿真对象是一个由多领域系统构成的耦合模型时,利用数学解析的求解方法,往往难以满足要求,甚至几乎是不可能的。同时,要想对这些复杂产品进行完整、准确的仿真分析,传统的单学科仿真技术难以满足复杂产品设计分析的要求。例如,飞行器是集机械、液压、电子于一体的非线性复杂系统,其动力学特性涉及机械、液压、控制、流体、多体动力学等多个不同学科、多个不同领域。为了满足复杂产品在各种环境和人的各种不同操作下的各种行为要求,传统的复杂产品设计往往采用实物验证的方法。首先加工出实物样机,然后将其置于各种不同环境和在人的各种不同操作下,对其各种行为进行评估,看其能否满足各种行为要求,如此反复直至满足全部要求为止。这种方法不仅开发周期很长、开发成本很高,而且难以根据产品行为要求进行产品优化设计。

在这种背景下,人们提出了多学科协同仿真技术,将机械、控制、电子、液压、软件等不同学科领域的子系统作为一个整体,实现各仿真工具之间的信息集成和数据交换,进而实现子系统在不同学科领域的交互运行和联合仿真,利用多学科设计优化技术促进产品性能,使所设计出来的复杂产品能够满足人们对复杂产品的各种行为要求。

事实上,现代产品开发本身是多学科协同设计的过程。在产品开发过程中,无论是系统级的方案设计,还是部件级的详细参数规格设计,都可能涉及多个不同的子系统和相关学科领域,而各子系统之间则具有交互耦合作用,共同组成完整的功能系统,在以往的仿真分析中,这类耦合作用是很难考虑的,多学科联合仿真技术可以将不同领域的仿真模型组装为仿真模型,为这类问题的解决提供了一种手段。

在产品设计阶段考虑产品生命周期后续各个阶段的要求,将产品模型、产品的使用环境模型和人的操作模型组合在一起,通过仿真,分析评估产品在各种不同环境和人的各种不同操作下的使用性能。例如,将汽车置于各种不同路面和各种大气环境,在驾驶人员的各种不同操作下(如不同的驾驶速度和各种驾驶方法),通过协同仿真,分析评估汽车的可操作性能,乘坐舒适性,刹车性能,油耗、废气排放性能,噪声振动性能。另外,也可以将汽车置于各种不同路面和各种大气环境,在驾驶人员的各种不同操作下,同某个物体发生碰撞,通过仿真手段分析评估汽车的碰撞性能、安全气囊保护性能。

目前,各领域基本上具备了高度专业化的 CAE 软件分析手段,但涉及多领域的产品性能整体优化仍是难点之一。不同仿真软件之间建立连接关系后,其中某一仿真软件所包含的模型可以将自己计算的结果作为系统输入信号传递给另一仿真软件所建立的模型,这种指令包括力、力矩、驱动等典型信号,后者的模型在该信号的作用下产生相关响应量,如位移、速度、加速度等,这些响应量又可以反馈给前者的模型。这样仿真数据就可以在不同的仿真分析软件之间双向传递,比如车辆多体动力学与控制系统的联合仿真就是这类典型的应用。

在多学科联合建模与仿真过程中,需要不同仿真建模工具的协同。通常有两种不同的协同方式:一种方式是建模工具之间输入、输出关系的"上下游"协同,即某个建模工具的仿真结果输出,成为另一个建模工具的输入,如图 6-1 所示。其典型的应用案例如汽车的耐疲劳性仿真,首先建立整车多体动力学模型、路面模型、驾驶模型。然后利用整车多体动力学仿真得出在各种路面、各种驾驶条件下,车辆关键零部件的动态负载;并将上面得到的动态负载输入关键零部件的有限元模型中去,进行该零部件的应力、应变分布分析。最后将应力、应变分布,以及材料属性输入疲劳分析软件中进行分析,从而预测该关键零部件的疲劳寿命。另一种方式则是,复杂产品的仿真建模往往需要同时使用多个仿真建模工具,每个仿真建模工具负责复杂产品某个子系统的建模,而将不同建模工具的子系统模型构成一个完整的系统仿真模型,即"模型组合"关系,如图 6-2 所示。例如,福特公司在 VAC 控制系统开发中,利用多种仿真建模工具完成建模再进行协同仿真,包括:利用多体动力学仿真软件 ADAMS 对整车多体动力学进行建模,获取整车多体动力学模型;利用控制系统仿真软件 MATRIXx/Xmath 对控制系统和前、后液压作动器进行建模,获得控制系统模型和前、后液压作动器模型。

图 6-1 仿真工具的接口关系

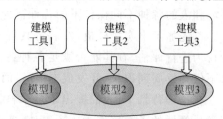

图 6-2 仿真工具的多学科模型组合

不同 CAE 仿真软件之间建立接口连接关系后,某一仿真软件所包含的模型就可以将计算结果(如力、力矩、驱动参数等)作为系统输入传递给另一仿真软件中的模型,后者的模型在该输入信号的作用下产生相关响应量,如位移、速度、加速度等,接着又将这些响应量及时反馈给前者的模型。这样仿真数据就可以在不同的仿真分析软件之间双向传递,从而实现多领域 CAE 的联合仿真。

6.2 协同仿真机理

6.2.1 协同机理

协同仿真技术是通过对物理系统的耦合建模和协同计算,来实现复杂工程系统的多学科综合分析和性能优化,在复杂产品开发领域有着非常广泛的应用。

复杂工程系统设计中存在大量多学科耦合建模与协同计算的实例。例如,不同路面、各种驾驶条件下的汽车姿态控制和整车多体动力学仿真问题;高速列车运行安全性分析中的流场动力学、姿态稳定性、气动载荷和系统响应的耦合建模与计算问题;飞行器飞行过程中的动力学性能、姿态稳定性和系统控制问题;大型燃气轮机流-热-固多场耦合计算问题;复杂机电装备机-电-液协同参数设计问题;等等。这些复杂产品设计中设计变量多、关联关系复杂、系统高度耦合,往往难以对复杂产品进行直接求解和整体优化设计。

目前,尽管传统的建模与仿真技术发展日趋完善,出现了很多成熟的商用仿真软件,典型的如机械系统动力学分析软件 ADAMS、结构强度有限元分析软件 Patran/Nastran、多场耦合分析软件 ANSYS Multiphysics、热结构分析软件 ABAQUS、控制系统仿真分析软件 MATLAB/Simulink 等,这些商用 CAE 软件为各领域子系统的设计建模和仿真分析提供了非常强大的功能,可以分别对动力学、电子、控制、液压等不同学科进行仿真分析。然而,仅仅通过对单个子系统模型的仿真分析,并不能对复杂产品的整体性能进行合理的评估,并且其忽略了子系统之间的耦合关系而导致仿真置信度降低,这样也就难以实现复杂产品整体性能的优化设计。

复杂产品多学科耦合建模与协同计算是实现协同仿真的核心问题。对于复杂产品虚拟样机的多学科开发而言,由于各个子系统一般都有各自的设计要求和约束条件,采用协同仿真时需要根据各个子系统之间内在的耦合关系,建立能够反映复杂产品运行机理的多学科耦合模型,并进行协同求解和数值仿真。

复杂产品各子系统模型之间存在复杂的耦合关系,为了实现对复杂产品的多学科仿真分析,需要综合考虑学科模型之间的约束耦合。图 6-3 表示复杂产品各子系统模型之间存在耦合关系的示意图,不失一般性表示,X_i 为某学科模型 i 中的设计向量,G_i 为某学科模型 i 中的输出向量,Y_{ij} 为学科模型 i 影响学科模型 j 的关联耦合变量。在复杂产品的多学科耦合模型中,当某个学科模型中的设计参数发生改变时,其影响将通过模型之间的关联变量进行传播,并引起其他子系统模型的指标空间和相关的设计参数发生相应的变化。在复杂产品的多学科协同仿真过程中,这些耦合向量需要由参与协同仿真的各学科模型之间的协同交互来保证。

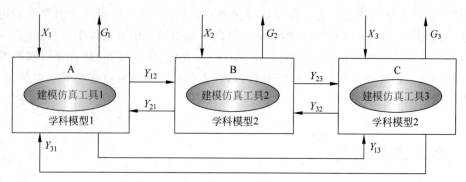

图 6-3 复杂产品多学科模型的耦合关系示意图

6.2.2 模型描述

针对复杂产品连续系统状态下的协同仿真建模问题,实际产品设计中所涉及的设计对象的动态特性,在广义约束模型中应采用微分形式的时变约束条件来描述。为了考虑复杂产品运动学、动力学模型的协同仿真要求,将多学科协同仿真的系统模型表示成微分方程组的组合形式,以此建立复杂产品的多学科耦合模型。

复杂产品一般为连续系统,其模型一般可以描述成微分方程组的形式。假设一个完整系统的模型可以描述为大型常微分方程组的初值问题,即

$$\frac{\mathrm{d}z(t)}{\mathrm{d}t} = f[z(t),t], z(t_0) = z_0, \quad z \in \mathbf{R}^{M+N} \tag{6-1}$$

其中,t 是时间,$z(t)$ 是状态向量。对模型的仿真过程就是对该微分方程组的求解过程。

考虑一个常微分方程组式(6-1)描述的系统,当一个整体系统被分解成多个子系统模型后,相当于一个完整的微分方程组被拆分成多个相互耦合的子微分方程组。为简单起见,将式(6-1)分解成式(6-2)和式(6-3)的两个子系统 S_1、S_2:

$$\begin{cases} \dfrac{\mathrm{d}z_1(t)}{\mathrm{d}t} = f_1[z_1(t), Y_{21}(t), t], & z_1(t_0) = z_{10}, z_1 \in \mathbf{R}^M \\ Y_{12}(t) = y_1[z_1(t), Y_{21}(t), t], & Y_{12} \in \mathbf{R}^S \end{cases} \tag{6-2}$$

$$\begin{cases} \dfrac{\mathrm{d}z_2(t)}{\mathrm{d}t} = f_2[z_2(t), Y_{12}(t), t], & z_2(t_0) = z_{20}, z_2 \in \mathbf{R}^N \\ Y_{21}(t) = y_2[z_2(t), Y_{12}(t), t], & Y_{21} \in \mathbf{R}^T \end{cases} \tag{6-3}$$

其中,$z_1(t)$,$z_2(t)$ 分别是子模型 1、2 的状态向量,$Y_{12}(t)$,$Y_{21}(t)$ 分别是子模型 1、2 的输出向量,同时也分别是子模型 2、1 的输入向量。

6.2.3 模型求解理论基础

基于以上的模型分解,对完整微分方程组的数值积分求解过程就转化为对多个子微分方程组运用不同的数值积分器进行求解的过程,类似于数值计算中采用的基于系统分割的组合算法。

将式(6-2)和式(6-3)的两个子系统 S_1、S_2 模型表示为如下形式:

$$\frac{\mathrm{d}z_1}{\mathrm{d}t} = f_1(z_1, \tilde{z}_2, t), z_1(t_0) = z_{10}, \quad z_1 \in \mathbf{R}^M \tag{6-4}$$

$$\frac{\mathrm{d}z_2}{\mathrm{d}t} = f_2(z_2, \tilde{z}_1, t), z_2(t_0) = z_{20}, \quad z_2 \in \mathbf{R}^N \tag{6-5}$$

假设式(6-4)子系统 S_1 是快变系统,其积分方法为 F,积分步长为 h;式(6-5)子系统 S_2 是慢变系统,其积分方法为 S,积分步长为 $H,H=rh,r>0$。在计算一个子系统的右端函数时耦合变量用另一个子系统输出结果的插值代替,分别表示为 $\tilde{z}_1, \tilde{z}_2$,其中,子系统 S_1 采用插值公式 I,子系统 S_2 采用插值公式 J,插值公式可以是 Lagrange 多项式或 Hermite 多项式。假设 $t_{m,F}$ 是方法 F 的节点,$t_{n,s}$ 是方法 S 的节点,则在 $t_{n,s}$ 和 $t_{n+1,s}$ 之间有方法 F 的 $r-1$ 个节点,如图 6-4 所示。

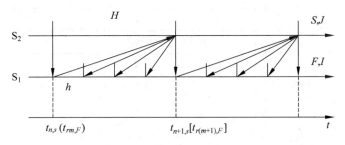

图 6-4　多速率系统积分过程

假设 $t_{n,s}$ 时刻方法 S 和 F 的数值解分别为 $z_{2n,s}, f_{2n,s}, z_{1rm,F}, f_{1rm,F}$,其中,$t_{n,s} = t_{n-1,s} + H = t_{r(m-1),F} + rh = t_{rm,F}$。一个通用的组合算法如图 6-5 所示。

该算法实际上是一种并行算法,因所有第 $i+1$ 个循环内的数值解均得自第 i 个循环及以前的解的插值。因此,步骤 1 到步骤 5 和步骤 6 到步骤 7 可以同时执行。

对于拉格朗日(Lagrange)插值多项式,设函数 $f(t)$ 在区间 $[a,b]$ 上 $n+1$ 个互异节点 $t_0, t_1, \cdots, t_n$ 上的函数值分别为 $y_0, y_1, \cdots, y_n$,n 次 Lagrange 插值多项式 $L_n(t)$ 表示为

$$L_n(t) = y_0 l_0(t) + y_1 l_1(t) + \cdots + y_n l_n(t) = \sum_{i=0}^{n} y_i l_i(t) \tag{6-6}$$

其中,$l_i(t) = \dfrac{(t-t_0)(t-t_1)\cdots(t-t_{i-1})(t-t_{i+1})\cdots(t-t_n)}{(t_i-t_0)(t_i-t_1)\cdots(t_i-t_{i-1})(t_i-t_{i+1})\cdots(t_i-t_n)}$,而 $l_0(t), l_1(t), \cdots,$
$l_n(t)$ 称为以 $t_0, t_1, \cdots, t_n$ 为节点的 n 次插值基函数。

则式(6-6)表示的 $L_n(t)$ 是一个次数不超过 n 的多项式,且满足 $L_n(t_i) = y_i, i = 0,$
$1, \cdots, n$。

有学者已经证明了该组合算法能收敛到系统分解前微分方程组的真实解,并研究了其收敛阶,有如下定理:

定理 6-1:如果积分方法 F,S 和插值公式 I,J 的阶分别是 p_1, p_2, p_3, p_4,则算法的收敛阶为 p,p 是它们之中最小者。

该定理表明,插值公式阶数的选取要根据积分方法的阶数来确定,若插值公式的阶数取得太高,则容易引起积分不稳定性,若取得太低,则会使算法的收敛阶降低。

该定理对其适用范围作了如下限定:系统方程采用微分方程描述,不能出现分段函数等不连续的情况,而实际建模过程中也应尽量避免使用非连续函数对系统进行描述。系统分解的个数可以是两个或更多个数;积分的方法可以是单步法也可以是多步法。该定理虽然是基于等步长积分方法而做出的,但同样适用于变步长方法的场合。这一结论可以有效

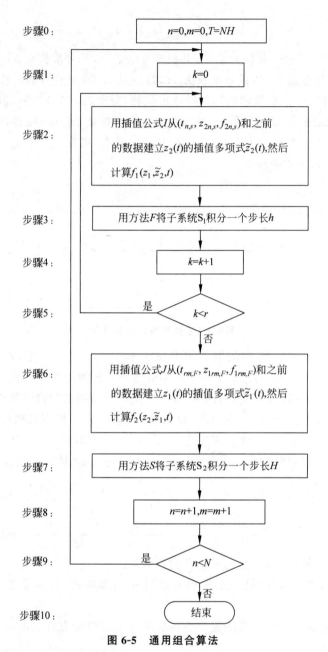

图 6-5 通用组合算法

支持类似基于这种分解方式的组合算法,包括复杂产品多学科协同仿真的求解过程。

然而,对于复杂产品的多学科协同仿真而言,首先,其系统分解方式实际上并非基于快慢子系统的划分,它们通常事先分解成动力学、控制、液压等多个子系统,相互之间并不存在快慢关系,采用的积分计算方法也是多种多样的;其次,除了基于常微分方程(ODE)表示的模型,实际的产品模型也可以是基于微分代数方程(DAE)的描述,其积分计算过程更为复杂。此外,该微分方程的组合求解算法中耦合变量的表示方式是一个子系统的输入向量直接由另一个子系统的状态变量获得,复杂产品协同仿真的实际情况更加复杂,一般而言,某个子系统的输入向量往往来自另一个子系统的状态变量、输入向量和时间的函数。因此,需要对该组合算法加以扩展,以支持复杂产品多学科协同仿真的实际应用。

6.3　协同仿真方法

6.3.1　基于联合步长的协同仿真算法

定理 6-1 要求子系统之间的数据交换在积分步上进行,而复杂产品的多学科协同仿真过程中,其仿真步长的联合推进往往是由学科软件的外部步长控制,学科软件在提供外部接口时,只允许用户从一个时间段推进到另一个时间段,而其内部的积分过程一般是不可控的。因此,需要将定理 6-1 的条件放宽,即使子系统间的数据交换在联合仿真步上进行,联合仿真步长一般包含多个积分步,这样就可以研究得到基于联合仿真步的组合算法。

1. 基于协调器的协同仿真求解框架

对于某个完整系统的协同仿真模型,分解成两个耦合的子模型式(6-2)和式(6-3),该复杂产品多学科协同仿真模型的求解过程可以用图 6-6 来表示。

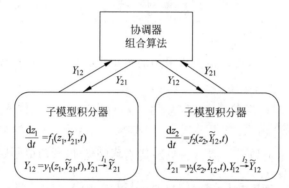

图 6-6　基于协调器的协同仿真模型求解

每个子模型采用一组微分方程来描述,并由各自的积分器求解。每个子模型包含两组耦合向量,即输入向量和输出向量,表示子模型之间的交互信息。协调器采用基于组合算法的思想,协调每个子模型积分器的求解过程。当推进一个积分步时每个子模型积分器向协调器发送输出向量,同时接收输入向量。为了使积分步之间能够衔接起来,每个子模型的输入向量都采用插值算法获得,即图 6-6 中的 $\widetilde{Y}_{21}$,$\widetilde{Y}_{12}$,其中 I_1,I_2 为插值公式。

2. 等步长联合仿真算法

为简化起见,这里只考虑联合仿真步是等步长的情况,来分析模型分解后式(6-2)和式(6-3)所表示的耦合子模型求解算法。

如图 6-7 所示,用点 $t_i = t_0 + iH$,$i = 0,1,2,\cdots,N$ 将 $[t_0,t_N]$ 离散化成 N 等份,H 为联合仿真步长。用点 $t_{i,j+1} = t_{ij} + h_{1j}$,$j = 0,1,2,\cdots,M_{1i}-1$ 将区间 $[t_i,t_{i+1}]$ 离散化成 M_{1i} 份,$t_{i0} = t_i$,$t_{i,M1i} = t_{i+1}$,h_{1j} 为子系统 1 在区间 $[t_i,t_{i+1}]$ 上的内部可变积分步长,$H = h_{10} + h_{11} + \cdots + h_{1,M1i-1}$。类似地,用点 $t_{i,j+1} = t_{ij} + h_{2j}$,$j = 0,1,2,\cdots,M_{2i}-1$ 将区间 $[t_i,t_{i+1}]$ 离散化成 M_{2i} 份,$t_{i0} = t_i$,$t_{i,M2i} = t_{i+1}$,h_{2j} 为子系统 2 在区间 $[t_i,t_{i+1}]$ 上的内部

可变积分步长，$H = h_{20} + h_{21} + \cdots + h_{2,M2i-1}$。

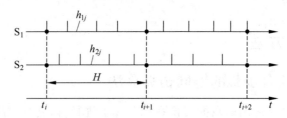

图 6-7 基于联合仿真步的等步长推进过程

设已通过前 i 步的求解得到 Y_{12}，Y_{21} 的计算值序列 Y_{12k}，Y_{21k}，$k = 0,1,\cdots,i$。记 $T_i = (t_0,t_1,\cdots,t_i)^T$，$Y_{1i} = (Y_{120}^T, Y_{121}^T, \cdots, Y_{12i}^T)^T$，$Y_{2i} = (Y_{210}^T, Y_{211}^T, \cdots, Y_{21i}^T)^T$，构造分别由 (Y_{1i}, T_i) 和 (Y_{2i}, T_i) 确定的 Lagrange 插值函数 $I_{Y1i}(Y_{1i}, T_i)(t)$ 和 $I_{Y2i}(Y_{2i}, T_i)(t)$。

令 $\widetilde{Y}_{21i}(t) = I_{Y2i}(Y_{2i}, T_i)(t)$，代入式(6-2)得到初值问题：

$$\frac{dz_1(t)}{dt} = f_1[z_1(t), \widetilde{Y}_{21i}(t), t], \quad z_1(t_i) = z_{1i} \tag{6-7}$$

用单步积分公式以步长 h_{1j} 数值积分，得到递推式：

$$z_{1i,j+1} = z_{1ij} + h_{1j}\psi_{f1}(z_{1ij}, \widetilde{Y}_{21i}, t_{ij}, h_{1j})$$
$$j = 0,1,\cdots,M_{1i}-1, z_{1i0} = z_{1i}, z_{1i,M1i} = z_{1i+1} \tag{6-8}$$

其中，增量函数 $\psi_{f1}(z_1, Y_{21}, t, h)$ 是由所采用的单步积分公式和 f_1 确定的，仅是 z_{1ij}，$\widetilde{Y}_{21i}$，t_{ij}，h_{1j} 的函数。

求出 z_{1i+1} 后，按照输出公式 $Y_{12}(t) = y_1[z_1(t), Y_{21}(t), t]$ 代入 z_{1i+1}，$\widetilde{Y}_{21i}(t_{i+1})$ 和 t_{i+1} 求出 $Y_{12}(t_{i+1})$ 即 Y_{12i+1}。

令 $\widetilde{Y}_{12i+1}(t) = I_{Y1i+1}(Y_{1i+1}, T_{i+1})(t)$，代入式(6-3)得到初值问题：

$$\frac{dz_2(t)}{dt} = f_2[z_2(t), \widetilde{Y}_{12i+1}(t), t], \quad z_2(t_i) = z_{2i} \tag{6-9}$$

用单步积分公式以步长 h_{2j} 数值积分，得到递推式：

$$z_{2i,j+1} = z_{2ij} + h_{2j}\psi_{f2}(z_{2ij}, \widetilde{Y}_{12i+1}, t_{ij}, h_{2j})$$
$$j = 0,1,\cdots,M_{2i}-1, z_{2i0} = z_{2i}, z_{2i,M2i} = z_{2i+1} \tag{6-10}$$

其中，增量函数 $\psi_{f2}(z_2, Y_{12}, t, h)$ 是由所采用的单步积分公式和 f_2 确定的，仅是 z_{2ij}，$\widetilde{Y}_{12i+1}$，t_{ij}，h_{2j} 的函数。

求出 z_{2i+1} 后，按照输出公式 $Y_{21}(t) = y_2[z_2(t), Y_{12}(t), t]$ 代入 z_{2i+1}，Y_{12i+1} 和 t_{i+1} 求出 $Y_{21}(t_{i+1})$ 即 Y_{21i+1}。

这样就描述了一个从 t_i 推进到 t_{i+1} 的完整过程。将式(6-8)、式(6-10)中的 i 用 $i+1$ 代替，不断重复这个过程，直到 $t_i = t_N$ 为止，计算过程如图 6-8 所示。

我们称这样的算法模型为基于联合仿真接口的等步长组合算法。在每个联合仿真步上，计算的误差将比在每个积分步上更大，因此要使该组合算法获得稳定，联合仿真步必须取得小一些。

在上述算法模型中，一个完整步的计算次序为：先构造 $\widetilde{Y}_{21i}(t)$[特别地，当插值阶为 0 时 $\widetilde{Y}_{21i}(t) = Y_{21i}$]，进行若干次外插和数值积分由式(6-7)得到 z_{1i+1}，代入输出公式(6-2)求

出 Y_{12i+1}；再构造 $\widetilde{Y}_{12i+1}(t)$［特别地，当插值阶为 0 时 $\widetilde{Y}_{12i+1}(t)=Y_{12i+1}$］，进行若干次内插和数值积分式(6-9)得到 z_{2i+1}，代入输出公式(6-3)求出 Y_{21i+1}。这种计算过程是串行的，但通过适当的改变很容易将计算改成并行的。一种改变是将式(6-9)中的 $\widetilde{Y}_{12i+1}(t)$ 改用 $\widetilde{Y}_{12i}(t)$ 进行外插［特别地，当插值阶为 0 时 $\widetilde{Y}_{12i}(t)=Y_{12i}$］，于是式(6-7)和式(6-9)在每个区间 $[t_i,t_{i+1}]$ 上的积分过程可以并行，如图 6-9 所示。

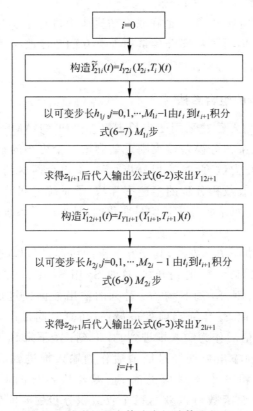

图 6-8　等步长组合算法串行计算流程图

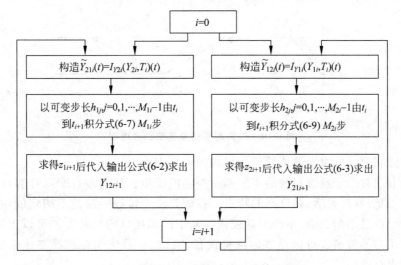

图 6-9　等步长组合算法并行计算流程图

该求解算法中所涉及的插值方法和数值积分方法可以根据实际需要进行灵活选取。

6.3.2　基于收敛积分步的协同仿真算法

如何提高仿真精度是协同仿真需要考虑的问题之一。影响协同仿真的精度有多种因素,本节仅从子系统交互粒度的角度探讨这种提高的可能性,提出一种新的积分步算法,是对上一节等步长联合步算法的一种改进。

6.3.1节中介绍的协同仿真算法是在联合仿真步上进行子系统间的交互,虽然结合插值技术可以提高其精度,但为了从耦合参量精准交互的角度改善计算精度,下面介绍一种在子系统内部的积分步上进行交互的协同仿真算法。

1. 基于收敛积分步的组合算法

实际的仿真积分求解器往往采用变步长求解。比如 ADAMS 的 BDF 算法,它首先尝试一个较大的积分步,如果积分误差较大则重新尝试一个更小的积分步,如此循环直到积分误差符合要求一方停止尝试,此时的积分步收敛,不再会回退到一个更小的时间进行计算。因此,可以建立基于收敛积分步的多速率算法,子系统之间的交互时刻控制在各自内部的积分步上进行。由于每个积分步长均是变化的,且不同子系统之间不存在严格的速率比,因此这种算法是一种广义的多速率算法。

基于收敛积分步的协同仿真方法,其交互信息的协调过程如图 6-10 所示。首先,假设子系统 S_1、S_2 都从推进到某个 t_0 时刻开始,这时 S_1 用 S_2 在 t_0 时刻的输出数据经过插值后作为输入推进到 t_{11} 时刻,S_2 用 S_1 在 t_0 时刻的输出数据经过插值后作为输入推进到 t_{21} 时刻。图 6-10 中,此时 S_2 作为当前推进最慢(仿真时间最广)的子系统,用 S_1 在 t_{11} 时刻的输出数据经过插值后作为输入推进到 t_{22} 时刻;接下来 S_1 作为当前推进最慢的子系统,用 S_2 在 t_{22} 时刻的输出数据经过插值后作为输入推进到 t_{12} 时刻……以此类推。实际应用中,各子系统积分步所对应的时刻,需要从各自的 CAE 软件内部获取,如 ADAMS 提供了 TIMGET 函数可以获得每个收敛积分步的时间值,MATLAB 则提供了 ssGetTimeOfLastOutput 函数用于获得该值。

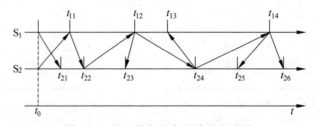

图 6-10　广义的多速率系统积分过程

基于收敛积分步的组合算法处理流程如图 6-11 所示。

该算法利用每个子系统自身的求解器所提供的变步长功能进行交互计算,使得全局推进呈现变步长化,具有灵活、精度高的特点。在该算法中推进顺序是不确定的,每次只推进收敛积分步时刻最小的引擎,不会引起死锁。基于内部接口的封装方法可以支持该算法的实现。该算法的插值函数可以是零阶或低阶插值。当子系统间存在严格速率比时该算法退化为通用组合算法。

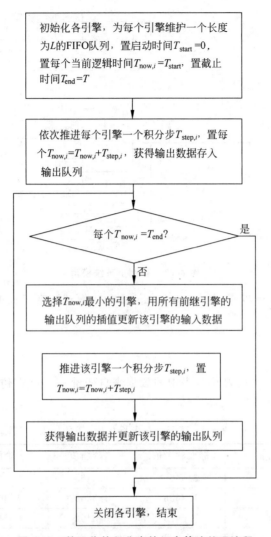

图 6-11 基于收敛积分步的组合算法处理流程

2. 算例验证与比较分析

下面将通过三个具体算例对比和验证上述三种基本的协同仿真算法(即积分步算法、等步长联合步串行算法、等步长联合步并行算法)在不同插值阶条件下的精度差别。

1) 算例 1

该例子是一个简单的状态空间方程,其系统模型如图 6-12 所示。将它分解为 S_1、S_2 两个子系统,每个子系统都是单输入、单输出。

式(6-11)和式(6-12)分别为子系统 S_1、S_2 的数学模型。

$$\begin{cases} \dot{x}_1 = -x_1 + y_2 \\ y_1 = x_1 + 2y_2 \end{cases} \tag{6-11}$$

$$\begin{cases} \dot{x}_2 = -x_2 + y_1 \\ y_2 = x_2 \end{cases} \tag{6-12}$$

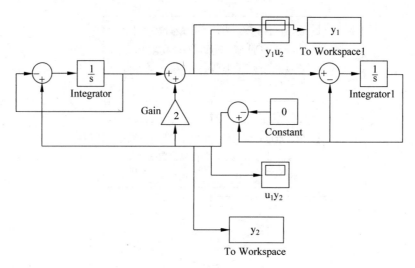

图 6-12 算例 1 系统模型

积分算法：ode45（单步法，四/五阶 Runge-Kutta 算法），变步长求解微分方程组。

仿真区间：0～1 秒。

初始状态：$y_1 = 1, y_2 = 0$。

启动顺序：先 S_2，后 S_1。

仿真结果数据见表 6-1、表 6-2，表中的数据来自变量 y_1、y_2 在仿真结束时的取值，标准参考值取自集中式仿真。

表 6-1 算例 1 在步长 0.01s 下的结果

组合算法	变量	标准参考值	二阶插值	一阶插值	零阶插值
积分步算法	y_1	3.5465	3.5465	3.5459	3.4449
	y_2	1.3683	1.3683	1.3681	1.3373
等步长联合步串行算法	y_1	3.5465	3.5452	3.5427	3.5035
	y_2	1.3683	1.3678	1.3669	1.3545
等步长联合步并行算法	y_1	3.5465	3.5456	3.5404	3.3384
	y_2	1.3683	1.3679	1.3660	1.3030

表 6-2 算例 1 在步长 0.005s 下的结果

组合算法	变量	标准参考值	二阶插值	一阶插值	零阶插值
积分步算法	y_1	3.5465	3.5464	3.5462	3.5110
	y_2	1.3683	1.3683	1.3682	1.3552
等步长联合步串行算法	y_1	3.5465	3.5463	3.5458	3.5093
	y_2	1.3683	1.3682	1.3681	1.3589
等步长联合步并行算法	y_1	3.5465	3.5461	3.5452	3.4236
	y_2	1.3683	1.3682	1.3678	1.3321

为了更加直观地说明问题,选取表 6-1 中的变量 y_1,将其仿真过程的输出结果做出对比曲线,如图 6-13 至图 6-15 所示。

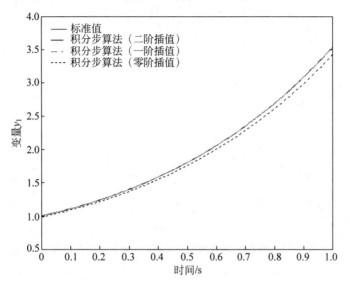

图 6-13 算例 1 仿真结果对比(积分步算法)

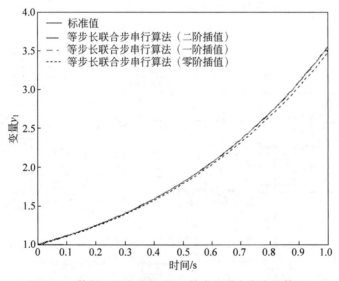

图 6-14 算例 1 仿真结果对比(等步长联合步串行算法)

影响仿真计算精度的主要因素包括:步长、插值阶、模型交互粒度。从该算例的仿真结果来看,精度最高的算法是采用二阶插值的积分步算法。影响精度最明显的是插值阶,模型交互粒度和步长也有一定影响。插值阶越高,步长越小,精度越高。总体上看,在引入插值时,采用积分步算法比采用联合步算法在同等条件下精度高。但在分布式环境下由于前者需要更多的数据交换次数,因而耗时更多。

由定理 6-1 可知,组合算法的阶是各子系统积分算法阶和插值阶中的最小值。由于 ode45 算法的精度为四阶,因此在插值阶小于 4 的情况下,组合算法的精度应随插值阶的增加而提高,上述仿真结果验证了此结论。

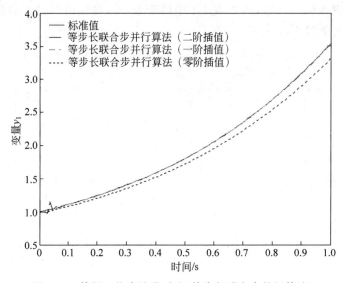

图 6-15 算例 1 仿真结果对比（等步长联合步并行算法）

2）算例 2

该例子是一个稍微复杂的状态空间方程，其全局系统模型如图 6-16 所示。将其分解成 S_1 和 S_2 两个子系统，每个子系统都是两输入、两输出。

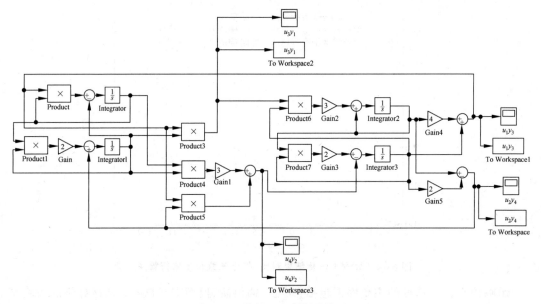

图 6-16 算例 2 全局系统模型

式(6-13)和式(6-14)分别表示子系统 S_1 和 S_2 的数学模型。

$$\begin{cases} \dot{x}_1 = x_1 y_3 - x_2 \\ \dot{x}_2 = -2x_1 x_2 + y_4 \\ y_1 = x_2 y_3 \\ y_2 = 3x_1 x_2 + y_3 y_4 \end{cases} \tag{6-13}$$

$$\begin{cases} \dot{x}_3 = 3x_4 y_1 + x_3 \\ \dot{x}_4 = 2x_3 x_4 - y_2 \\ y_3 = 4x_3 + x_4 \\ y_4 = x_3 - 2x_4 \end{cases} \tag{6-14}$$

积分算法:ode45。

仿真区间:0~2s。

初始状态:$x_1=1,x_2=-1,x_3=-1,x_4=1,y_1=3,y_2=6,y_3=-3,y_4=-3$。

启动顺序:先 S_2,后 S_1。

仿真结果数据见表 6-3,表中的数据来自变量 y_2、y_4 在仿真结束时的取值,标准参考值取自集中式仿真,"—"代表计算发散而没有取得收敛的仿真结果。

表 6-3 算例 2 在步长 0.005s 下的结果

组合算法	变量	标准参考值	二阶插值	一阶插值	零阶插值
积分步算法	y_2	-21.581	—	-21.579	-21.516
	y_4	-14.262	—	-14.261	-14.235
等步长联合步串行算法	y_2	-21.581	-21.576	-21.581	-21.524
	y_4	-14.262	-14.259	-14.262	-14.225
等步长联合步并行算法	y_2	-21.581	—	—	-21.322
	y_4	-14.262	—	—	-14.128

在该仿真例子中,当步长取 0.01s 时,集中式仿真仍然能得到正确结果,但仿真过程中三种组合算法都出现了发散现象而无法得到收敛的计算结果。说明对于此算例,取 0.01s 的仿真步长已显得有些过大。当步长取 0.005s 时,见表 6-3,等步长联合步串行算法收敛,进一步验证可发现在较长的时间范围内(0~10s),等步长联合步串行算法都是收敛的,但这不意味着在无限长时间内该算法会一定收敛。从表 6-3 中结果来看,积分步算法在二阶插值下最终会发散,而在一阶插值和零阶插值下收敛,这说明插值也是造成算法不稳定的一个因素。虽然插值能提高精度,但插值阶不是越高就一定越好。一般情况下,子系统内部实际上是进行变步长积分计算,给定初始步长只是子系统推进的最大步长,因而积分步算法一般会比等步长联合步串行算法精度更高。而对于等步长联合步串行算法,各阶插值均收敛,但精度最高的是一阶插值,当然在都收敛的情况下精度最低的始终是零阶插值。对于等步长联合步并行算法,则零阶以上的插值都发散,说明等步长联合步并行算法实际上是精度较低的算法,它的优点是可以实现并行仿真(即同时推进各子系统)。这说明等步长联合步算法其实是适应性较差的算法,改进的办法是采用变步长联合步算法,使步长能够根据估计到的本步误差灵活调整,这样既能避免中途发散的情况,又能保证耗时较少。

进一步发现,推进顺序也是影响仿真精度的因素。在本例中,等步长联合步串行算法是按照先 S_2 后 S_1 的固定顺序推进的,如果改变这一推进顺序,在其他条件不变的情况下甚至可能会导致仿真过程中不同的收敛/发散结果。推进顺序不当,仿真结果甚至会发散,要避免发散只能采用更小的仿真步长。这充分说明影响仿真计算精度的因素非常复杂。

通过前两个例子可以发现,合理的推进顺序和合理的步长是保证仿真收敛的先决条件,但这两者都需要通过实验来确定,目前尚没有一般性的理论可以预先对其确定。在这两个例子中,三种算法影响仿真精度大小的大致排序为:积分步算法≥等步长联合步串行算法≥等步长联合步并行算法。

3)算例 3——antenna 雷达天线

下面介绍的 antenna 雷达天线实例是一个 ADAMS 软件系统中自带的仿真样例,其样机模型如图 6-17 所示,这里用来对比验证上述三种协同仿真算法。雷达天线的转动过程分析是一个典型的多学科交互过程,主要涉及机械和控制两个学科,其学科交互模型如图 6-18 所示。其中,机械学科按照雷达的运动规律计算雷达天线的角度和马达转速;控制学科根据雷达的运动特点,输出一个施加在马达上的力矩去控制雷达转动。仿真分析的主要指标是雷达天线最终能否转动到要求的角度并停止。雷达天线的控制模型如图 6-19 所示。

图 6-17   antenna 雷达天线模型

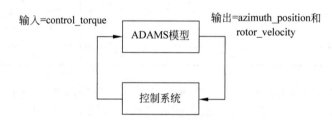

图 6-18   antenna 学科交互模型

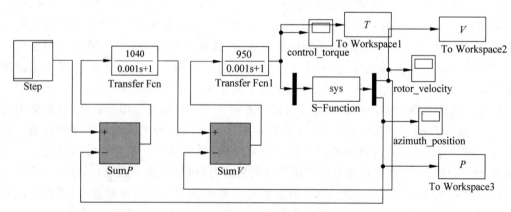

图 6-19   antenna 雷达天线控制模型

积分算法:ode45。

仿真区间:0~0.25s。

启动顺序:先 MATLAB,后 ADAMS。

仿真结果数据见表 6-4、表 6-5,表中的数据来自变量 T、V、P 在仿真区间内的最大值,标准参考值取自集中式仿真,"—"代表计算发散而没有取得收敛的仿真结果。

表 6-4 算例 3 在步长 0.005s 下的结果

组合算法	变量	标准参考值	二阶插值	一阶插值	零阶插值
积分步算法	$T/(\text{N} \cdot \text{m})$	2.237×10^5	2.4393×10^5	2.4381×10^5	2.4922×10^5
	$V/(\text{m/s})$	222.17	221.46	221.78	228.69
	P/rad	0.32801	0.32824	0.3281	0.32719
等步长联合步串行算法	$T/(\text{N} \cdot \text{m})$	2.237×10^5	—	—	2.6927×10^5
	$V/(\text{m/s})$	222.17	—	—	245.28
	P/rad	0.32801	—	—	0.324
等步长联合步并行算法	$T/(\text{N} \cdot \text{m})$	2.237×10^5	—	—	—
	$V/(\text{m/s})$	222.17	—	—	—
	P/rad	0.32801	—	—	—

表 6-5 算例 3 在步长 0.001s 下的结果

组合算法	变量	标准参考值	二阶插值	一阶插值	零阶插值
积分步算法	$T/(\text{N} \cdot \text{m})$	2.237×10^5	2.2025×10^5	2.2036×10^5	2.254×10^5
	$V/(\text{m/s})$	222.17	219.75	222.21	225.23
	P/rad	0.32801	0.32795	0.32783	0.32709
等步长联合步串行算法	$T/(\text{N} \cdot \text{m})$	2.237×10^5	2.1775×10^5	2.2085×10^5	2.2677×10^5
	$V/(\text{m/s})$	222.17	219.95	221.51	227.74
	P/rad	0.32801	0.32799	0.32782	0.32766
等步长联合步并行算法	$T/(\text{N} \cdot \text{m})$	2.237×10^5	2.1302×10^5	2.2415×10^5	2.4787×10^5
	$V/(\text{m/s})$	222.17	220.78	226.47	244.22
	P/rad	0.32801	0.32816	0.32745	0.32906

这里需要说明的是,商业联合仿真接口提供的连续仿真模式可以作为系统集中式仿真结果的一种近似。连续模式(continuous)又称为函数求值模式,由 CSS(控制软件)建立一个大系统的雅可比矩阵,这个矩阵同时显示了控制方案和机械系统,ADAMS 则扮演函数求值程序的角色。函数求值模式对于简单系统可以给出一个精确的结果,这是在此将它当作集中式仿真结果参考值的原因。

为了更加直观地说明问题,选取表 6-5 中的变量 T,将其仿真过程的输出结果作出对比曲线,如图 6-20 至图 6-22 所示。

在该仿真实例中,当步长取 0.005s 时,积分步算法能收敛,而等步长联合步串行算法在插值阶大于 0 时发散,等步长联合步并行算法均发散。这说明在步长较大的情况下,插值带来的不稳定性很显著。当步长取 0.001s 时(这也是模型最初设定的步长),所有算法均收敛,但总体上一阶插值比二阶插值有更好的精度。这说明单纯地提高插值阶不一定能提高仿真精度,但相对于不插值(零阶插值)还是可以明显改善仿真精度的。另外,当步长取 0.005s 时,积分步算法的精度明显高于等步长联合步串行算法;而当步长取 0.001s 时,积分步算法相对于等步长联合步串行算法的精度改进不明显。这说明当步长小到一定程度时,它对于进一步提高仿真精度的作用有限。

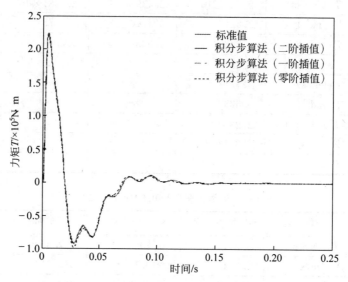

图 6-20　antenna 仿真结果对比（积分步算法）

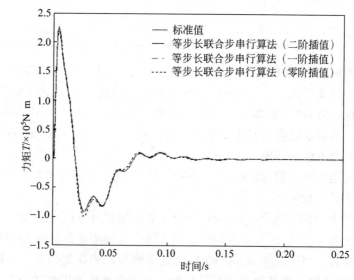

图 6-21　antenna 仿真结果对比（等步长联合步串行算法）

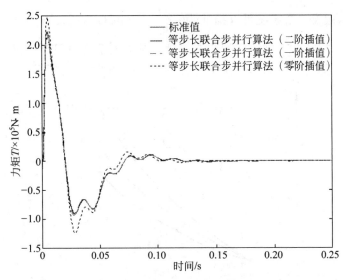

图 6-22　antenna 仿真结果对比（等步长联合步并行算法）

6.3.3　变步长协同仿真算法

在数值计算领域,大型常微分方程组的求解往往采用分解算法,这些算法奠定了数值计算领域求解一类大系统模型分解问题的理论基础,其收敛性已经得到了严格的理论证明。协同仿真需要将复杂系统模型分解成多个耦合的子模型,进行协同分析与求解,子系统之间的耦合方式复杂,因而设计高效、精确的求解算法是协同仿真研究领域的一个核心问题。在计算机仿真领域,单一系统变步长仿真的基本思想是基于误差估计来控制步长,理论相对成熟,高效、实用的算法比较多,变步长算法已经得到广泛的研究和应用,而在涉及多个子系统的协同仿真领域,变步长算法还在摸索之中。但基本的思路是借鉴单系统仿真的步长控制策略,将其推广到多系统仿真。因而,目前的协同仿真系统大多只局限于等联合步长的求解计算,即外部步长或全局步长在整个仿真过程中采用等步长,而各子系统内部的积分计算则可以采用变步长的积分算法。国外一些学者对协同仿真的变步长控制算法开展了一些研究,如德国斯图加特大学 W. Schiehlen 等提出了基于 Richardson 外推法和嵌入法的协同仿真变步长算法,通过迭代方式对每个联合仿真步中的子系统进行误差估计而得到步长控制信息,但这类迭代算法时间消耗过大,难以满足实时仿真的要求。

协同仿真变步长算法通过对多学科耦合模型的局部截断误差的计算进行求解。作者借鉴了单系统仿真中的 Richardson 误差估算公式,提出了一种多学科耦合模型的局部截断误差计算方法,首次推导出不同积分阶和插值阶条件下耦合系统仿真的局部截断误差估算公式,给耦合系统的变步长协同仿真计算提供了实时算法。该算法形式简单,计算量小,为多学科耦合模型的局部截断误差理论分析提供了一种新方法。

下面具体介绍该算法及其耦合系统仿真的局部截断误差估算公式。

1. 单系统的误差估计

在单系统仿真领域,各种误差估计方法主要依赖于局部截断误差估计公式。

在 5.2 节中，假设一个系统可以描述为 $\dfrac{\mathrm{d}z(t)}{\mathrm{d}t}=f[z(t),t],z(t_0)=z_0,z\in\mathbf{R}^{M+N}$，其中，$t$ 是时间，$z(t)$ 是 $M+N$ 维空间的状态向量。对于该系统的积分计算，Richardson 用外推法得到了一种计算简单的局部截断误差的估计公式，如图 6-23 所示。

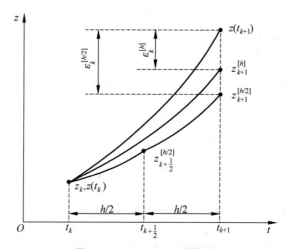

图 6-23　Richardson 外推法

由此得到单系统的局部截断误差估计公式：

$$\varepsilon_k^{[h]}\approx\frac{1}{1-2^{-p}}(z_{k+1}^{[h/2]}-z_{k+1}^{[h]})$$

$$\varepsilon_k^{[h/2]}\approx\frac{1}{2^p-1}(z_{k+1}^{[h/2]}-z_{k+1}^{[h]})$$

这样就可以从步长为 h、$h/2$ 的两次计算中估计出每一步的局部截断误差，通过将该估计误差与控制误差的比较，就可以控制步长，实现变步长数值计算。但 Richardson 外推法并不能直接应用于多个耦合模型的协同仿真。

2. 耦合模型的协同计算方法

在复杂系统建模与仿真领域，由于工程系统的运动学、动力学特性，其系统模型一般可以描述为连续的大型微分方程组的形式。同时，该系统往往由多个物理子系统组成，其领域子模型一般为耦合模型，各个领域模型之间存在着耦合关系，因而需要将复杂系统分解成多个耦合的子模型，然后进行协同分析与求解。

为简单起见，本文仅考虑两个子系统耦合模型的情形，多个子系统耦合模型的求解可以此类推。将上述单系统模型中状态向量 $z(t)$ 的所有分量归并成两个状态子向量 $z_1(t)$ 和 $z_2(t)$，相应地将右端函数 $f[z(t),t]$ 也进行归并，得到如下两个耦合子系统描述模型：

$$\begin{cases}\dfrac{\mathrm{d}z_1(t)}{\mathrm{d}t}=f_1[z_1(t),Y_{21}(t),t],z_1(t_0)=z_{10}, & z_1\in\mathbf{R}^M \\ Y_{12}(t)=y_1[z_1(t),Y_{21}(t),t], & Y_{12}\in\mathbf{R}^S\end{cases}\tag{6-15}$$

$$\begin{cases}\dfrac{\mathrm{d}z_2(t)}{\mathrm{d}t}=f_2[z_2(t),Y_{12}(t),t],z_2(t_0)=z_{20}, & z_2\in\mathbf{R}^N \\ Y_{21}(t)=y_2[z_2(t),Y_{12}(t),t], & Y_{21}\in\mathbf{R}^T\end{cases}\tag{6-16}$$

其中，$z_1(t)$ 是子系统 S_1 的 M 维空间的状态向量，$z_2(t)$ 是子系统 S_2 的 N 维空间的状态向量；$Y_{12}(t)$，$Y_{21}(t)$ 是一对耦合向量，分别表示式(6-15)、式(6-16)两个子系统模型的输出向量，又分别是式(6-16)、式(6-15)两个子系统模型的输入向量。

对于式(6-15)和式(6-16)组成的耦合模型，需要采用协同求解的数值计算方法，而变步长计算能够有效提高协同仿真的效率。如图 6-24 所示，H_i 是两个耦合子系统 S_1、S_2 的协同仿真步长，H_i 取值的大小由该耦合系统的局部截断误差进行控制。对于某一联合步长 H_i，区间 $[t_i,t_{i+1}]$ 的端点分别对应于该步仿真的起点和终点，并在端点处进行耦合向量 $Y_{12}(t)$，$Y_{21}(t)$ 的数据交换。这样，若 $[t_0,t_N]$ 表示整个协同仿真的时间区间，则节点 $t_{i+1}=t_i+H_i$，$i=0,1,2,\cdots,N-1$ 将该区间离散化成 N 份。而在每一联合步长 H_i 的内部，则分别由子系统 S_1、S_2 各自对式(6-15)、式(6-16)的子模型进行积分计算。

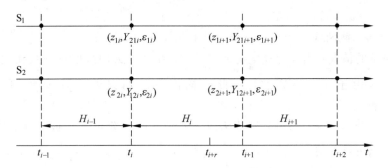

图 6-24　耦合模型的协同计算原理

对式(6-15)、式(6-16)的耦合模型进行数值计算，在计算某个子系统的右端函数时耦合变量用另一个子系统输出结果的插值代替，插值公式可以采用 Lagrange 多项式或 Hermite 多项式。设已得到 $Y_{12}(t)$，$Y_{21}(t)$ 的计算值序列 Y_{12k}，Y_{21k}，$k=0,1,\cdots,i$。令 $T_i=(t_0,t_1,\cdots,t_i)^T$，$Y_{1i}=(Y_{120}^T,Y_{121}^T,\cdots,Y_{12i}^T)^T$，$Y_{2i}=(Y_{210}^T,Y_{211}^T,\cdots,Y_{21i}^T)^T$，分别构造由 (Y_{1i},T_i) 和 (Y_{2i},T_i) 确定的 Lagrange 插值函数分别为 $I_{Y1i}(Y_{1i},T_i)(t)$，$I_{Y2i}(Y_{2i},T_i)(t)$。

记 $\widetilde{Y}_{12}(t)=I_{Y1i}(Y_{1i},T_i)(t)$，$\widetilde{Y}_{21}(t)=I_{Y2i}(Y_{2i},T_i)(t)$。从 t_i 推进到 t_{i+1} 的关键是如何根据局部截断误差来确定协同仿真步长 H_i。

3. 局部截断误差的计算策略

在协同仿真领域，目前尚未得到系统的局部截断误差估计公式。通常系统的局部截断误差包含了各个子系统的局部截断误差。由于存在边界数据交换，这种局部截断误差需要重新估计。类似于单系统仿真的局部截断误差公式，我们需要得到系统局部截断误差 ε_i 和全局联合仿真步长 H_i 之间的阶次关系。

下面仅以子系统 S_1 为例，说明式(6-15)、式(6-16)两个耦合模型的局部截断误差计算策略。

从 t_i 推进到 t_{i+1}，对于式(6-15)给出的子系统 S_1 局部截断误差的计算与单系统局部截断误差的主要区别在于：由于存在耦合向量 $Y_{21}(t)$，并且无法精确获取子系统 S_2 对子系统 S_1 在某时刻 t_i 的输入向量 Y_{21i}，一般用其在该时刻的插值 $\widetilde{Y}_{21}(t_i)$ 替代，从而导致子系

统 S_2 的输入向量 $\widetilde{Y}_{21}$ 对子系统 S_1 产生插值误差。

这里，记 $\widetilde{Y}_{21i} = \widetilde{Y}_{21}(t_i)$，$\widetilde{Y}_{21i+1} = \widetilde{Y}_{21}(t_{i+1})$……以此类推。

设 $\Delta_{f_1}[z_1(t_i), Y_{21}(t_i), t_i, H_i]$ 是式(6-16)所表示的子系统的积分算法理论上的精确增量值，即 $z_1(t_{i+1}) = z_1(t_i) + H_i \Delta_{f_1}[z_1(t_i), Y_{21}(t_i), t_i, H_i]$；而 $\psi_{f_1}(z_{1i}, \widetilde{Y}_{21i}, t_i, H_i)$ 是其相对应的增量函数，即 $z_{1i+1}^{[H]} = z_{1i} + H_i \psi_{f_1}(z_{1i}, \widetilde{Y}_{21i}, t_i, H_i)$（为简化起见，这里仅用单步法增量函数加以说明）。$z_{1i}$ 和 ε_{1i} 分别表示 t_i 时刻状态向量 $z_1(t_i)$ 相应的计算值和计算误差，z_{1i+1} 和 ε_{1i+1} 分别表示 t_{i+1} 时刻状态向量 $z_1(t_{i+1})$ 相应的计算值和计算误差，$\varepsilon_{\psi f_1}$ 表示从 t_i 到 t_{i+1} 联合步长 H_i 内子系统 S_1 的积分误差，ε_{int2} 表示子系统 S_2 对 S_1 的输入向量 $\widetilde{Y}_{21}$ 的插值误差。为了推导从 t_i 到 t_{i+1} 的局部截断误差，这里不考虑此前的累计误差，即有 $z_{1i} = z_1(t_i)$，$Y_{21i} = Y_{21}(t_i)$，$\widetilde{Y}_{21i} = Y_{21}(t_i)$。

耦合系统局部截断误差的计算可分为以下几种不同的情形：

（1）最简单的情况：当积分算法为欧拉法（零阶单步法）时，增量函数在边界输入值上只用到了 $\widetilde{Y}_{21i}$，由于 $\widetilde{Y}_{21i} = Y_{21}(t_i)$，此时插值引起的误差为 0，因而可以直接套用 Richardson 外推法。

（2）稍微复杂的情况：当积分算法为改进欧拉法等一阶单步法或者任意阶多步法时，用到了增量函数在边界输入点 $i+1, i$ 上的值 $\widetilde{Y}_{21i+1}$ 和 $\widetilde{Y}_{21i}$，对于多步法可能还会用到在输入点 $i-1, i-2, \cdots, i-n$ 上的值 $\widetilde{Y}_{21i-1}, \widetilde{Y}_{21i-2}, \cdots, \widetilde{Y}_{21i-n}$，这时插值引起的误差集中在 $\widetilde{Y}_{21i+1}$ 上（它是由 t_i 时刻之前的历史数据的外插得到的）。

（3）更一般的情况：当积分算法为 Runge-Kutta 法等高阶单步法时，除了用到增量函数在边界输入点 $i+1, i$ 上的值 $\widetilde{Y}_{21i+1}$ 和 $\widetilde{Y}_{21i}$，还可能用到在输入点 $i-1, i-2, \cdots, i-n$ 上的值 $\widetilde{Y}_{21i+1/2}, \widetilde{Y}_{21i+1/3}$ 等，这时插值引起的误差有多个来源，定量的误差分析将会变得更加困难，这里暂且不研究这种更复杂的情况。

综上所述，本文仅在（2）情形下（即积分算法为改进欧拉法时）研究耦合系统的局部截断误差理论。

4. 局部截断误差的计算公式

本书因篇幅所限，忽略整个推导过程（感兴趣的读者可以查阅参考文献[45]），直接给出式(6-15)所表示的子系统 S_1 的局部截断误差估算公式。这里，记 p_1、p_2 分别为子系统 S_1、S_2 所采用数值积分方法的阶，而 q_1、q_2 分别是前面所述插值函数 I_{Y1i}、I_{Y2i} 的阶。依不同情形分析如下：

（1）当 $p_1 \leqslant q_2$ 时，此时耦合向量所产生的插值误差项可以舍去。于是，子系统 S_1 的局部截断误差估算公式为

$$\begin{cases} \varepsilon_{1i+1}^{[H]} \approx \dfrac{1}{(1-2^{-p_1})}(z_{1i+1}^{[H/2]} - z_{1i+1}^{[H]}) \\[3mm] \varepsilon_{1i+1}^{[H/2]} \approx \dfrac{1}{(2^{p_1}-1)}(z_{1i+1}^{[H/2]} - z_{1i+1}^{[H]}) \end{cases} \tag{6-17}$$

（2）当 $p_1 \geqslant q_2 + 2$ 时，此时子系统 S_1 的局部截断误差主要是耦合向量 $\widetilde{Y}_{21}(t)$ 所产生的插值误差，得到子系统 S_1 的局部截断误差估算公式为

$$
\begin{cases}
\varepsilon_{1i+1}^{[H]} \approx \dfrac{1}{\left[1 - (S_a + S_b)2^{-(q_2+2)}\right]}(z_{1i+1}^{[H/2]} - z_{1i+1}^{[H]}) \\[4mm]
\varepsilon_{1i+1}^{[H/2]} \approx \dfrac{1}{\left[(S_a + S_b)^{-1}2^{q_2+2} - 1\right]}(z_{1i+1}^{[H/2]} - z_{1i+1}^{[H]})
\end{cases}
\tag{6-18}
$$

这里，设 $S_i = \dfrac{H_i}{H_{i-1}}, \cdots, S_{i-q_2+1} = \dfrac{H_{i-q_2+1}}{H_{i-q_2}}$，其物理意义是某一时刻仿真步长 H_i 与前一时刻仿真步长 H_{i-1} 的比值，均为已知的系数。且仅从形式上考虑，令 $S_i' = \dfrac{H_i}{2} \Big/ H_{i-1} = \dfrac{S_i}{2}, S_i'' = \dfrac{H_i}{2} \Big/ \dfrac{H_i}{2} = 1$，则取

$$
S_a \approx \frac{\left(1 + \dfrac{1}{S_i'}\right) \cdots \left(1 + \dfrac{1}{S_i'} + \dfrac{1}{S_i'S_{i-1}} + \cdots + \dfrac{1}{S_i'S_{i-1}\cdots S_{i-q_2+1}}\right)}{\left(1 + \dfrac{1}{S_i}\right) \cdots \left(1 + \dfrac{1}{S_i} + \cdots + \dfrac{1}{S_i\cdots S_{i-q_2+1}}\right)}
\tag{6-19}
$$

$$
S_b \approx \frac{\left(1 + \dfrac{1}{S_i''}\right)\left(1 + \dfrac{1}{S_i''} + \dfrac{1}{S_i'}\right) \cdots \left(1 + \dfrac{1}{S_i''} + \dfrac{1}{S_i'} + \cdots + \dfrac{1}{S_i'S_{i-1}\cdots S_{i-q_2+2}}\right)}{\left(1 + \dfrac{1}{S_i}\right) \cdots \left(1 + \dfrac{1}{S_i} + \cdots + \dfrac{1}{S_i\cdots S_{i-q_2+1}}\right)}
\tag{6-20}
$$

（3）当 $p_1 = q_2 + 1$，且 $S_a + S_b = 2$ 时，这种情况在零阶插值和一阶积分下（即 $q_2 = 0$ 时，$S_a = 1, S_b = 1$）得到满足。此时，子系统 S_1 的局部截断误差估算公式为

$$
\begin{cases}
\varepsilon_{1i+1}^{[H]} \approx \dfrac{1}{(1 - 2^{-p_1})}(z_{1i+1}^{[H/2]} - z_{1i+1}^{[H]}) \\[4mm]
\varepsilon_{1i+1}^{[H/2]} \approx \dfrac{1}{(2^{p_1} - 1)}(z_{1i+1}^{[H/2]} - z_{1i+1}^{[H]})
\end{cases}
\tag{6-21}
$$

（4）当 $p_1 = q_2 + 1$，且 $S_a + S_b \neq 2$ 时，这种情况在非零阶插值下可能碰到，此时尚不能完全求出局部截断误差，因而我们可以通过合理选择积分方法的阶和插值函数的阶来回避这种情况的出现。或者进一步将第 2 个 $H_i/2$ 步长进一步拆分成两个 $H_i/4$ 步长进行积分计算 $z_{1i+1}^{[H/4]}$ 和 $\varepsilon_{1i+1}^{[H/4]}$；或以步长 $(3H_i/4, H_i/4)$ 计算得到 $t_i + H_i$ 处的数值 $z_{1i+1}^{[\frac{3H}{4}, \frac{H}{4}]}$ 和 $\varepsilon_{1i+1}^{[\frac{3H}{4}, \frac{H}{4}]}$，然后再进行求解。其详细的推导过程从略。

以上是针对子系统 S_1 的状态向量 z_1 的局部截断误差分析。同样地，子系统 S_2 的状态向量 z_2 也可以通过相同的方法得到其局部截断误差。

5. 算法仿真实验

为了验证上述算法的有效性，下面采用一个耦合系统实例进行协同仿真变步长计算，其全局系统模型如图 6-25 所示，式（6-22）和式（6-23）是该系统的两个耦合子系统模型。

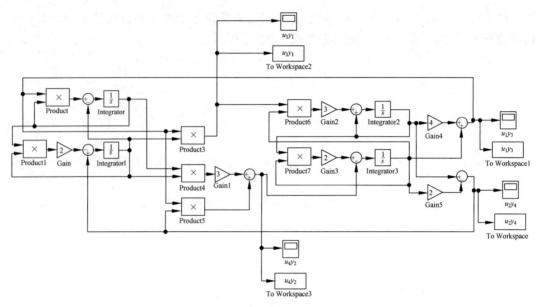

图 6-25　协同仿真实例的全局系统模型

$$
\begin{cases}
\dfrac{\mathrm{d}x_1}{\mathrm{d}t} = x_1 y_3 - x_2 \\[2mm]
\dfrac{\mathrm{d}x_2}{\mathrm{d}t} = -2x_1 x_2 + y_4 \\[2mm]
y_1 = x_2 y_3 \\[2mm]
y_2 = 3x_1 x_2 + y_3 y_4
\end{cases}
\tag{6-22}
$$

$$
\begin{cases}
\dfrac{\mathrm{d}x_3}{\mathrm{d}t} = 3x_4 y_1 + x_3 \\[2mm]
\dfrac{\mathrm{d}x_4}{\mathrm{d}t} = 2x_3 x_4 - y_2 \\[2mm]
y_3 = 4x_3 + x_4 \\[2mm]
y_4 = x_3 - 2x_4
\end{cases}
\tag{6-23}
$$

　　针对上述式(6-17)、式(6-18)和式(6-21)三种不同截断误差控制的情形,我们分别设计了不同的积分算法和插值算法,进行该实例模型的变步长协同仿真计算。同时,将目前成熟的基于接口的集中式协同仿真结果作为标准值,以及 6.3.1 节中的等步长联合仿真算法的计算结果作为比较对象,对所提出的变步长协同仿真算法进行了计算性能的对比分析。

　　仿真区间:$0 \sim 2\mathrm{s}$。

　　初始状态:$x_1 = 1, x_2 = -1, x_3 = -1, x_4 = 1, y_1 = 3, y_2 = 6, y_3 = -3, y_4 = -3$。

　　启动顺序:先式(6-23)子系统,后式(6-22)子系统。

　　考虑到篇幅限制,只输出状态变量 x_1 的计算结果。图 6-26 和表 6-6 是积分阶 p 和插值阶 q 不同取值时的三种不同截断误差控制情形下状态变量 x_1 的计算结果,图 6-27 是仿真过程中截断误差 e_{x_1} 随时间变化图,图 6-28 是步长随时间变化图及时间变化走势图。从仿真结果可以看出,基于上述的截断误差控制算法进行变步长协同仿真,其计算效率和计算精度都优于等步长联合仿真算法。

表 6-6 6.3.3 节协同仿真变步长计算实例截断误差 e_{x_1}、$x_1^{[H]}$、$x_1^{[H/2]}$ 的计算结果

第一种情况($p=1,q=1$)			第二种情况($p=4,q=1$)			第三种情况($p=1,q=0$)		
e_{x_1}	$x_1^{[H]}$	$x_1^{[H/2]}$	e_{x_1}	$x_1^{[H]}$	$x_1^{[H/2]}$	e_{x_1}	$x_1^{[H]}$	$x_1^{[H/2]}$
0.0064	−0.9802	−0.9785	0.0047	−0.9802	−0.9785	0.0069	−0.9802	−0.9791
0.006	−0.9543	−0.9542	0.0044	−0.9543	−0.9542	0.0067	−0.9566	−0.9553
0.0008	−0.9245	−0.9244	0.0006	−0.9245	−0.9244	0.0061	−0.929	−0.9278
0.4894	−0.9245	−0.8542	0.3671	−0.9245	−0.8542	0.0052	−0.8978	−0.8966
0.0005	−0.8908	−0.8908	0.0003	−0.8909	−0.8909	0.0042	−0.8635	−0.8624
−0.0034	−0.815	−0.8153	−0.0026	−0.8149	−0.8153	0.003	−0.8268	−0.8258
−0.0102	−0.7335	−0.7345	−0.0079	−0.7333	−0.7343	0.002	−0.7884	−0.7876
−0.0041	−0.7748	−0.775	−0.0085	−0.6541	−0.6555	−0.003	−0.7493	−0.7487
−0.002	−0.7345	−0.7347	−0.0037	−0.5837	−0.5849	−0.0044	−0.7104	−0.7099
−0.0011	−0.695	−0.6951	0.0035	−0.5248	−0.5256	−0.0054	−0.6724	−0.6721
0.0009	−0.6569	−0.6571	0.0034	−0.4772	−0.4775	−0.006	−0.636	−0.6358
0.0071	−0.587	−0.5875	0.0034	−0.4394	−0.4395	−0.0062	−0.6017	−0.6017
0.0084	−0.5276	−0.5282	0.0028	−0.4096	−0.4096	−0.0061	−0.5698	−0.5699
0.0062	−0.4795	−0.4797	0.0021	−0.3864	−0.3863	−0.0057	−0.5405	−0.5407
0.0053	−0.4412	−0.4412	0.0016	−0.3685	−0.3684	−0.0051	−0.5139	−0.5141
0.0043	−0.4111	−0.411	0.0012	−0.3549	−0.3548	−0.0045	−0.4898	−0.4901
0.0031	−0.3875	−0.3874	0.0009	−0.3448	−0.3448	−0.0039	−0.4683	−0.4685
0.0023	−0.3693	−0.3692	0.002	−0.3332	−0.3329	−0.0033	−0.4491	−0.4493
0.0017	−0.3555	−0.3554	0.0031	−0.3296	−0.3292	−0.0028	−0.432	−0.4323
0.0012	−0.3452	−0.3451	−0.0026	−0.3315	−0.3311	−0.0023	−0.417	−0.4172
0.0009	−0.3378	−0.3377	−0.0017	−0.3371	−0.3369	−0.0019	−0.4037	−0.4039
−0.2109	−0.3378	−0.3299	−0.0011	−0.3456	−0.3454	−0.0016	−0.392	−0.3922
0.0007	−0.3328	−0.3328	0.0008	−0.3561	−0.3559	0.0015	−0.3818	−0.382
0.0016	−0.329	−0.3286	−0.0861	−0.3561	−0.3807	0.0014	−0.373	−0.3731
0.0027	−0.3309	−0.3305	0.0007	−0.368	−0.3678	0.0013	−0.3653	−0.3654
−0.0024	−0.3367	−0.3364	0.0025	−0.3946	−0.3938	0.0012	−0.3586	−0.3588
−0.0015	−0.3453	−0.345	0.0043	−0.421	−0.4199	0.0011	−0.353	−0.3531
0.001	−0.3559	−0.3557	0.0037	−0.4428	−0.4417	0.001	−0.3482	−0.3483
0.0009	−0.3679	−0.3678	−0.0014	−0.4565	−0.4555	0.0009	−0.3442	−0.3443
0.0033	−0.395	−0.394	−0.0027	−0.4602	−0.4598	−0.1235	−0.3442	−0.3382
0.0058	−0.4217	−0.4204	−0.0074	−0.4559	−0.4565	0.0009	−0.3409	−0.341
−0.0048	−0.4434	−0.4423	−0.0094	−0.4496	−0.451	0.0031	−0.3357	−0.3362
−0.0055	−0.4563	−0.4555	0.0049	−0.4483	−0.4495	0.0025	−0.3328	−0.3332
−0.0059	−0.4587	−0.4586	0.0033	−0.4545	−0.4546	0.0021	−0.3318	−0.3321
−0.0127	−0.453	−0.4541	0.0073	−0.465	−0.4642	0.0017	−0.3323	−0.3326
−0.004	−0.4568	−0.457	0.0047	−0.475	−0.4742	0.0014	−0.3342	−0.3344
−0.002	−0.4541	−0.4543	−0.0009	−0.4822	−0.482	0.0011	−0.3371	−0.3373

第一种情况($p=1,q=1$)			第二种情况($p=4,q=1$)			第三种情况($p=1,q=0$)		
e_{x_1}	$x_1^{[H]}$	$x_1^{[H/2]}$	e_{x_1}	$x_1^{[H]}$	$x_1^{[H/2]}$	e_{x_1}	$x_1^{[H]}$	$x_1^{[H/2]}$
-0.0009	-0.4514	-0.4516	-0.2285	-0.4822	-0.4963	0.0009	-0.341	-0.3412
-0.0917	-0.4514	-0.4478	-0.004	-0.4881	-0.4886	0.0025	-0.3503	-0.351
-0.0008	-0.4492	-0.4493	0.0024	-0.4963	-0.4968	0.0028	-0.3622	-0.3627
0.0047	-0.447	-0.4476	0.0037	-0.5079	-0.5076	0.0032	-0.3758	-0.3761
0.007	-0.4507	-0.4511	0.0068	-0.5195	-0.5185	0.0035	-0.3904	-0.3906
0.0066	-0.4603	-0.4598	-0.0028	-0.5273	-0.5269	0.0039	-0.4054	-0.4054
0.0097	-0.4722	-0.4711	-0.0097	-0.5334	-0.5346	0.0044	-0.4201	-0.42
-0.0113	-0.4814	-0.4807				0.0048	-0.434	-0.4338
0.0026	-0.4768	-0.4767				0.0052	-0.4465	-0.4461
-0.0007	-0.4807	-0.4807				0.0056	-0.4569	-0.4563
-0.003	-0.4872	-0.4876				0.0058	-0.4648	-0.464
0.0057	-0.4947	-0.4952				0.0057	-0.4696	-0.4688
0.0061	-0.5051	-0.5052				0.0051	-0.4713	-0.4704
0.0085	-0.5176	-0.5167				0.004	-0.4699	-0.469
-0.0197	-0.527	-0.5261				0.0024	-0.4659	-0.4651
-0.0041	-0.5224	-0.5222				-0.0012	-0.4602	-0.4596
-0.0011	-0.5261	-0.5261				-0.0012	-0.4539	-0.4535
-0.0024	-0.5294	-0.5296				-0.0023	-0.4481	-0.448
0.0023	-0.5335	-0.5337				-0.0027	-0.4438	-0.4439
						-0.0023	-0.4417	-0.442
						-0.0014	-0.442	-0.4424
						0.0008	-0.4448	-0.4452
						0.0046	-0.4552	-0.4562
						0.0139	-0.4709	-0.4709
						0.0031	-0.4629	-0.4629
						0.0039	-0.4709	-0.4708
						0.0046	-0.4786	-0.4784
						0.005	-0.4857	-0.4853
						0.0051	-0.4915	-0.491
						0.0048	-0.4961	-0.4955
						0.0042	-0.4993	-0.4988
						0.0033	-0.5016	-0.5011
						0.0023	-0.5033	-0.503
						0.0016	-0.5052	-0.505
						0.0014	-0.5079	-0.5078
						0.0018	-0.5118	-0.5118
						0.0027	-0.5169	-0.5169
						0.0039	-0.5232	-0.5231
						0.0051	-0.5302	-0.5299
						0.0063	-0.5373	-0.5369

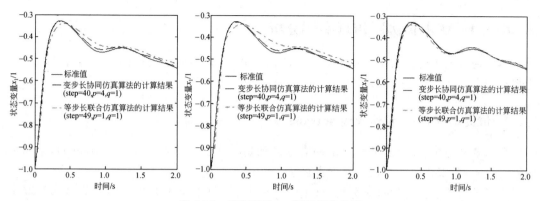

图 6-26　状态变量 x_1 随时间变化图

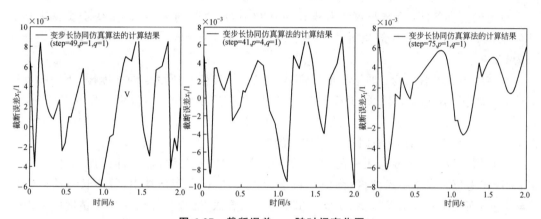

图 6-27　截断误差 e_{x_1} 随时间变化图

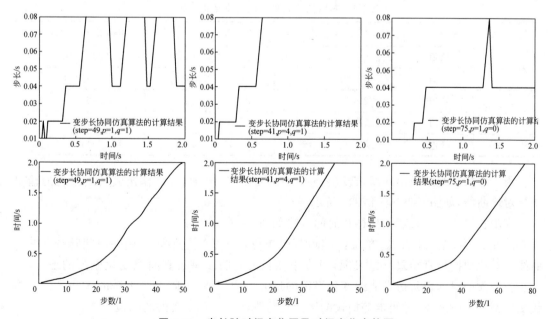

图 6-28　步长随时间变化图及时间变化走势图

6.3.4　变步长协同仿真实例分析

本节通过两个仿真实例采用不同算法的比较分析,来验证变步长协同仿真算法性能的优越性。

1. 仿真算例 1——雷达天线 antenna

在 6.3.2 节中,介绍了带有一定病态性质的仿真实例——雷达天线(antenna),下面采用该仿真实例,来验证变步长协同仿真算法。

为了进行算法性能的对比分析,这里同时采用了等步长联合步串行算法和变步长联合步串行算法,对雷达天线系统进行仿真。

设定的仿真条件:等步长算法取步长为 0.001s,仿真时间为 0.25s。变步长算法取步长为 $0.001\sim0.1$s,系统局部截断误差限为 10^{-4},衰减因子 α 取 0.5。插值阶均为 0,积分算法为 ode45。

衰减因子 α 的含义为:如果根据局部截断误差估计值及所设定的误差限,下一步步长应放大(或缩小)K 倍,而实际的步长放大(或缩小)倍数应小于 K 倍,故引入衰减因子 $\alpha<1$,来限制单次步长调整的幅度过大,此时可令 $0.1\leqslant K^{\alpha}\leqslant10$;欲使步长在小范围作微小变动,此时可取 $0.9\leqslant K^{\alpha}\leqslant1.1$;有时也可以用 α 的取值来设置步长的上限和下限。

仿真结果数据见表 6-6,表中的数据来自变量 T、V、P 在仿真区间内的最大值和最小值,标准参考值取自集中式仿真(商业接口连续模式)。在本例仿真中,等步长算法需要仿真 250 步,而变步长算法只需要 80 步。相比等步长算法,变步长算法在保证精度的前提下大大缩短了仿真时间。

表 6-6　零阶插值条件下的仿真结果对比

变　量		标准参考值	等步长联合步串行算法	变步长联合步串行算法
$T/(\text{N}\cdot\text{m})$	峰值	2.237×10^5	2.2677×10^5	2.2677×10^5
	谷值	-92078	-1.0058×10^5	-1.022×10^5
$V/(\text{m}\cdot\text{s}^{-1})$	峰值	222.17	227.74	227.16
	谷值	-22.625	-23.655	-22.983
$P/(\text{rad})$	峰值	0.32801	0.32766	0.32614

为了更加直观地说明问题,选取表 6-7 中的变量 T、V、P,分别作出其仿真过程的输出结果对比曲线,如图 6-29 至图 6-31 所示。

变步长算法的步长变化规律和时间走势如图 6-32 所示。

图 6-32 中,左图是步长(单位:s)随时间(单位:s)的变化曲线,右图是时间随步数变化曲线。对比协同仿真结果可以发现,对应小步长的时间段是仿真曲线变化剧烈的地方,对应步长增大的时间段是仿真曲线变化平缓的地方。类似地,时间走势平缓的区间是仿真曲线变化剧烈的时间段,时间走势加快的区间是仿真曲线变化平缓的时间段。

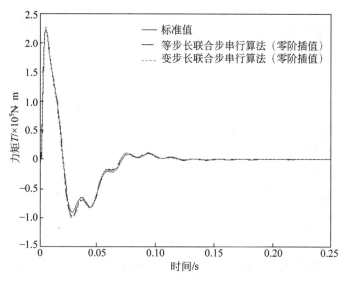

图 6-29　antenna 仿真结果（力矩 *T*）对比（零阶插值）

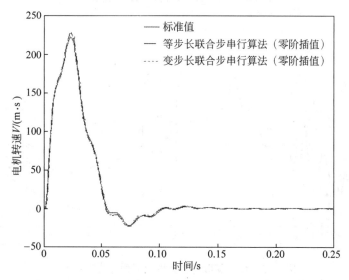

图 6-30　antenna 仿真结果（电机转速 V）对比（零阶插值）

2. 仿真算例 2——平衡球 ball_beam

下面再采用同样带有一定病态性质的仿真实例——平衡球（ball_beam），其样机模型如图 6-33 所示，来验证变步长协同仿真算法。它由动力学和控制两个子系统组成，其学科交互模型如图 6-34 所示，由动力学系统向控制系统提供横梁的角度和球的位置，由控制系统向动力学系统提供控制力矩，目的是使小球始终保持在横梁上不掉下来。平衡球的控制模型如图 6-35 所示。

为了进行算法性能的对比分析，这里同时采用了等步长联合步串行算法和变步长联合步串行算法，对平衡球进行协同仿真。

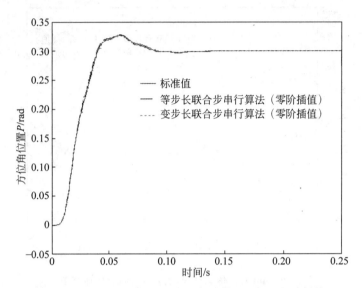

图 6-31   antenna 仿真结果（方位角位置 P）对比（零阶插值）

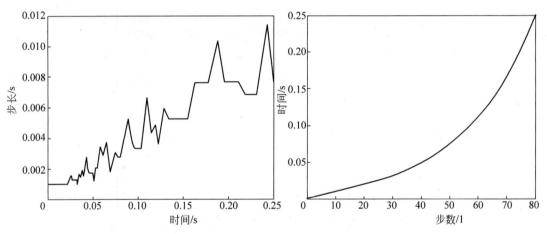

图 6-32   步长随时间变化图及时间变化走势图

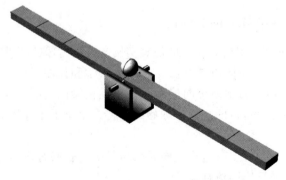

图 6-33   平衡球 ball_beam 模型

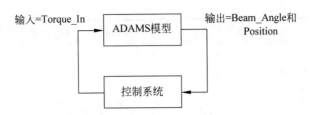

图 6-34 平衡球 ball_beam 学科交互模型

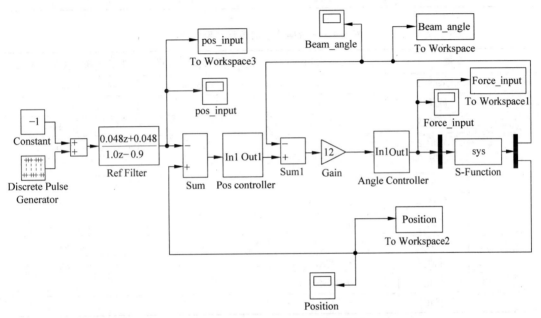

图 6-35 平衡球 ball_beam 控制模型

设定的仿真条件:等步长算法取步长为 0.01s,仿真时间为 20s。变步长算法取步长为 0.01~1s,系统局部截断误差限为 1×10^{-4},衰减因子 α 取 0.5。积分算法为 ode15s(多步法,NDFs 算法,变阶变步长,求解刚性微分方程组和微分代数方程组)。

仿真结果数据见表 6-7、表 6-8,表中的数据来自变量 Force、Angle、Position 在仿真区间内的极大值和极小值,标准参考值取自集中式仿真(商业接口连续模式)。

表 6-7 零阶插值下的仿真结果对比

变 量		标准参考值	等步长联合步串行算法	变步长联合步串行算法
Force/N	谷值 1	−8.8671	−8.9791	−8.9791
	峰值 1	8.2156	8.4046	8.4046
	谷值 2	−3.7020	−4.0045	−4.0045
	峰值 2	17.890	17.959	16.77
	谷值 3	−14.217	−14.462	−15.29
	峰值 3	6.6310	7.1233	7.5999

续表

变 量		标准参考值	等步长联合步串行算法	变步长联合步串行算法
Angle/rad	谷值1	−0.19651	−0.20011	−0.20011
	峰值1	0.17138	0.17834	0.17835
	峰值2	0.42337	0.43145	0.44331
	谷值2	−0.26877	−0.27475	−0.29099
Position/m	峰值	1.1659	1.1658	1.1661
	谷值	−1.2289	−1.2193	−1.2764

表 6-8 一阶插值下的仿真结果对比

变 量		标准参考值	等步长联合步串行算法	变步长联合步串行算法
Force/N	谷值1	−8.8671	−8.8703	−9.4412
	峰值1	8.2156	7.9637	8.0665
	谷值2	−3.7020	−3.5107	−3.314
	峰值2	17.890	17.78	16.874
	谷值3	−14.217	−13.965	−14.732
	峰值3	6.6310	6.3202	6.6479
Angle/rad	谷值1	−0.19651	−0.19243	−0.19493
	峰值1	0.17138	0.16589	0.16663
	峰值2	0.42337	0.41837	0.434
	谷值2	−0.26877	−0.26773	−0.28223
Position/m	峰值	1.1659	1.1552	1.1733
	谷值	−1.2289	−1.2337	−1.2837

为了更加直观地说明问题,选取表 6-8、表 6-9 中的变量 Force、Angle、Position,分别作出其仿真过程的输出结果对比曲线,如图 6-36 至图 6-41 所示。

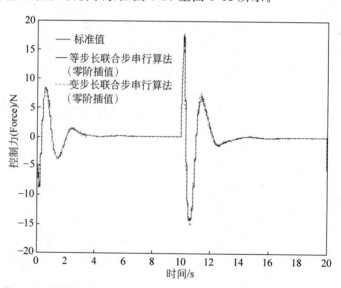

图 6-36 零阶插值条件下 ball_beam 仿真结果对比［控制力（Force）］

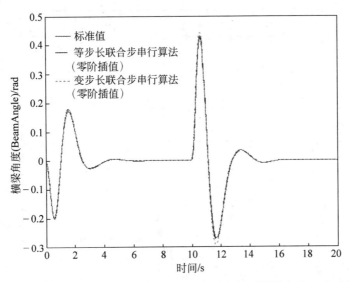

图 6-37 零阶插值条件下 ball_beam 仿真结果对比[横梁角度（Angle）]

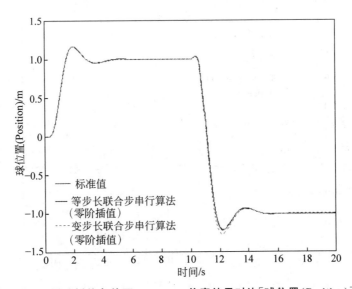

图 6-38 零阶插值条件下 ball_beam 仿真结果对比[球位置（Position）]

在本例中，变步长协同仿真算法的步长变化规律和时间走势如图 6-42 和图 6-43 所示。图 6-42 和图 6-43 中的左图是步长（单位：s）随时间（单位：s）变化曲线，右图是时间随步数变化曲线。对比协同仿真结果可以发现，对应小步长的时间段是仿真曲线变化剧烈的地方，对应步长增大的时间段是仿真曲线变化平缓的地方。类似地，时间走势平缓的区间是仿真曲线变化剧烈的时间段，时间走势加快的区间是仿真曲线变化平缓的时间段。在本例仿真中，等步长算法需要仿真 2000 步，而变步长算法在零阶插值下只需要 819 步，在一阶插值下只需要 447 步。相比等步长算法，变步长算法在保证精度的前提下大大缩短了仿真时间。

在本例中，这里没有给出二阶插值下的仿真结果。实际上，当插值阶为 2 时，会发现一

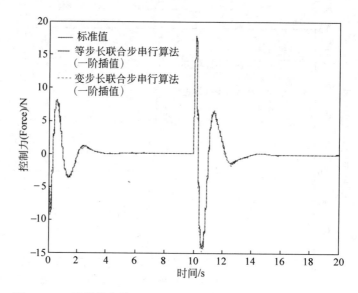

图 6-39 一阶插值条件下 ball_beam 仿真结果对比[控制力(Force)]

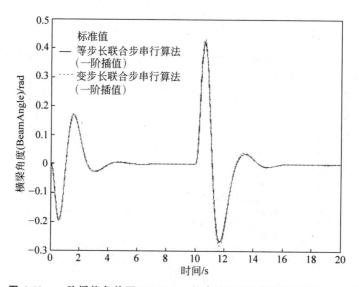

图 6-40 一阶插值条件下 ball_beam 仿真结果对比[横梁角度(Angle)]

个有趣的现象,衰减因子 α 取 0.5 时仿真过程中计算结果是发散的,只有 α 取 0.1 左右(实际上已退化为等步长算法)才能收敛,这表明二阶插值条件下的误差估计公式引起的累积误差过大,这种近似计算所带来的误差增大而引起仿真过程不能收敛。

需要指出的是,在单机上集中式运行变步长算法的时间减少还不明显,而在多机上分布式运行时则更能体现出变步长算法的优势。因为分布式环境下仿真时间主要消耗在数据的网络传输上,仿真时间基本上和数据交换的次数(也即仿真运行的步数)成正比,而变步长算法可以极大地减少仿真步数,因此分布式变步长协同仿真在减少时间耗费上的作用是非常明显的。

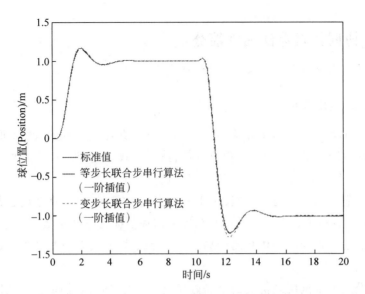

图 6-41 一阶插值条件下 ball_beam 仿真结果对比［球位置（Position）］

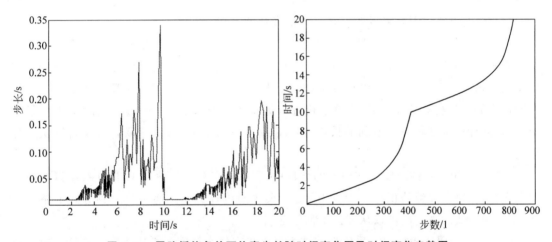

图 6-42 零阶插值条件下仿真步长随时间变化图及时间变化走势图

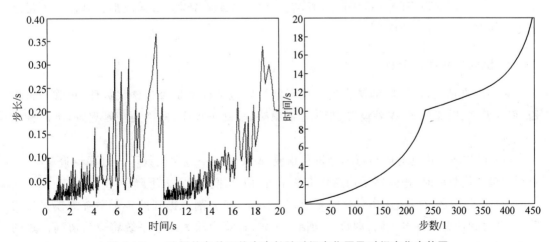

图 6-43 一阶插值条件下仿真步长随时间变化图及时间变化走势图

6.3.5　协同仿真算法的性能分析

本节系统分析影响协同仿真算法精度、速度、稳定性的各种因素。

1. 协同仿真精度分析

影响协同仿真的精度存在着诸多因素。通过对仿真各个环节的考察,可以发现以下几个主要的制约因素,包括步长设置、积分算法、插值公式、误差设置、推进顺序、子系统交互的粒度、是否采用迭代技术等,下面分别予以讨论。

(1)步长设置。通常情况下,步长越小则仿真精度越高,但仿真速度也越慢,改进的方法是采用变步长策略,可以在不降低仿真精度的前提下提高仿真速度。

(2)积分算法。根据协同仿真的全局截断误差公式,往往积分算法的阶越高,则精度也越高。

(3)插值公式。根据协同仿真的全局截断误差公式,通常是插值公式的阶越高,则精度也越高。

(4)误差设置。误差限设置得越小则仿真精度越高。

(5)推进顺序。对于基于联合仿真步的组合算法,不同的子系统推进顺序会导致不同的仿真精度,不合理的推进顺序甚至会导致仿真结果发散。选择合理的子系统推进顺序有助于提高精度。此外,联合步串行算法和联合步并行算法的精度差别本质上也是推进顺序不同造成的。串行算法是按固定顺序轮流推进各子系统,而并行算法是同时推进各子系统,前者的计算精度较高。不同的推进顺序导致不同的结果,这也是联合步串行算法的局限性。

(6)子系统交互的粒度。在前面的分析中,子系统交互有三种方式,即在每个联合仿真步上交互,在每个收敛的积分步上交互,变步长协同仿真交互。通常第一种方式的精度最低,第二种方式的高精度可以从理论上加以证明。

(7)是否采用迭代技术。采用迭代技术可以提高仿真精度。方法是在每步计算时在各子系统之间不断交换当前边界变量的值,更新输出变量直到收敛,如波形松弛法。不足之处是要耗费更多的仿真时间。

2. 协同仿真速度分析

除了仿真精度以外,影响仿真速度的因素主要包括模型是否包含代数环、负载是否均衡、积分算法、插值公式、误差设置、步长控制策略、辅助子程序、网络通信延迟等,下面分别加以讨论。

(1)代数环。仿真前应当对模型进行检验,避免模型中包含代数环。仿真经验表明,当模型中包含代数环时,积分器采用迭代方法求解,仿真速度将大大下降。

(2)负载均衡。应当选择合适的系统划分策略,使分割后得到的各子系统规模大致均等,仿真时的计算量基本相同,即负载均衡。否则,计算量较大的子系统将成为协同仿真的计算瓶颈,因协同仿真推进的速度取决于推进最慢的仿真器。

（3）积分算法。变阶变步长积分算法包含每一步积分收敛前的迭代环节，迭代次数将影响仿真速度。通常积分算法内嵌在仿真软件中，用户可以加以选择，应优先选择收敛特性好的积分算法。

（4）插值公式。协同仿真子系统之间的步长匹配算法是基于插值原理的，而插值公式的计算也会耗费一定的时间。插值公式的阶越大，则计算量越大，因而优先选择低阶的插值公式。

（5）误差设置。误差包括相对误差和绝对误差，误差限设置的大小将影响积分算法的迭代次数，也会对仿真速度造成影响。

（6）步长控制策略。目前的协同仿真算法一般采用等步长推进，当遇到病态系统时就需要采用非常小的步长才能保证精度，这样极大增加了仿真时间。如果能借鉴单系统仿真所采用的变步长策略，在系统动态变化剧烈的地方采用小的全局步长，在变化缓慢的地方采用大的全局步长，则可以提高仿真速度。

（7）辅助子程序。根据仿真软件的不同，在参与协同仿真时需调用不同的辅助子程序。例如，ADAMS 中的模型封装方式需要在每次计算时调用用户子程序（user-subroutine），而 MATLAB 采用基于内部接口的封装方式需要调用 S 函数，其他软件也有类似的情况。这些子程序通常以动态链接库的形式存在，调用时需耗费一定的时间。

（8）网络通信延迟。分布式环境下协同仿真的数据交换是通过网络来进行的，支持这种交换的底层机制仿真总线（如 HLA/RTI）。通常在局域网环境下通信延迟很小，而在广域网环境下存在各种不可预计的因素，可能会使通信延迟大大增加而影响仿真速度。

3. 协同仿真稳定性分析

协同仿真结果应该保证收敛，但我们时常会遇到仿真过程中计算结果发散的情况，这就需要分析影响仿真稳定性的各种因素，从而找到提高稳定性的方法。这些因素主要包括模型的不连续性、步长设置、积分算法、插值公式、子系统耦合方式、迭代策略等。

（1）模型的不连续性。系统建模过程首先要尽量保证模型是连续的，若模型中包含不连续环节（如阶跃函数、开关量等），则可能对仿真稳定性造成直接影响。

（2）步长设置。如何选择合适的步长是系统仿真中一个重要的问题，步长过小则造成时间浪费，步长过大则有可能使仿真结果发散。

（3）积分算法。在计算病态系统时，采用变阶变步长算法将提高稳定性。

（4）插值公式。仿真经验表明，采用高阶的插值公式易使仿真曲线发生震荡，甚至发散，建议优先采用低阶的插值公式。

（5）子系统耦合方式。子系统间的耦合只有在不存在代数环时才能使仿真收敛，否则，协同仿真算法将不能得到收敛的结果，改进的方法是采用另一种迭代的协同仿真算法——拟牛顿迭代法。

（6）迭代策略。采用迭代算法时都要考虑迭代过程的收敛性问题，如何选择合适的迭代策略会影响迭代过程是否快速收敛。此外，选择合适的迭代初值也会影响迭代过程的收敛效果。

6.4 基于接口的 CAE 联合仿真技术

现有成熟的商用 CAE 软件工具只着重于解决传统的单学科建模与分析计算问题,难以处理涉及多学科模型耦合的复杂系统仿真。多学科协同仿真需要将多个不同的子系统模型组合成为一个系统层面的仿真模型,作为一个整体进行仿真分析。在复杂产品开发中,往往需要采用不同的仿真软件进行建模,模型之间存在着密切的交互关系,一个模型的输出可能成为另一个模型的输入。在仿真运行的过程中,这些用不同仿真软件建模得到的不同模型在仿真离散时间步,通过进程间通信等方式进行数据交换,然后利用各自的求解器进行求解计算,以完成整个系统的协同仿真。

1. 基于接口的方法

目前,人们已经开发了大量的各学科领域商用仿真软件,典型的如机械结构有限元分析软件 Nastran、Ansys,机械系统动力学分析软件 ADAMS、SIMPACK、DADS,控制系统仿真分析软件 MATLAB/Simulink、MATRIXx,电子系统仿真软件 Saber、Mentor、Ansoft,流体计算软件 Fluent、CFX、Cart3D,多场耦合分析软件 ANSYS Multiphysics、热结构分析软件 Abaqus,液压气动仿真软件 AMEsim、Easy5 等。这些商用 CAE 软件利用了人们积累的大量学科领域知识,技术成熟,极大地提高了各领域子系统的设计建模和仿真分析能力。

基于接口的多领域建模方法,首先采用某领域商用仿真软件进行该学科领域的建模,然后利用各领域商用仿真软件之间的接口实现多领域建模,如图 6-44 所示。当基于接口的多领域建模完成之后,即可利用通常所说的"协同仿真运行",获取仿真运行结果。

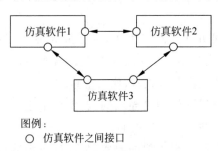

图例:
○ 仿真软件之间接口

图 6-44 基于接口的多领域建模

目前已经有一些商用仿真软件通过接口交互的方式支持多学科协同仿真。例如,机械多体动力学仿真软件 ADAMS 提供与控制系统仿真软件 MATLAB/Simulink、MATRIXx 的接口,通过接口实现机械多体动力学与控制系统的协同仿真。

这种基于商用 CAE 软件接口的方法,利用它们分别完成各自领域仿真模型的构建,然后基于各个不同领域商用仿真软件之间的接口,实现多领域建模。当多领域建模完成之后,不同学科领域的模型需要相互协调,共同完成协同仿真运行。

2. 基于接口的协同仿真运行

当利用基于接口的多学科建模方法完成复杂产品各子系统的建模后,通常各个商用仿真软件提供了基于接口的协同仿真运行功能,可以实现子系统模型在各自的商用 CAE 仿真软件中求解计算,且通过接口实现不同模型之间交互的协同仿真运行。如图 6-45 所示,这些不同子系统的仿真模型在仿真离散时间点,通过进程间通信等方法进行相互的信息交换,然后利用各自求解器(或称积分器)进行求解计算,以完成整个系统的协同仿真运行。

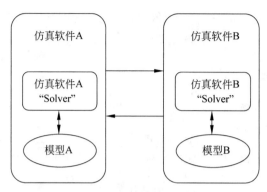

图 6-45　基于接口的协同仿真运行

目前有不少商用仿真软件,通过提供与其他领域仿真软件之间的接口,实现多领域建模,并提供基于接口的协同仿真运行功能。例如,在下面介绍的 VAC 控制系统开发例子中,利用机械多体动力学仿真软件 ADAMS 构造整车多体动力学模型,再利用控制系统仿真软件 MATRIXx/Xmath 建立控制系统模型、前作动器模型、后作动器模型,之后利用 ADAMS 和 MATRIXx/Xmath 之间的专用接口,实现多体动力学、控制和液压各个子系统模型之间的交互,然后利用 ADAMS 和 MATRIXx/Xmath 提供的协同仿真运行功能,实现协同仿真运行。

3. 汽车姿态控制系统开发中的多学科协同仿真实例

汽车姿态控制系统(vehicle attitude control,VAC)是汽车的一个重要子系统。当驾驶人员在急转弯或采用其他驾驶方法的情况下,要求 VAC 控制系统控制前、后液压作动器输出相应作动力,以保持车身相对于地面的水平,从而保证汽车的可操作性、安全性和乘坐舒适性。

在传统汽车开发过程中,通常机械设计人员先采用多体动力学仿真,验证、评估在各种路面和驾驶条件下汽车的可操作性、乘坐舒适性和安全性,而控制工程师则独自编写复杂的控制算法,以控制汽车的姿态、刹车和发动机等。他们之间的工作通常相互独立,机械设计人员很少顾及控制系统对汽车性能的影响,而控制设计人员则采用简化了的汽车动力学模型(如将整车简化成单个刚体等)进行控制系统设计。这样造成开发出来的控制系统不能很好地满足要求,而可能需要多次修改设计才能成功。

如图 6-46 所示,将整车多体动力学模型和汽车姿态控制模型进行集成,通过机械、控制(包含液压)的多学科协同仿真。其中,整车动力学建模采用多体动力学仿真软件 ADAMS,而控制系统和前、后液压作动器则采用 MATRIXx/Xmath 软件建立模型。

系统的主要实现特点如下:

(1) 利用 MATRIXx/Xmath 与 ADAMS 仿真软件之间的接口,实现机械、控制(包含液压)的多学科模型集成,并基于软件接口的方式实现在单台计算机上的集中式协同仿真运行。

(2) 为了使仿真具有较高的置信度,整车多体动力学模型包含 50 多个汽车零部件模型,具有较高的精度,从而使控制系统开发人员不像传统上仅仅利用简化的动力学模型进行开发,这样便于 VAC 控制系统的优化设计。

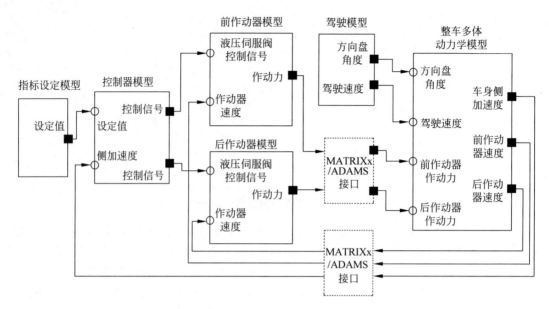

图 6-46　VAC 系统开发模型构成示意图

在该 VAC 控制系统开发的仿真应用实例中,采用了不同的商用 CAE 仿真软件进行建模,控制系统仿真软件 MATRIXx/Xmath 建模得到的控制系统模型、前作动器模型、后作动器模型的输出,包括前作动器输出的作动力和后作动器输出的作动力,被输入用机械多体动力学仿真软件 ADAMS 建模得到的整车多体动力学模型中,而整车多体动力学模型的输出如车身侧加速度、前作动器速度、后作动器速度,则分别被反馈回控制系统模型、前作动器模型、后作动器模型中。整车多体动力学模型利用 MATRIXx/ADAMS 接口,将车身侧加速度反馈回控制器模型,控制器通过控制算法,计算出输入前、后液压作动器的控制信号,控制前、后作动器输出相应的作动力,然后作用到整车多体动力学模型上。整车多体动力学模型利用 MATRIXx/ADAMS 接口,还将前作动器速度和后作动器速度分别反馈回前作动器模型和后作动器模型,以用于前、后作动器作动力的计算。在仿真运行的过程中,这些采用不同的商用 CAE 仿真软件建模得到的各个子系统模型在仿真离散时间步,通过 CAE 软件工具之间的专用接口进行数据交换,然后利用各自的求解器进行求解计算,以完成整个系统的协同仿真。

用于复杂产品设计开发中的仿真模型,按照功能可以分为三大类:产品模型、行为模型和环境模型。在该例子中,产品模型包括所要设计的 VAC 控制系统和整车多体动力学模型。行为模型是驾驶人员对产品进行操作的模型,如描述汽车驾驶状态的驾驶模型。环境模型指产品工作环境的模型,如不同粗糙度的路面模型。

4. 某航天飞行器多学科协同仿真案例

这里,讨论某航天飞行器开发中的协同仿真原理,如图 6-47 所示,飞行器发射后在发动机推力的作用下,要求能够准确定位到空中。在该飞行器开发过程中,设计人员建立飞行器主体的受控体模型和控制系统模型,利用协同仿真对飞行器的关键性能指标(包括响应时间、定位精度等)进行仿真分析,使得开发出来的航天飞行器能够满足实际使用要求。

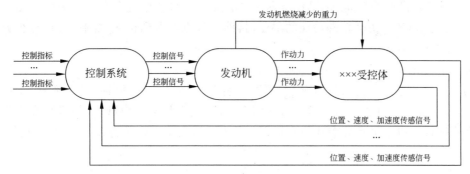

图 6-47 某航天飞行器系统构成示意图

该航天飞行器系统主要的子系统构成如下：

（1）控制系统：由六个通道的控制器构成。这六个通道分别是：空间位置通道（包括 X 通道、Y 通道、Z 通道）、偏航（yaw）通道、滚转（rotate）通道、俯仰（pitch）通道。

（2）发动机：在控制系统的控制下，产生所需的若干对推力。同时，对航天飞行器飞行过程仿真时，需要考虑由于发动机不断燃烧，携带的燃料质量则会不断减小，相应导致飞行器整个质量也会不断减小。

（3）飞行器受制体。飞行器在发动机推力的作用下，其位移、速度和加速度都发生相应的变化，有关传感器则将位移、速度、加速度等反馈回控制系统，通过控制系统的控制使飞行器能够按照要求准确定位到空中。

仿真模型主要由控制系统模型、发动机模型和飞行器受控体三大部分模型构成。其中，控制系统和发动机模型采用 MATLAB/Simulink 进行建模，而飞行器受控体则采用多体动力学仿真软件 ADAMS 进行多体动力学建模，为了提高多体动力学建模精度，直接利用 Pro/E 建模得到机械 CAD 模型。通过 ADAMS 和 MATLAB/Simulink 的协同仿真，在开发过程中对该航天飞行器的响应时间、定位精度等性能进行了仿真分析，加快飞行器的开发进程。

5. 基于接口的 CAE 联合仿真方法的局限性

目前，人们已经将机、电、液、控等多学科协同仿真应用于汽车车辆、铁路机车和航空航天飞行器等复杂产品的设计开发中。基于接口的多学科建模方法具有比较多的商用 CAE 仿真软件支持，利用各仿真软件之间的接口，即可实现机械、控制、液压等多个学科领域的建模和协同仿真运行。但该方法还存在一些技术方面的不足，使得它在应用领域存在诸多的局限性，主要体现在以下几个方面：

（1）商用 CAE 仿真软件必须提供相互之间的接口才能实现多领域建模。如果某个仿真软件没有与其他仿真软件的接口，那就不能参与协同仿真。

（2）用以实现多学科建模的接口，往往属于某 CAE 专门开发的接口，它们不具有标准性、开放性，而且扩充困难。

（3）受商用 CAE 仿真软件功能的限制，基于接口方式实现的联合仿真应用，其建模和仿真运行通常只能局限于单台计算机上进行，即各个商用 CAE 仿真软件开发的模型只能放在单台计算机上进行集中式仿真运行，并不支持分布式环境下的协同仿真。

（4）目前还没有哪个商用 CAE 仿真软件能够提供与其他所有专业领域商用仿真软件的接口,受商用 CAE 仿真软件功能的限制,目前通常只能做到机械、控制、液压等少数领域的多学科协同仿真。

为了更好地支持对由机械、控制、电子、液压、软件等多个不同学科领域的子系统综合组成的复杂产品进行完整的仿真分析,需要一种具有标准性、开放性、可扩充性,支持分布式仿真,基于商用仿真软件的多学科协同仿真方法,实现将产品模型、环境模型和行为模型分布在不同计算机上进行分布式仿真运行。分布式协同仿真技术将在下一章介绍。

6.5 多领域 CAE 的联合仿真与集成优化

在计算机仿真应用领域,随着计算机仿真技术的发展与 CAE 功能的不断完善,工程应用的问题规模和复杂程度也在迅速增加,如汽车、飞行器、工程机械等,通常是机电一体化产品,由机械、控制、液压等不同学科领域的子系统组合而成,多学科交叉耦合作用问题日益突出,采用单一 CAE 软件的分析方法已经难以适应研究对象发展的需要,多个领域子系统的异构 CAE 协同建模和仿真分析技术,成为影响产品综合性能进一步提高的重要手段。

目前,各个专业领域都具有成熟的商用 CAE 分析工具,但涉及多个领域子系统的产品性能整体优化仍是难点之一。事实上,现代产品的设计开发是多学科协同的过程。在产品开发过程中,无论是系统级的方案设计,还是子系统及部件级的参数优化,都可能涉及多个不同的子系统领域和相关学科模型,而各子系统之间则具有交互耦合作用。在以往的单领域仿真应用中,这类耦合作用是很难考虑的。从 20 世纪 90 年代中期开始,人们开始关注多学科设计优化技术,利用多个领域 CAE 软件来实现联合仿真,将不同子系统领域的仿真模型组合为仿真模型,实现各 CAE 仿真工具之间的集成接口和信息交互,进而实现子系统在不同学科领域的联合仿真和集成优化,为这类问题的解决提供了易于实现的技术方法,多学科联合仿真已成为计算机仿真技术的发展趋势之一。

下面是一些常用的利用多领域 CAE 分析软件的接口来实现复杂产品的多学科联合仿真方法。

1. ADAMS 与 MATLAB 联合仿真

机电一体化的复杂产品大多包含一个或多个控制系统,机械系统设计中又可能涉及液压、电子、气动等,控制系统的性能往往会对机械系统的运动学/动力学响应性能产生至关重要的影响,基于多领域的系统建模与联合仿真技术可以很好地解决这个问题。机械系统与控制系统的联合仿真可以应用于许多工程领域,例如,汽车自动防抱死系统 ABS、主动悬架控制、飞机起落架、卫星姿态控制等。联合仿真计算可以是线性的,也可以是非线性的。

ADAMS 与 MATLAB 是机械系统和控制系统仿真领域应用广泛的分析软件。ADAMS 具有十分强大的机械系统运动学和动力学分析功能,提供了比较友好的建模和仿真环境,能够对各种机械系统进行建模、仿真和分析。MATLAB 则是一种应用广泛的计算分析软件,具有强大的计算功能、非常高的编程效率及模块化的建模方式。因而,将 ADAMS 和 MATLAB 进行联合仿真,可以充分利用两个软件的优势,实现机电一体化条件下机械系统与控制系统的联合仿真分析。

ADAMS 软件提供了两种对机电一体化系统进行仿真分析的方法：①利用 ADAMS/View 的控制工具箱，这种情况比较适合于简单的控制系统建模；②利用 ADAMS/Controls 模块，并与 MATLAB 联合计算，它适合于复杂的控制系统建模。

ADAMS 与 MATLAB 两个软件之间具有专门的集成接口。ADAMS/Controls 模块可以将机械系统的运动模型与控制系统的控制模型进行集成，实现联合仿真。机械系统模型以机械结构为主体，不仅包括各部件的质量特性，而且还可以考虑摩擦、重力、碰撞和其他因素。用户可以方便地将 MSC. ADAMS 中的机械系统模型放到控制系统软件所定义的框图中，建立模型之间的关联。接下来可以使用 ADAMS 求解器，也可以使用控制软件中的求解器进行模型的数值计算。

具体而言，在 ADAMS 中建立联合仿真系统的机械模型并添加外部载荷及约束，确定 ADAMS 中模型的输入和输出变量，然后利用 MATLAB/Simulink 建立控制系统模型，ADAMS/Controls 模块将两个模型的对应参数连接起来，让 MATLAB/Simulink 的控制输出来驱动机械模型，并将 ADAMS 环境中机械模型的位移、速度、加速度等输出反馈给控制模型，从而实现 ADAMS 与 MATLAB 两个软件之间的交互式仿真，仿真结果可以在 ADAMS/View 或 ADAMS/Solver 中进行展示。此时的计算结果考虑了机械系统在实际工况下完全、精确的状态，而控制系统的控制性能也在与受控系统的联合仿真中获得。这种联合仿真的方式可以提高设计效率、缩短开发周期、降低开发成本，获得优化的机电一体化系统整体性能。

2. AMESim 与 MATLAB/Simulink 联合仿真

利用 AMESim 软件与 MATLAB/Simulink 软件进行联合仿真，一般是考虑在 Simulink 中建立控制系统模型，而在 AMESim 软件中建立机械液压系统模型，再利用 AMESim 与 Simulink 两个软件之间的接口来定义模型的输入/输出关系。

AMESim 与 Simulink 两个软件进行联合仿真时，既可以将 AMESim 模型导入 MATLAB/Simulink 中进行仿真计算，也可以将 MATLAB/Simulink 模型导入 AMESim 中进行仿真计算。若是将 AMESim 模型导入 MATLAB/Simulink 中进行仿真计算，该方式通过将 AMESim 子模型编译为 Simulink 模型所支持的 S 函数，将所编译的 S 函数导入后，就可以用 Simulink 支持的方式任意调用。

这种联合仿真方式需要同时打开所创建的 AMESim 机械液压模型与 Simulink 控制模型，此时可以方便地在 AMESim 软件中修改模型参数，并通过创建图形检查后处理结果等，基本上如同在 AMESim 单独系统中进行建模与仿真一样。

3. ADAMS 与 AMESim 联合仿真

ADAMS 与 AMESim 两个软件之间的接口可以用来连接前者建立的动力学模型与后者的仿真模型，通过将这两种模型耦合，用来进行联合仿真，获取更高的仿真精度。这两个软件联合仿真对于考虑液压或气动力学系统与机械动力学系统的交互作用时尤其实用。例如，车辆悬架、飞机起落架、传动链等液压系统与其动力学系统之间的联合仿真。

ADAMS 与 AMESim 联合仿真既可选择 AMESim 作为仿真主界面，也可采用 ADAMS

作为仿真主界面。通常使用 ADAMS 与 AMESim 之间的接口时,需要同时运行 ADAMS 软件和 AMESim 软件,以便使用它们各自所提供的工具包。

通常 AMESim 可以求解微分方程(ODE)和微分代数方程(DAE),后者有隐含变量,而 ADAMS 只支持求解 ODE 方程,因而将 AMESim 模型导入 ADAMS 之前需要消除代数环,消除 AMESim 模型中的隐含变量。

通过使用 ADAMS 与 AMESim 之间的接口,可以在 ADAMS 软件界面下应用大部分 AMESim 的工具,类似于独立使用 AMESim 模型一样,方便地修改 AMESim 模型参数和实时监控仿真计算的结果。

4. 基于 ADAMS 与 ANSYS 的刚柔耦合动力学仿真

刚柔耦合是指刚体运动模态与柔性体振动模态之间的惯性耦合。它是多体动力学与结构动力学协同仿真的典型问题,而柔性体接口技术(约束处理与模态截取)是刚柔耦合系统的首要问题和技术难点。为了满足多领域协同仿真的工程应用要求,大型刚柔耦合动态仿真必须应用结构动力学相关理论,以解决三个方面的柔性体接口处理技术:①约束与模态;②模态力与预载;③惯性耦合与模态截取。

真实的物理系统在机构运动中均存在柔性体的特征,若在分析计算时将整个系统都作为柔性体,则会增加系统计算的复杂性和计算量,因而将那些受力小、刚性大的构件视为刚性体,而那些受力大、刚度小、柔性特征明显的构件,在仿真计算中必须作为柔性体,这样建立的模型才能准确地反映其自身的运动特性,因此在仿真分析中采用刚柔耦合模型进行模拟仿真是非常必要的。

利用有限元分析软件 ANSYS 和机械系统动力学分析软件 ADAMS 相结合的方法,可以实现刚柔耦合的动力学仿真分析。ANSYS 是一种通用的有限元分析软件,早期应用于结构静力学分析领域,其有限元建模功能十分强大,常用于结构静力学和结构动力学分析,但对于机械系统的瞬态动力学分析比较困难。与之相反,ADAMS 软件针对的主要领域是机械系统的运动学/动力学仿真,而它并不具有有限元建模功能,一般必须通过 ADAMS/Flex 接口从 ANSYS 之类的有限元分析软件中获取有限元模型数据,再集成到机械系统的动力学模型中。这样,可以利用 ANSYS 和 ADAMS 各自的功能特点,实现机械系统的弹性动力学仿真分析。

ADAMS/Flex 是 ADAMS 软件包中的一个集成可选模块,它提供了 ADAMS 与有限元分析软件 ANSYS、NASTRAN、ABAQUS、I-DEAS 之间的双向数据交换接口。ADAMS/Flex 是采用模态柔性来表示物理弹性的,采用模态向量和模态坐标的线性组合来表示弹性位移,通过计算每一时刻物体的弹性位移来描述其变形运动。

在 ADAMS/Flex 模块中进行柔性体动力学分析,需要将柔性体的有限元模型在 ANSYS 中进行特定的有限元分析,将结果转换成模态中性文件(MNF),才能导入 ADAMS 中进行仿真。该方法分为两个具体步骤:①采用 ANSYS 等有限元分析软件生成柔性构件的各阶模态,这样可以获得包含各阶模态信息的模态中性文件;②在机械系统动力学分析软件 ADAMS 中,利用模态信息并结合刚性运动进行仿真分析与后处理。

在动力学仿真研究中,联合应用 ANSYS 和 ADAMS 软件进行柔性体动力学分析,可以在应用中考虑物体的弹性,在模型中引入柔性体,从而提高机构运动系统仿真分析的精度。因此,实现刚柔耦合的机械系统弹性动力学仿真分析,具有广泛的应用场合,也是动力学仿真研究中的技术发展方向之一。

5. iSIGHT 与 MATLAB 的集成优化

iSIGHT 是集设计自动化、集成化和优化功能于一体的工业智能软件,具有计算模型集成、设计流程自动化、参数优化、试验设计、近似建模、可靠性及稳健性分析等主要功能,它可以集成不同软件的仿真代码并提供设计智能支持,从而对多个设计可选方案进行评估,达到优化设计性能和缩短设计周期的目的。

iSIGHT 软件具有如下特点:①它提供了比较完善的优化工具集,用户可以针对特定问题方便地选择或直接调用这些优化工具;②iSIGHT 提供了一种多学科优化操作,可以把相关的优化算法组合起来,解决复杂的优化设计问题,进行集成优化;③iSIGHT 的集成能力比较强大,能够集成结构、控制、流体、冲击、碰撞、声光磁等专业领域的 CAE 仿真分析软件,也可以连接自行开发的 Fortran、C++等程序。使用 iSIGHT 的过程集成界面,可以方便地将这些仿真分析工具集成在一起,实现多学科优化设计。

利用 iSIGHT 软件集成 MATLAB 工具,可以从 iSIGHT 输出设计变量至 MATLAB 中,在 MATLAB 工具中计算目标函数和约束条件后,再将输出返回至 iSIGHT 软件中,实现多学科的集成优化。

6. iSIGHT 与 RecurDyn 的集成优化

RecurDyn(Recursive Dynamic)是一种多体系统动力学仿真软件,比较适合于求解大规模的多体系统动力学问题及复杂接触的多体系统动力学问题。

多体动力学主要解决机构的运动学、动力学问题,分析设计参数对机构动力学性能的影响,而 iSIGHT 软件主要解决优化算法的设置和调用问题。因此,在复杂产品设计开发过程中,遇到机构参数的优化问题,尤其是需要分析设计参数对动力学性能的影响时,采用 iSIGHT 与多体动力学软件(如 RecurDyn)进行集成优化是非常有效的。

iSIGHT 与 RecurDyn 等多体动力学软件的集成优化流程,一般是首先在 RecurDyn 等多体动力学软件中完成建模及模型的修正,然后再对模型进行参数化,最后在 iSIGHT 软件中完成优化问题的定义和求解。

利用 iSIGHT 与 RecurDyn 等多体动力学软件进行集成优化,目前已在工程领域有着广泛的应用。例如,车辆动力学分析领域的悬架参数优化设计、发动机悬置设计、转向系统优化设计等,火箭、导弹发射动力学,空间机械臂优化设计。

以上介绍了一些常用的多领域 CAE 软件联合仿真和集成优化方法,本书限于篇幅不作具体的内容展开,有兴趣的读者可以进一步查阅相关的专业书籍。

6.6　典型应用案例

6.6.1　复杂产品开发的协同仿真需求

在现代产品设计领域,复杂产品具有机、电、液、控等多领域耦合的显著特点,其集成化开发需要在设计早期综合考虑多学科协同和模型耦合问题,通过系统层面的仿真分析和优化设计,来提高整体的综合性能。例如,航天器产品的动力学性能需要与推进系统、操纵系统、控制系统等多个领域进行协调;铁路机车的牵引性能指标主要分布于控制、动力学、机械等多个领域,方案设计时需要综合协调结构参数、动力学特性、控制指标等要求。虚拟样机(virtual prototyping,VP)技术是一种基于计算机仿真模型的数字化设计方法,可以在设计早期通过对机械、控制、动力学等多领域模型的协同仿真,进行产品模型的各种性能分析,实现虚拟环境下产品系统层面的优化设计,因而已成为复杂产品开发和设计创新的重要手段。

协同仿真是近年来复杂产品虚拟样机技术领域的热点研究问题。它通过对物理系统的耦合建模和协同计算,来实现复杂工程系统的多学科综合分析和性能优化,在复杂产品开发领域有着非常广泛的应用。例如,不同路面、各种驾驶条件下的汽车姿态控制和整车多体动力学仿真问题;高速列车运行安全性分析中的流场动力学、姿态稳定性、气动载荷和系统响应的耦合建模与计算问题;飞行器飞行过程中的动力学性能、姿态稳定性和系统控制问题;大型燃气轮机流-热-固多场耦合计算问题;复杂机电装备机-电-液协同参数设计问题等。

针对复杂产品的多学科协同仿真,需要将不同学科领域的子系统作为一个整体进行仿真分析。对于复杂产品虚拟样机的多学科开发而言,由于各个子系统一般都有各自的设计要求和约束条件,采用协同仿真时需要根据各个子系统之间内在的关联关系,建立能够反映复杂产品运行机理的多学科耦合模型,并进行协同求解和数值仿真。

目前,针对复杂产品的多领域建模与协同仿真问题,国内外基本上可以分成两种实现方式:一是基于已有的各种单学科建模仿真软件,通过软件之间的专用接口(如 ADAMS 与 MATLAB),或者由某种软件平台集成已有的仿真软件工具(如 Plug&Sim,基于 HLA/RTI 总线的协同平台),来完成虚拟样机的多学科建模与协同仿真,这种方法的优点是可以利用现有软件高效、稳定的建模分析能力,不足之处是过于依赖软件本身或支撑平台的接口,二次开发工作的难度比较大;二是针对物理系统的具体特点,通过数学抽象的方式实现多学科系统的统一描述和模型求解,由于是对完整模型进行仿真求解,计算精度高,但需要解决多学科耦合建模和协同计算问题,因而该方式目前尚未达到实用的程度。但无论采用哪一种方式,都需要建立多学科耦合模型,并将每个子模型交给各自的仿真器进行解算,子系统之间则采用一定的交互机制来完成协同仿真。

复杂产品本身涉及机械、控制、电子、液压、气动、软件等多个不同领域,要想对这些复杂产品进行完整、准确的仿真分析,很显然单靠机械、控制或者电子等单个领域的仿真是远远不够的。人们必须将机械、控制、电子、液压、气动、软件等不同学科领域的子系统作为一个整体进行仿真分析,使所设计出来的复杂产品能够满足人们对复杂产品的各种行为要求,面向复杂产品设计的协同仿真正是在这样的背景下提出的。目前,人们已经将机械、控制、电子和软件等多领域的协同仿真应用于汽车、铁路车辆、航空航天飞行器、作战系统等复杂产品的设计中。例如,在 6.4 节中介绍的基于 CAE 接口的汽车姿态控制系统研制开发就是多学科协同仿真的典型案例,其技术实现的主要特点是,利用 MATRIXx/Xmath 与 ADAMS 仿真软件之间的接口,实现机械、控制(包含液压)的多领域建模,并实现了在单台计算机上的集中式协同仿真。

6.6.2　汽车动力学的协同仿真应用

随着汽车工业的快速发展，汽车市场上新车型层出不穷，汽车产品开发过程中如何改善汽车行驶过程的平顺性，是新车型设计中十分关注的问题。汽车在各种不同的路面上行驶过程，是一个复杂的多自由度振动系统，进行汽车行驶过程平顺性定量分析和评价的关键在于建立合理的动力学分析模型。计算机仿真技术的发展，通过汽车多自由度的动力学建模与仿真，为研究汽车行驶平顺性提供了有效途径。

以汽车为例，汽车动力学性能中较为复杂的是操纵稳定性。操纵稳定性是指汽车确切响应操作输入与抵抗外界扰动的能力。其中，操纵性指汽车系统作为随动系统，对驾驶员转向输入产生跟随响应的能力；稳定性指抵抗外界路面或阵风扰动的能力。传统的操纵稳定性评价主要通过试验评价方法，需要多轮样车试制与反复试验，不仅花费大量的人力、资金、时间，而且有些实验因其危险性而难以进行。

汽车动力学主要研究汽车在行驶过程中汽车轮胎、空气阻力对其的影响，并包括汽车自身驱动与制动之间的相互作用。下面介绍某型轿车 7 自由度的动力学协同仿真应用案例，通过对车辆与路面之间相互耦合作用的复杂动力作用过程机理的仿真分析，研究车辆关键结构和参数的适用性，根据仿真结果可以为车辆的性能改进和设计优化提供依据。

1. 车辆悬架 7 自由度模型

车辆悬架 7 自由度模型是一种典型的分析模型，如图 6-48 所示。它主要用于研究车辆悬架特性，包括车身的侧倾、俯仰、垂向运动及四个车轮的跳动。某型号车辆的主要参数见表 6-10，采用 MATLAB/Simulink 工具，试图进行车辆在 E 级路面上以 36km/h 速度行驶时的平顺性仿真分析。

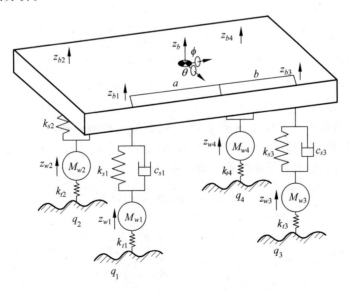

图 6-48　汽车 7 自由度动力学模型示意图

表 6-10　某型号车辆的主要参数

参 数 名 称	参 数 符 号	参数设计（方案一）	参数设计（方案二）
簧上质量	M_b	1380kg	1380kg
俯仰转动惯量	I_p	2440kg·m^2	2440kg·m^2
侧倾转动惯量	I_r	380kg·m^2	380kg·m^2
前轮簧下质量	M_{w1},M_{w2}	40.5kg	40.5kg
后轮簧下质量	M_{w3},M_{w4}	45.4kg	45.4kg
轮胎刚度	$k_{t1},k_{t2},k_{t3},k_{t4}$	192000N/m	268000N/m
前悬架刚度	k_{s1},k_{s2}	17000N/m	24606N/m
后悬架刚度	k_{s3},k_{s4}	22000N/m	26115N/m
悬架阻尼	$c_{s1},c_{s2},c_{s3},c_{s4}$	1500N·s/m	1200N·s/m
1/2 轮距	$\dfrac{B}{2}$	0.74m	0.87m
前轴距	a	1.25m	1.488m
后轴距	b	1.51m	1.712m

　　汽车在不平的路面上行驶，受路面颠簸的影响所产生的激励，建立空间 7 自由度的汽车振动分析数学模型，如式(6-24)表示为

$$\begin{cases} M_b\ddot{z}_b + c_{s1}(\dot{z}_{b1}-\dot{z}_{w1}) + k_{s1}(z_{b1}-z_{w1}) + c_{s2}(\dot{z}_{b2}-\dot{z}_{w2}) + k_{s2}(z_{b2}-z_{w2}) + \\ c_{s3}(\dot{z}_{b3}-\dot{z}_{w3}) + k_{s3}(z_{b3}-z_{w3}) + c_{s4}(\dot{z}_{b4}-\dot{z}_{w4}) + k_{s4}(z_{b4}-z_{w4}) = 0 \\[4pt] I_p\ddot{\theta} - a[c_{s1}(\dot{z}_{b1}-\dot{z}_{w1}) + k_{s1}(z_{b1}-z_{w1}) + c_{s2}(\dot{z}_{b2}-\dot{z}_{w2}) + k_{s2}(z_{b2})-z_{w2}] + \\ b[c_{s3}(\dot{z}_{b3}-\dot{z}_{w3}) + k_{s3}(z_{b3}-z_{w3}) + c_{s4}(\dot{z}_{b4}-\dot{z}_{w4}) + k_{s4}(z_{b4}-z_{w4})] = 0 \\[4pt] I_r\ddot{\varphi} + \dfrac{B}{2}[c_{s1}(\dot{z}_{b1}-\dot{z}_{w1}) + k_{s1}(z_{b1}-z_{w1}) - c_{s2}(\dot{z}_{b2}-\dot{z}_{w2}) - \\ k_{s2}(z_{b2}-z_{w2})c_{s3}(\dot{z}_{b3}-\dot{z}_{w3}) + k_{s3}(z_{b3}-z_{w3}) - c_{s4}(\dot{z}_{b4}-\dot{z}_{w4}) - \\ k_{s4}(z_{b4}-z_{w4})] = 0 \\[4pt] M_{w1}\ddot{z}_{w1} - c_{s1}(\dot{z}_{b1}-\dot{z}_{w1}) - k_{s1}(z_{b1}-z_{w1}) + k_{t1}(z_{w1}-q_1) = 0 \\[4pt] M_{w2}\ddot{z}_{w2} - c_{s2}(\dot{z}_{b2}-\dot{z}_{w2}) - k_{s2}(z_{b2}-z_{w2}) + k_{t2}(z_{w2}-q_2) = 0 \\[4pt] M_{w3}\ddot{z}_{w3} - c_{s3}(\dot{z}_{b3}-\dot{z}_{w3}) - k_{s3}(z_{b3}-z_{w3}) + k_{t3}(z_{w3}-q_3) = 0 \\[4pt] M_{w4}\ddot{z}_{w4} - c_{s4}(\dot{z}_{b4}-\dot{z}_{w4}) - k_{s4}(z_{b4}-z_{w4}) + k_{t4}(z_{w4}-q_4) = 0 \end{cases} \tag{6-24}$$

其中，z_b、θ、φ 分别表示车辆质心的垂直动位移、俯仰角和侧倾角，z_{w1}、z_{w2}、z_{w3}、z_{w4} 分别为车辆左前轮、右前轮、左后轮、右后轮的垂直动位移，z_{b1}、z_{b2}、z_{b3}、z_{b4} 分别为车辆左前轮、右前轮、左后轮、右后轮上方车体的垂直动位移，且有

$$\begin{cases} z_{b1} = z_b - a\theta + \dfrac{1}{2}B\varphi \\[6pt] z_{b2} = z_b - a\theta - \dfrac{1}{2}B\varphi \\[6pt] z_{b3} = z_b + b\theta + \dfrac{1}{2}B\varphi \\[6pt] z_{b4} = z_b + b\theta - \dfrac{1}{2}B\varphi \end{cases} \tag{6-25}$$

q_1、q_2、q_3、q_4 分别为车辆左前轮、右前轮、左后轮、右后轮的路面颠簸激励输入,如果各个车轮行驶的路面条件相同,那么各轮的路面激励输入相同,否则仿真时各轮的路面激励输入可取不同颠簸条件下的值。

2. 构造标准路面不平度的数学模型

接下来建立路面不平度的描述模型,采用三角级数法构造标准路面不平度函数的方法。在车辆动力学仿真分析中,车辆动力学模型的激励来自路面不平顺的颠簸,这样说来路面不平度的构造至关重要。

1)三角级数法构造标准路面不平度函数 $q(t)$

假定车辆以一定的速度 u 行驶在 E 级路面上,构造此时的路面不平度激励函数 $q(t)$。采用三角级数法构造标准路面不平度函数 $q(t)$ 的数学模型如下式:

$$q(t) = \sum_{k=1}^{N} a_k \sin(2\pi f_k t + \phi_k) \tag{6-26}$$

式(6-26)中,ϕ_k 为初相角,它是在 $(0, 2\pi)$ 区间服从均匀分布的随机变量,且对应于 $k=1$,$2, \cdots, N$ 中的 N 个 ϕ_k 彼此两两独立;a_k 为三角函数的幅值系数,单位 m;f_k 表示第 k 个时间频率区间的中心频率,单位 Hz。

2)中心频率 f_k 的确定

设路面激励的空间频率分布区间为 (n_l, n_h),则与之对应的时间频率区间为 (f_l, f_h),按照线性坐标等分频率区间 (f_l, f_h),区间划分的个数 N 随着仿真路面长度与时间而定。设 (f_{kl}, f_{kh}) 为其第 k 个频率段,f_{kl} 和 f_{kh} 分别为该频率段的下限频率和上限频率,则

$$\begin{cases} f_{kl} = f_{(k-1)h} = f_l + \dfrac{k-1}{N}(f_h - f_l) \\ f_{kh} = f_l + \dfrac{k}{N}(f_h - f_l) \end{cases} \tag{6-27}$$

令 $A = \dfrac{f_h - f_l}{N}$,则第 k 个中心频率为

$$f_k = f_l + \frac{A(2k-1)}{2} \tag{6-28}$$

3)幅值系数 a_k 的确定

根据 Parseval 公式和能量信号的相关定理,结合路面不平度时间谱密度 $G_q(f)$,路面不平度函数的幅值系数 a_k 可以按如下公式确定:

$$a_k^2 = 2\int_{f_{kl}}^{f_{kh}} G_q(f)\mathrm{d}f = 2G_q(n_0)n_0^2 u\left(\frac{1}{f_l + (k-1)A} - \frac{1}{f_l + kA}\right) \tag{6-29}$$

4)初相角 ϕ_k 的确定

初相角 ϕ_k 可以按照随机数生成方法中的乘同余法来生成 $(0, 2\pi)$ 区间上均匀分布的随机序列。这样,就用三角级数法实现了路面不平度函数的模拟。

5)路面不平度函数的计算

针对上述模拟的 E 级路面不平度函数,可以用 MATLAB 的内置经验分布函数和正态分布检验函数进行其分布特性检验、参数一致性检验和功率谱密度检验,这里因篇幅所限

不作展开。通过这些检验,可知构造的路面不平度函数符合国标规定的使用要求。

读者可以自行编写程序或用 MATLAB 工具实现路面不平度函数的计算。若模拟车辆以 $u=60\mathrm{km/h}$ 的路面不平度颠簸激励,此时得到的路面谱构造曲线如图 6-49 所示。

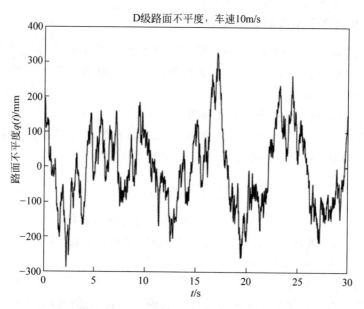

图 6-49　路面不平度的路面谱构造曲线

3. 车路协同的联合仿真

建立车路协同的联合仿真模型,如图 6-50 所示,进行汽车行驶过程的平顺性仿真分析。读者可以在 MATLAB 中建立路面不平度函数模型,并根据式(6-24)表示的空间 7 自由度汽车振动分析数学方程组,在 SIMULINK 系统中建立车辆仿真模型,如图 6-51 所示。读者也可以自行开发仿真求解器,并编写建模和仿真计算程序来实现。

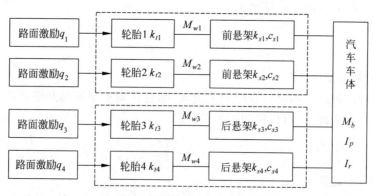

图 6-50　车路协同的联合仿真模型

车辆设计主要参数按照表 6-10 中给定的参数值给各个模型赋予初值,通过仿真分析对方案一和方案二这两种方案进行性能比较。

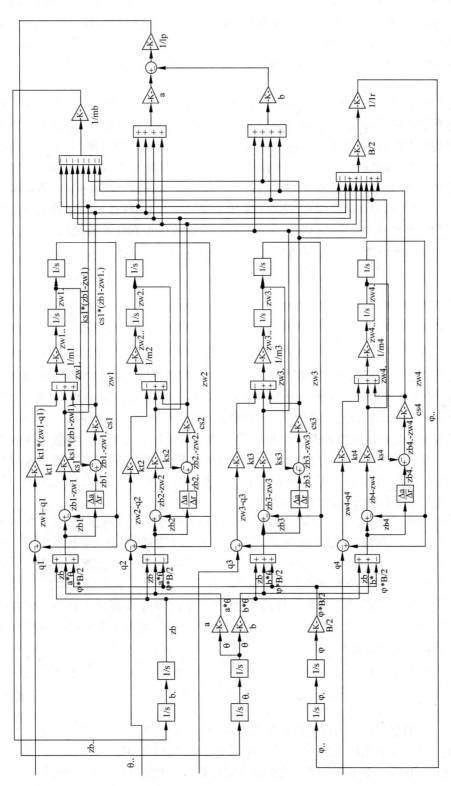

图 6-51 汽车的 Simulink 仿真模型

若要在 Simulink 系统中对车辆以 60km/h 速度行驶时进行平顺性仿真,参数设置为:仿真时长 60s,仿真算法为 ode45 变步长方法,最大步长 0.1s,最小步长 0.01s,初始步长 0.05s,其余取默认值。运行模型,可以得到仿真运行后的结果,图 A-1 至图 A-3 为车辆质心垂向、俯仰角、侧倾角的加速度变化情况,图 A-4 至图 A-7 为车辆四个轮子质心的垂向加速度变化情况(参见附录 B)。

通过车路协同的方式,对汽车行驶过程的平顺性进行了仿真分析,据此来研究车辆关键结构和参数的适用性,并根据不同参数条件下的仿真结果对比分析,仿真结果可以为车辆性能的改进提供依据,进而可以改善和优化车辆的设计性能。例如,在上述例子的仿真分析和方案优化中,如果对于某个高档车型要大幅度提高行驶性能,那么该车型可以考虑采用主动悬架系统,悬架系统的刚度和阻尼特性能根据汽车的行驶条件(车辆的运动状态和路面状况等)进行动态自适应调节,使悬架系统始终处于最佳减振状态,这种主动悬架系统具有良好的汽车平顺性与操纵稳定性等诸多优点。计算机仿真技术的发展,通过汽车多自由度的动力学建模与仿真,为研究汽车行驶平顺性提供了有效途径。

6.7　小结

本章围绕协同仿真技术的核心思想、基础理论、计算方法和典型应用等内容进行了讨论。

复杂产品通常是机电一体化系统,涉及机械、控制、液压、电子、软件等多个不同领域,其集成化开发需要综合考虑多学科模型耦合问题。协同仿真技术将机、电、液、控等多个领域的子系统集成为一个整体进行联合仿真,其仿真对象是由多个子系统构成的耦合模型,进行系统层面的仿真分析和优化设计,已成为复杂产品多学科虚拟样机开发中的重要手段。

协同仿真技术是通过对物理系统的耦合建模和协同计算来实现的。复杂产品各个子系统一般都有各自的设计要求和约束条件,模型之间存在复杂的关联关系。基于模型分解的思想,协同仿真将一个整体系统分解成多个相互耦合的子系统模型,然后对多个子微分方程组运用不同的数值积分器进行协同求解计算。

本章详细讨论了复杂产品多学科协同仿真模型的求解过程和计算框架,深入分析了三种不同的协同仿真组合算法,并且讨论了影响协同仿真算法精度、速度、稳定性的各种因素。作者提出了一种多学科耦合模型的局部截断误差计算方法,推导出耦合系统仿真的局部截断误差估算公式,给耦合系统的变步长协同仿真计算提供了一种实时算法。

本章介绍了利用商用 CAE 仿真软件通过接口交互的方式来实现多学科协同仿真的方法。同时,结合汽车产品设计中多领域协同仿真的典型应用,说明了多领域协同仿真技术在复杂产品设计开发中的重要应用。

习题

1. 简述多学科协同仿真的产生背景及其内涵。
2. 简述如何利用各领域 CAE 软件工具来实现多学科协同仿真。
3. 简述协同仿真框架下多个子系统模型协同计算的基本思想和求解策略。
4. 试对 6.3.2 节算例 1 的 S_1、S_2 耦合模型式(6-11)和式(6-12),利用 MATLAB 编程

工具来实现该耦合模型的数值解求解过程。

S_1 子系统：$\begin{cases} \dot{x}_1 = -x_1 + y_2 \\ y_1 = x_1 + 2y_2 \end{cases}$

S_2 子系统：$\begin{cases} \dot{x}_2 = -x_2 + y_1 \\ y_2 = x_2 \end{cases}$

积分算法：ode45(四/五阶 Runge-Kutta 算法)。

仿真区间：0~1s。

初始状态：$y_1 = 1.0$，$y_2 = 0$。

(1) 选择步长 $h = 0.01$，采用基于积分步的协同仿真算法，试求解其数值计算结果。

(2) 选择步长 $h = 0.005$，分别采用积分步算法、等步长联合步串行算法、等步长联合步并行算法等三种不同的协同仿真算法，试比较计算结果。

5. 试对书中 6.3.2 节算例 2 的 S_1、S_2 耦合模型式(6-13)和式(6-14)，利用 MATLAB 编程工具来实现其数值解求解过程。

S_1 子系统：$\begin{cases} \dot{x}_1 = x_1 y_3 - x_2 \\ \dot{x}_2 = -2x_1 x_2 + y_4 \\ y_1 = x_2 y_3 \\ y_2 = 3x_1 x_2 + y_3 y_4 \end{cases}$

S_2 子系统：$\begin{cases} \dot{x}_3 = 3x_4 y_1 + x_3 \\ \dot{x}_4 = 2x_3 x_4 - y_2 \\ y_3 = 4x_3 + x_4 \\ y_4 = x_3 - 2x_4 \end{cases}$

积分算法：ode45。

仿真区间：0~2s。

初始状态：$x_1 = 1$，$x_2 = -1$，$x_3 = -1$，$x_4 = 1$，$y_1 = 3$，$y_2 = 6$，$y_3 = -3$，$y_4 = -3$。

(1) 选择步长 $h = 0.005$，采用基于积分步的协同仿真算法，试求解其数值计算结果。

(2) 选择步长 $h = 0.001$，分别采用积分步算法、等步长联合步串行算法、等步长联合步并行算法等三种不同的协同仿真算法，试比较计算结果。

6. 试对书中 6.3.3 节的变步长协同仿真算法实验案例，即式(6-22)和式(6-23)组成的 S_1、S_2 两个子系统耦合模型，利用 MATLAB 编程工具来实现该模型的数值解求解过程。

仿真区间：0~2s。

初始状态：$x_1 = 1$，$x_2 = -1$，$x_3 = -1$，$x_4 = 1$，$y_1 = 3$，$y_2 = 6$，$y_3 = -3$，$y_4 = -3$。

(1) 子系统 S_1、S_2 所采用数值积分方法的阶 $p = 1$，插值函数的阶 $q = 1$；

(2) 子系统 S_1、S_2 所采用数值积分方法的阶 $p = 4$，插值函数的阶 $q = 1$；

(3) 子系统 S_1、S_2 所采用数值积分方法的阶 $p = 1$，插值函数的阶 $q = 0$。

试分别利用式(6-17)、式(6-18)和式(6-21)三种不同截断误差控制条件，设计不同的积分算法和插值算法，对该实例模型进行变步长协同仿真数值计算，输出状态变量 x_1 和 x_2 的计算结果。

第7章

分布式协同仿真

分布式仿真是由多台计算机联网而成的系统,它的硬软件资源采取分布控制与管理的方式,以支持多个子系统仿真任务协调统一地执行。对于计算量巨大的仿真任务,可以通过均衡分配到多台计算机上以提高仿真效率;对于分布在不同地点的仿真模型,通过网络将其连接起来共同完成仿真任务。在分布式仿真系统中,复杂的仿真模型分解为多个子模型,分布运行于多个计算机上,可以获得更高的执行效率和灵活性。分布式仿真技术的主要关注点有两个:一是仿真模型和实验任务的并行化处理,二是如何建立高效的分布式仿真环境。

7.1 分布式仿真的特点

网络化仿真技术泛指以现代网络技术为支撑条件,来实现系统仿真运行试验、评估分析等活动的一类技术。网络技术与系统仿真的结合为各类仿真应用对仿真资源的获取、使用和管理提供了巨大的空间,通过网络解决仿真过程中各类资源(如计算资源、存储资源、软件资源、数据资源等)的动态共享与协同应用问题,同时为仿真领域中诸多挑战性难题提供了以网络为基础的技术支撑,如复杂系统仿真应用的协同开发、仿真模型和服务的动态管理、仿真资源的虚拟化服务、仿真运行过程的安全协调、仿真计算资源的优化调度和负载均衡等。

分布式协同仿真是由多台计算机联网而成的仿真系统,通过计算机网络技术将分散于不同地域的相互独立的各种仿真器互联起来,形成一个在时间和空间上协同作用的综合虚拟环境,以实现各个仿真应用子系统之间的交互、仿真平台及仿真环境之间的交互。

分布式仿真系统从结构上可以视为由仿真节点和计算机网络组成。仿真节点本身可以是一台独立的仿真计算机,或为一个仿真应用子系统。与单独计算机仿真不同,分布交互的仿真节点不仅要完成本节点的仿真任务(如运动学、动力学模型的计算,人机交互,仿真结果显示,仿真动画生成等),还要负责将本节点的有关信息发送到其他节点;同时,它必须按某种时间条件接收其他节点发送来的信息,并作为执行本节点任务时的输入或输出条件。

分布式仿真系统在功能上主要有以下特点:

(1) 分布性。它是指仿真节点在地域上、功能上和计算能力上是分布的,通过网络连接实现共享一个仿真资源的虚拟环境。各仿真节点具有一定的自治性,既可以交互地协同运行,也支持独立地运行各自的仿真应用。

(2) 交互性。它支持各个仿真应用子系统之间的交互、仿真应用与平台及仿真环境之间的交互,或者人在回路中仿真系统的互操作性,而实现可交互性仿真则需要分布式仿真系统具有协调一致的结构、标准和协议。

(3) 实时性。实时是指分布交互仿真系统中往往存在着由物理系统构成的节点,或者包含"人在回路"的仿真应用子系统,要求仿真系统必须在时间和空间上与现实世界的时间具有一致性,实现分布交互仿真系统的实时性运行。

(4) 可扩展性。仿真系统可以随着应用规模的扩大而易于扩充,可扩展性对分布交互仿真意味着系统性能(如响应时间)不会随着系统规模(如接入的节点数)扩大而导致仿真运行的关键性能下降。

(5) 可靠性。随着协同仿真技术在工程领域的应用越来越复杂和规模越来越大,如航空航天等重要应用领域,其本身的可靠性要求极为严格,因而要求分布交互仿真系统在规定的条件下和规定的时间内应能可靠地实现仿真运行,并可以获得合理的仿真结果。

7.2 分布式仿真技术

7.2.1 网络化仿真技术

分布交互仿真(distributed interactive simulation,DIS)是在计算机网络迅速发展之后,在军事领域的应用需求牵引下,目的是让异地、异构仿真系统可以通过计算机网络形成规模更大、功能更齐全的仿真系统,从而实现联合仿真训练和仿真实验等功能。网络化仿真技术经历了 SIMNET、DIS、ALSP 和 HLA 等几个主要发展阶段。

分布交互仿真是指采用协调一致的结构、标准和协议,计算机网络将分布在不同地点的仿真设备连接起来,通过仿真实体间的实施数据交换构成时空一致的合成环境的一种先进的仿真技术。其技术特点主要表现为分布性、交互性、异构性、时空一致性和开放性。

分布仿真技术出现于 20 世纪 80 年代,起初主要源自美国在军事领域的研究和应用。当时随着军事需求与技术的发展,单项武器系统的仿真已不能满足武器装备研制的需要,其军事部门开始考虑将已有分散在各地的单武器平台仿真系统,通过信息互联构成多武器平台的仿真系统,进行武器系统作战效能的研究。1983 年,美国国防部先进计划局牵头制订了 SIMNET(simulation networking)计划,将分散在各地的坦克仿真器通过计算机网络连接起来,进行各种复杂作战任务的训练和演习。在武器系统研制过程中,用虚拟样机代替物理样机试验,使新技术、新概念、新方案在虚拟战场中反复进行试验和分析比较,从而确定最佳方案,选择最优技术途径,而且武器研制部门与未来的武器使用部门通过互联网加强早期协作,用户尽早介入武器研制过程中,使新装备更适合军方需要,比使用物理样机更为经济、省时。

从仿真系统架构的角度来看,分布仿真技术的发展过程如图 7-1 所示。

1989 年,美国军方研究了聚集级仿真协议(aggregate level simulation protocol,ALSP),它是支持聚集级军事数字仿真器间互操作的通用协议。在 SIMNET 和 ALSP 的基础上,出现了分布交互仿真(distributed interactive simulation,DIS),它能够支持多种仿真器(如实物、半实物等)之间的互操作。DIS 以协议数据单元(protocol data units,PDU)方式定义了仿真模型之间通信的标准(IEEE 1278 和 IEEE 1278.2),每个仿真单元的全部状态通过 PDU 广播发送出去,数据收集单元可以知道仿真单元在任意时刻的状态的完整信息。但 PDU 中包含大量固定不变的信息,或是接收者不需要的信息,这些信息的反复传递增加了网络的负荷,也增加了仿真器信息处理的系统开销。

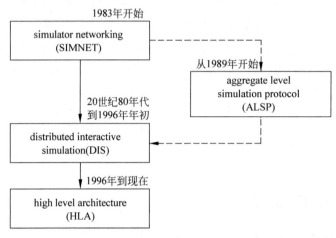

图 7-1　分布仿真技术的发展

DIS 的功能分布性主要表现在:在 DIS 中没有中央处理机,各仿真节点是平等的。每个仿真节点具有各自的计算资源,并负责对分配给它的仿真任务进行处理。DIS 中的节点一般具有自治性,即一个节点的加入与退出不会引起其他节点的正常执行。

DIS 的交互性特点主要包括:①节点内部进程交互、人机交互;②节点之间的交互作用;③不仅要求人机交互及节点之间交互的实时性,而且要保证空间一致性,即时空一致性。时空一致性是 DIS 的基本要求,也是 DIS 的本质特征。DIS 中的节点任务各异,往往要根据仿真系统的任务分配确定,其计算机仿真环境也很可能不同。为了保证这种异构系统的信息共享与通信,需要在应用层定义信息交换的格式和内容。DIS 将这些交换的信息单元定义成协议数据单元 PDU,这样使得仿真系统交换的信息内容与通信层面的软硬件无关,从而易于采用通用的商业网络软硬件环境(TCP/IP 协议)。

1991 年,美国国防部成立了建模与仿真办公室(defence modeling and simulation office,DMSO)专门进行分布仿真的研究工作,它的一个重要成果就是高层体系结构(high level architecture,HLA)。尽管 HLA 最初建立是针对军事仿真领域,但它也可以应用到其他领域的仿真上。1998 年,HLA 被对象管理组织(Object Management Organization,OMG)接受作为国际标准。HLA 并不是 ADS 发展的最终目标,而且 HLA 本身也在继续发展和改进中。

目前,分布式仿真技术的研究主要集中在两个方面:一是仿真模型和实验任务的并行化与分配,二是建立高效的分布仿真环境。仿真系统开发过程往往是一个迭代的过程,包括确定仿真目标、建立数学模型、设计仿真程序、调试仿真模型、仿真运行试验、分析仿真结果、修改模型和再次运行等。为了使各个阶段仿真任务有条不紊地连接起来,提高工作效率,需要一个分布、开放的仿真开发环境,将仿真系统开发过程中各个阶段的工作如建模、验模、算法选取、仿真运行、分析处理和数据管理等有机结合起来,提供一个开放式、便于功能扩展的仿真系统平台,是分布式仿真技术发展的主要目的。

7.2.2 分布交互仿真

为了支持分布交互式的仿真应用,形成时空一致的分布式仿真环境,必须制定相应的信息交换标准,主要包括信息交换的内容、格式的约定及通信结构、通信协议的选取。

DIS 是一种分布交互仿真的信息交换标准体系,由 IEEE 1278.1(协议数据单元 PDU 标准)、IEEE 1278.2(通信体系结构标准)、IEEE 1278.3(演练控制与反馈标准)、IEEE 1278.4(DIS 校核、验证与确认标准)和 IEEE 1278.5(DIS 逼真度描述需求标准)等构成。

DIS 的基本任务是定义一个层次结构,主要提供接口标准、通信结构、管理结构、置信度指标、技术规范。基于这种层次化结构,可将现有各种不同用途的仿真设备集成在一起,构造成为一个统一、协调的综合仿真环境,实现分布交互的协同仿真应用。

从仿真系统的物理构成来看,DIS 由各类仿真节点和计算机网络两大部分组成。通过计算机网络(LAN 和 WAN)及网络与仿真器连接的网络接口单元(network interface unit, NIU)将分布在不同地域的仿真节点连接起来,而具体的物理拓扑结构可以是多种多样的。从逻辑的角度来看,DIS 的核心是一系列标准,这些标准规定了仿真器互联时网络底层协议应提供的服务、网络系统数据传输应具备的基本要求、仿真器的数据交换内容和格式及一些数据通信的辅助算法等。DIS 环境应具有的主要功能是:①分布仿真功能;②交互仿真功能;③实时并发功能;④信息存储与处理功能;⑤人机界面功能。

在 DIS 系统中,网络接口单元(NIU)用于实现各类实体仿真器的互联和通信。在物理连接上,NIU 一端连接仿真器,另一端与网络系统相连。NIU 完成各个仿真器不同标准的数据接口与网络系统的互联,数据流上实现不同数据集到标准 PDU 的互换,在仿真环境上实现局部仿真器到统一的综合虚拟环境的互通。

DIS 交互仿真中,网络传输的对象是 PDU,每种 PDU 都包含大量预先定义好的信息,共 27 种。例如,实体状态 PDU 描述实体的位置、姿态、速度、角速度等运动特性。DIS 网络是一种严格的对等结构。如果实体状态发生变化,就要随时向其他仿真应用广播状态信息;若实体无任何状态变化,也需要每隔一定的时间(即"心跳时间")广播其状态信息。即使是 PDU 中的一个数据发生变化,也要发送整个 PDU 中的信息。

一个 DIS 网络中包含多个仿真节点,仿真节点可能是一台仿真主机,也可能是一个网络交换设备。多数情况下,仿真节点负责完成本节点的仿真功能(包括模型计算、仿真进程的运行、仿真结果的记录与输出、环境数据信息服务及人机交互等),计算该节点内部一个或多个仿真实体的状态,并把这些状态及其内部事件通知给其他节点,接收其他节点发送来的状态和事件信息,然后将这些信息作为本节点的更新条件再进行计算。

从层次化的角度来看,DIS 实际上定义了一个分布的异构仿真器互联的层次化模型,这种开放式层次化模型的思想来源于国际标准化组织(ISO)和开放系统互联参考模型(open system interconnection reference model,OSIRM)。ISO 和 OSIRM 是目前大多数商用网络产品所共同遵循的一个具有开放式结构的层次化模型,它共定义了七层结构,并针对模型的每一层规定了它应该具备的功能。在层与层之间定义了彼此应当提供的服务。由于该模型只定义了各层应具备的功能及应提供的服务，而没有规定具体的实现途径，因此从应用的角度来看，它是开放的。正是由于这种开放性，异构系统的互联成为可能。这样使ISO/OSIRM得到了网络系统开发者的一致遵守。

DIS 是一种在实践中经过证明的有效技术，曾经在分布式仿真领域中扮演重要的历史角色。DIS 最大的缺点是 PDU 将仿真和底层建模服务混淆在一起。这使得每个新的仿真应用都会借口已有的 PDU 缺乏通用性，而趋向于开发其专用的 PDU，从而使标准化工作很难开展。

7.2.3 高层体系结构

1. HLA 的产生背景

随着仿真系统的日益复杂，各个领域对计算机仿真的需求不断增加，系统仿真呈现分布性、多样化的特点，不仅涉及连续、离散和混合仿真，还涉及定性和定量仿真。而 DIS 主要提供连续、实时和人在回路的平台级仿真，而对于其他类型的仿真系统，如具有不同的时间管理策略、不同精度和不同粒度的仿真应用，还不能提供交互性联合仿真的能力。此外，计算机网络技术的发展，并且有大量的支撑软件和工具在商用领域得到广泛的应用，尤其是面向对象技术与分布计算技术的结合，产生了分布对象计算技术和支持分布对象计算标准（CORBA，DCOM），这些技术的出现为 HLA 的产生提供了技术基础，而 DIS 已不能适应不断发展的新技术需求。

1992 年美国国防部提出了"国防建模与仿真倡议"，要求在新的结构、方法和先进的技术基础上，建立一个广泛和分布的国防建模与仿真高性能一体化综合环境，并提出了应用性、综合性、可用性、灵活性、真实性和开放性的要求。

高层体系结构（high level architecture，HLA），起源于美国国防部 1995 年 10 月开始的"建模仿真主计划"（dod modeling and simulation master plan），其出发点是为武器系统仿真建立一个公共技术框架，以便使 C4I（command，control，communication，computer & intelligence）自动化指挥系统中基于各种模型的仿真应用可以互操作，并实现模型与仿真资源的重用。该公共技术框架包括三大部分：仿真高层体系结构（high level architecture，HLA），任务空间概念模型（conceptual model of mission domain，CMMD）和数据标准化。1996 年 10 月，美国国防部规定 HLA 为其国防军事仿真项目的标准技术框架，并替代原有的 DIS，ALSP 等标准。2000 年 9 月，HLA 成为 IEEE1516 国际标准。2010 年，HLA 的演进版 IEEE 1516—2010 标准发布。HLA 还被对象管理组织 OMG 采纳为仿真领域的分布式仿真系统规范。

HLA 的目的是要提供一个通用的分布式仿真架构，能够适用于各种模型和各类应用，包括训练、采办、分析、试验、过程及测试与评估。HLA 支持虚拟、构造和实况模型，既能执行实时仿真，又能执行逻辑时间仿真，它提高了各种不同类型的模型和仿真应用之间的互操作性，增强了仿真软件模块的重用能力。此外，尽管 HLA 最初是从军事领域仿真应用提出来的，但并不只限于军事仿真应用。它不但可以用于军事领域的分布式仿真，而且完全可以用于工程领域的仿真应用，利用它来实现复杂产品的分布式协同仿真。

2. HLA 的技术组成

HLA 是分布式交互仿真的高层体系结构,它定义了一个通用的仿真技术框架。在该框架下,可以接受现有的各类仿真成员共同加入,并实现彼此的互操作。在 HLA 中,每一个描述了一定功能的仿真成员称为 HLA 的一个联邦成员(federate),每个联邦成员可以包含若干个对象(object),为实现某个特定的仿真目的而进行交互作用的若干联邦成员的集合称为联邦(federation),整个仿真运行过程被称为联邦执行(federation execution)。在 HLA 框架下,联邦成员通过 RTI(runtime infrastructure)构成一个开放性的分布式仿真系统,如图 7-2 所示。其中,联邦成员可以是真实物理系统、构造或虚拟仿真系统及一些辅助性的仿真应用。在联邦运行阶段,这些成员之间的数据交换必须通过 RTI 来实现。

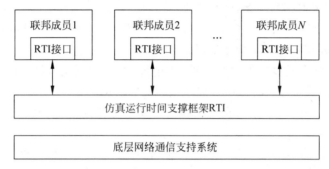

图 7-2 HLA 的分布式仿真技术框架

HLA 标准将仿真联邦分为三个组成部分:①联邦成员;②运行时间框架(run time infrastructure,RTI);③统一接口。

RTI 是 HLA 接口规范的计算机软件工具化,它实现了 HLA 接口规范所定义的各种服务,是支持 HLA 联邦执行的一套支撑软件,扮演着分布式仿真总线或仿真运行操作系统的角色。RTI 允许构成仿真联邦的多个联邦成员在仿真过程中通过本地或远程网络交互数据,并且在联邦内部使各种仿真引擎的推进过程实现同步,可以保障仿真模拟器和非实时构造仿真之间的正确运行。目前,一些商用 RTI 软件工具或开源 RTI 可以直接使用,而由不同团队开发的 RTI 都必须遵守 HLA 标准的规范要求。

作为一种先进的仿真体系结构,HLA 的主要目标是支持通过对仿真应用的组合,从而创建更大的仿真应用。HLA 的基本思想就是利用面向对象的方法设计、开发和实现系统的对象模型来获得仿真联邦的高层次互操作及可重用。HLA 由三部分组成:HLA 规则(rules),HLA 对象模型模板(object model template,OMT)和 HLA 接口规范(interface specification)。

1) HLA 规则(HLA rules)

HLA 规则中规定了所有仿真联邦及其联邦成员必须遵守的一些基本原则,这些规则分为联邦规则和联邦成员规则两个部分。HLA 规则共有 10 条,其中联邦规则 5 条,联邦成员规则 5 条。要想实现 HLA 兼容的仿真,仿真联邦和所有的联邦成员都必须遵守这些规则。

联邦规则主要概括为 5 条,分别如下:

(1) 每一个联邦必须有一个 HLA 联邦对象模型(federation object model,FOM)来描

述对象间的交互,FOM 以 HLA 对象模型模板(OMT)规定的形式存在。

(2) 在一个联邦中,每个对象的表现应限于联邦成员内,而不应在 RTI 中。

(3) 在一个联邦执行(即仿真运行)过程中,所有联邦成员相互之间的数据交换都必须通过 RTI 来实现。

(4) 在一个联邦执行过程中,所有联邦成员与 RTI 之间的接口必须符合 HLA 接口规范。

(5) 在一个联邦执行过程中,某个对象实例属性在任何时刻都应当被唯一的一个联邦成员所拥有。

上述 HLA 联邦规则中有两点尤为明确:①所有的建模都在联邦成员中,而不在 RTI 中;②所有联邦成员的信息交互和同步都只能通过 RTI 实现。

联邦成员规则也概括为 5 条,分别如下:

(1) 每个联邦成员必须有一个 HLA 仿真对象模型(simulation object model,SOM)来描述对象的属性,并按照 OMT 规定的形式存在。

(2) 联邦成员应当能够在 SOM 中更新(update)和/或反射(reflect)对象实例属性,并能够发送(send)和/或接收(receive)外部对象的交互信息。

(3) 在联邦执行过程中,联邦成员应当能够动态地传递(transfer)和/或接收(receive)属性的所有权(ownership)。

(4) 联邦成员应当能够变化相应的条件值,以保证对象属性值的更新(update)。

(5) 联邦成员应当能够管理本地时间(local time),以协调与联邦内其他成员进行正确的数据交换。

2) 接口规范(interface specification)

HLA 接口规范描述了联邦成员与 RTI 之间的功能接口,即 RTI 能向联邦成员提供的服务,以及联邦成员能为 RTI 所提供的服务。利用这些服务,联邦成员在参与联邦执行时能够与其他成员有效地进行信息交换。

RTI 可看作一个分布式仿真系统的运行支撑工具,在每个联邦成员的主机中都有驻留程序,用于实现各类仿真应用之间的交互操作,是连接系统各部分的纽带,也是 HLA 仿真系统的核心。联邦成员在开发过程中遵守相应的规则及其与 RTI 的接口规范,在运行过程中也只与本机中的 RTI 驻留程序进行直接交互,其余的交互任务全部由 RTI 来完成。可见,HLA 系统的通信任务实际上是由各 RTI 服务来完成的。

图 7-3 表示了每个联邦成员和 RTI 之间的接口。RTI 向每个联邦成员提供一个 RTIambassador(RTI 大使)的接口,联邦成员则通过该接口调用 RTI 提供的各种服务,如联邦成员请求更新一个对象实例的属性值。这些服务通常被称为由联邦成员发起的服务(federate-initiated service)。另外,每个联邦成员则向 RTI 提供一个 federate ambassador(联邦成员大使)的接口,RTI 通过该接口调用联邦成员所提供的服务,这些服务是每个成员对应的仿真应用所特有的,它们必须由每一个联邦成员具体加以实现。通常这些服务被称为由 RTI 发起的服务(RTI-initiated service),同时也经常被称为 RTI 对联邦成员的回调(callback)。因此,某些 RTI 服务被定义成为 RTI 大使接口的一部分,而另外某些 RTI 服务则被定义成为联邦成员大使接口的一部分。

HLA 接口规范包含六大服务,由 RTI 为多种类型的仿真交互提供这些服务,分别如下:

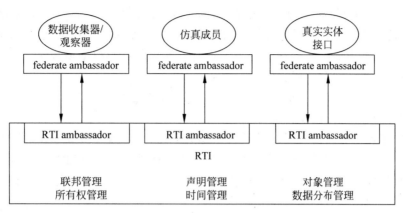

图 7-3 联邦成员和 RTI 之间的接口

（1）联邦管理（federation management）。联邦管理提供有关的服务，让一个联邦成员创建、加入、退出一个联邦执行，存储、恢复联邦执行，并对联邦同步进行管理。

（2）声明管理（declaration management）。它提供服务使联邦成员声明它们能够创建和接收对象状态与交互信息，实现基于对象类或交互类的数据过滤。在 HLA 中，联邦成员首先使被发送的数据为 RTI 所获取，然后 RTI 保证将这些数据发送给所有感兴趣的联邦成员。声明管理服务就是对联邦成员要"产生"或者要"消费"的数据进行兴趣声明。

（3）对象管理（object management）。它提供创建、删除对象，以及传输对象数据和交互数据等服务。联邦成员利用对象管理有关服务发送一个交互，登记一个对象类的新实例和更新它的属性，而其他成员则利用对象管理有关服务接收交互，发现新的对象实例和接收一个对象实例的属性值更新。

（4）所有权管理（ownership management）。它提供联邦成员间转换对象属性所有权服务。一个联邦成员在更新一个实例属性值的时候必须首先拥有该实例属性的所有权。所有权管理提供服务，对某个实例属性所有权进行管理，以便在联邦成员之间进行实例属性所有权的共享或者转移。

（5）时间管理（time management）。它用于控制和协调不同局部时钟管理类型的联邦成员（如 DIS 仿真系统、实时仿真系统、时间步长仿真系统和事件驱动仿真系统等）在联邦时间轴上的推进，为各联邦成员对数据的不同传输要求提供服务。时间管理提供有关服务，协调每个联邦成员以共同推进逻辑时间，控制对时间戳事件（time-stamped events）的投递（delivery）。联邦成员可以通过设置时间调节型（time-regulating）和时间受限型（time-constrained）而决定参与时间管理的程度。通过时间管理，HLA 保证在分布式环境下各个事件的正确发生顺序。

（6）数据分布式管理（data distribution management）。它提供数据分发的服务，允许联邦成员规定其发送或接收的数据的分发条件，以便更有效地分发数据。

3）HLA 对象模型模板（object model template）

HLA 对象模型模板（OMT）规定了记录 HLA 对象模型信息的格式和语法（format and syntax），这些对象模型确定了联邦执行时所要交换的数据。将面向对象思想和方法引入分布交互仿真，用来描述 HLA 对象模型的框架结构，定义 HLA 对象模型中记录信息的格式和句法，包括对象、属性、交互行为和参数。HLA 中的联邦对象模型（FOM）和联邦成员的仿真对象模型(SOM)是通过 OMT 来描述的,FOM 借助 OMT 提供的标准化记录格式,对一个特定的仿真联邦中各个联邦成员之间需要交换的数据特性进行描述,以便各联邦成员在仿真联邦的运行中准确地利用这些数据进行互操作。对象模型模板是使仿真系统具有互操作性与可重用性的重要机制之一。

FOM 中的数据主要包括仿真联邦中作为信息交换主体的对象类及其属性,交互类及其参数,以及对它们本身特性的说明。

SOM 描述各个仿真成员可以提供给联邦的信息,以及需要从其他仿真成员接收的信息。它反映了仿真成员向外界发布信息的能力和向外界订购信息的需求。与 FOM 一样,SOM 中包含的数据也是作为信息交换主体的对象类及其属性、交互类及其参数,以及对它们本身特性的说明。

FOM 和 SOM 是 HLA 中的一种标准化模型描述方式,便于模型的建立、修改、生成与管理,以及仿真资源的重用。

3. HLA 的技术特点

HLA 的特点是采用了分布式仿真系统的开发、执行与相应的支撑环境相分离的方式,这样可以使仿真人员将重点放在仿真模型开发和交互信息设计上,在模型中描述对象间所要完成的交互动作和所需交互的数据,而不必关心交互是如何进行的。RTI 为联邦中的仿真提供一系列标准的接口(API)服务,用以负责协调和完成仿真所要求的各种信息交互,使联邦能够协调执行。在整个仿真系统中,所有的应用程序都是通过一个标准的接口形式进行交互的,共享服务和资源是实现仿真互操作的基础。

每个联邦成员都可以制定自己能发布的信息、接收的信息、数据的传输形式、传输机制等。只有当仿真实体的状态信息发生变化时才发送信息,由此严格保证只发送变化的信息和只发送接收方需要的信息。RTI 先判断服务请求所要求的通信机制,再按照所要求的通信机制与响应的联邦成员通信。在 HLA 中,网络传输的数据源于联邦成员与 RTI 之间的各种服务请求和应答,并通过 RTI 提供的服务完成各类仿真应用之间的互操作。当实体的某些参数发生变化时,就只传送这些参数的值。尽管在传输过程中需要附加一些标识信息及与 RTI 服务相关的信息,但总的数据传输量比 DIS 方式小很多。

在时间推进机制上,HLA 允许不同时间推进机制的仿真应用实现彼此间的交互。具体地讲,HLA 允许实时、超实时、欠实时及完全由事件驱动的仿真成员共同参与,并保证它们之间的互操作性。

在 HLA 的技术框架下,由于 RTI 提供了较为通用的标准软件支撑服务,具有相对独立的功能,可以保证针对不同的用户需求和不同的仿真目的,实现仿真联邦快速、灵活地组合和配置。此外,通过提供标准的接口服务,隐蔽了各自的实现细节,可以使这两个部分进行独立开发,利用各自领域的最新技术来实现标准的功能和服务。

7.3　基于 HLA 的多领域协同建模方法

复杂产品通常是由机械、控制、电子、液压、软件等多个子系统组成的复杂系统,其协同仿真要求将不同学科领域的子系统模型,通过多领域建模技术将这些不同领域的模型构建成为一个更大的仿真模型,当多领域建模完成之后,不同学科领域的模型需要相互协调,共同完成协同仿真运行,这样就可以对复杂产品对象在系统层面进行联合仿真分析。

为了更好地支持复杂产品的多领域建模与协同仿真,需要一种具有标准性、开放性、可扩充性,支持分布式仿真,基于商用仿真软件的多学科协同仿真方法,实现将产品模型、环境模型和行为模型分布在不同计算机上进行分布式仿真运行。HLA 是一个通用的 IEEE 标准分布式仿真架构,不但可以用于军事领域的分布式仿真,而且也适用于工程领域的仿真应用,是实现复杂产品分布式协同仿真的一种有效技术路径。本节将介绍基于 HLA 的复杂产品分布式协同仿真方法。

7.3.1 基于 HLA 的模型映射方法

复杂产品分布式协同建模是按照一定原则,将其分解为不同的子系统,各个子系统的建模由各自不同领域的专业 CAE 仿真软件完成,然后再将各子系统模型按照其内在的相互连接关系构建成为一个系统层面的仿真模型。在将子系统模型组成为系统模型的时候,如果各子系统模型采用不同的商用仿真软件建模,我们在 6.4 节中介绍了一种"基于接口的多领域建模方法",即利用仿真软件提供的接口完成多领域建模,但受商用 CAE 仿真软件功能的限制,基于接口方式实现的联合仿真应用,其建模和仿真运行通常只能局限于单台计算机上进行集中式联合仿真,并不支持分布式环境下的协同仿真。

下面着重介绍基于 HLA 的多领域建模和协同仿真方法。

HLA 作为一种先进的仿真体系结构,它在标准性、开放性、可扩充性和支持分布式仿真方面具有诸多优点。HLA 还具有多种时间管理机制,既支持连续系统仿真,也支持离散事件系统的仿真;既能用于硬件在回路(hardware-in-the-loop)、人在回路(man-in-the-loop)等对实时性要求较高的仿真,也能用于以数学模型为主的非实时仿真。如果我们能够将 HLA/RTI 作为仿真"总线",各领域商用仿真软件只需相应开发与 HLA/RTI 的接口,那么就可以实现分布式多领域建模。针对复杂产品多领域建模以工程应用中不同学科领域的连续系统建模为主,下面将有关"基于 HLA 的多领域建模方法"的所有讨论只限制在连续系统建模范围内。

1. 复杂产品子系统模型之间耦合参数的关联表示

假定某个复杂产品利用不同领域的商用仿真软件 SR1、SR2、SR3 分别开发了子系统模型 A、B 和 C,模型之间存在关键参数的耦合关系,这些耦合参数通过仿真软件之间的接口建立关联。如图 7-4 所示,模型 A 的输入变量分别记为 A_WI1、A_WI2、A_WI3、A_WI4(其中,A 表示模型名称,而 WI1 为该变量的图中标注名称,W 表示模型运行工作空间 Workspace,I 表示输入变量,下同),而其输出变量分别为 A_WO1、A_WO2、A_WO3、A_WO4(其中,O 表示输出变量);模型 B 的输入变量分别为 B_WI1、B_WI2,而其输出变量为 B_WO1;模型 C 的输入变量分别为 C_WI1、C_WI2、C_WI3,而其输出变量分别为 C_WO1、C_WO2、C_WO3。这里,模型运行工作空间是指开发该模型的商用仿真软件在运行这一具体模型时所提供的私有工作空间,通常保存有运行的中间变量值等。

建立该复杂产品的子系统模型后,可以利用各仿真软件相互之间的接口建立子系统模

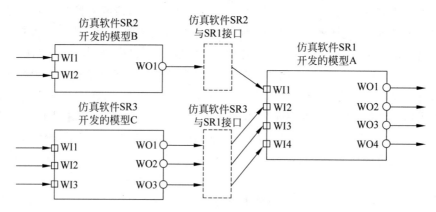

图 7-4 子系统模型之间关联信息的接口表示

型之间耦合参数的关联关系。例如,通过仿真软件 SR2 与 SR1 的接口,将模型 B 的输出变量 B_WO1 映射到模型 A 的输入变量 A_WI1 上。类似地,利用仿真软件 SR3 与 SR1 的接口,将模型 C 的输出变量 C_WO1、C_WO2、C_WO3 分别映射到模型 A 的输入变量 A_WI2、A_WI3、A_WI4 上。

在仿真运行阶段,当模型 B 和 C 都各自推进一个仿真步长,而得到输出变量 B_WO1 和 C_WO1、C_WO2、C_WO3 在该步长时刻的数值后,根据输出变量和输入变量的映射关系,将它们分别赋到模型 A 的输入变量 A_WI1 和 A_WI2、A_WI3、A_WI4 上。这样,模型 A 可以根据新的输入变量数值推进一个仿真步长,从而得到输出变量值 A_WO1、A_WO2、A_WO3、A_WO4。由此继续直至所有模型都完成一步仿真推进,即可完成整个系统的一个仿真步长循环。然后继续该循环,直至仿真结束条件达到为止。

2. 基于 HLA 的多领域建模中联邦成员和对象类属性的确定

在基于 HLA 的复杂产品多领域建模中,通常利用不同领域商用仿真软件分别开发各个子系统模型,为了将子系统模型之间存在的耦合参数所对应的模型输入变量和输出变量进行一一映射,此时不是采用商用仿真软件之间的接口将一个模型的输出变量直接映射到另一个模型的输入变量上,而是通过基于 HLA 的模型封装方法来实现模型输出变量到另一个模型的输入变量的映射。

根据复杂产品协同仿真的目的,首先需要规划多学科协同仿真的联邦对象模型(FOM)和联邦成员(SOM),并将不同领域商用仿真软件开发的模型划入不同的联邦成员,然后确定每个联邦成员可发布的对象类及相应的对象类属性。

基于 HLA/RTI 的仿真联邦信息交换,都是通过某个联邦成员发送一个交互、登记一个对象类的新实例和更新它的属性,而其他成员则通过接收交互、发现新的对象实例和反射一个对象实例的属性新值来实现。

由于模型的每个输出、输入变量值在每一个仿真时间步长都会更新,在基于 HLA 的多领域建模方法中,我们采用对象类属性而不是直接交互来实现仿真信息的动态交换,即一个成员更新(update)某个对象实例属性值,而其他成员则反射(reflect)相应的属性值。这样就可以在基于 HLA 的仿真技术框架下,实现将各个领域商用仿真软件所开发的子系统模型之间在协同仿真运行时的动态信息交换。

具体的映射原则如下：

（1）一个联邦成员对应一个模型。每个模型通常是采用某个商用仿真软件开发的，例如，使用 MATLAB/Simulink 软件工具开发的控制系统模型，该模型可以是由同一仿真软件开发的不同子模型组装而成的，但这种组装必须在相应的仿真软件中先行完成。

（2）每个联邦成员，根据需要可以包含多个可发布的对象类。但模型的每个输出变量应当与该模型所对应的联邦成员某一可发布对象类的属性进行一一对应，而模型的每个输入变量则应当与其他某个模型所对应的联邦成员某一可发布对象类的属性一一对应。

（3）一个联邦成员对应一个模型，而该模型一般包含多个输入变量、输出变量，则该联邦成员被称为该模型对应的联邦成员，同时该模型被称为该联邦成员对应的模型。

这里，我们仍然结合图 7-4 中的复杂产品利用不同领域的商用仿真软件 SR1、SR2、SR3 分别开发了子系统模型 A、B 和 C，及其模型之间的参数耦合关系，采用基于 HLA 的方法实现多领域建模。

如图 7-5 所示，按照前面所述的联邦成员划分和每个联邦成员可发布的对象类及相应的对象类属性确定的原则，我们将仿真软件 SR1 开发的模型 A、仿真软件 SR2 开发的模型 B、仿真软件 SR3 开发的模型 C 分别作为一个联邦成员。

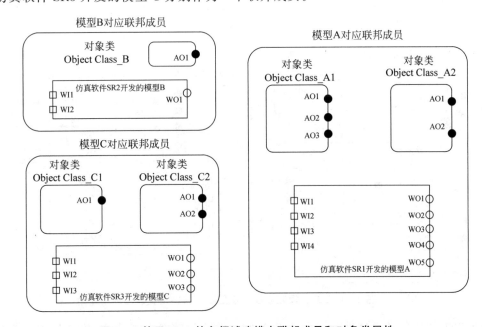

图 7-5 基于 HLA 的多领域建模中联邦成员和对象类属性

模型 A 对应联邦成员包含两个可发布的对象类：Object Class_A1 和 Object Class_A2。其中，Object Class 为对象类的关键字，A 表示联邦成员所对应的模型名称，1 表示第 1 个对象类。这里，对象类 Object Class_A1 包含三个属性：Object Class_A1_AO1、Object Class_A1_AO2 和 Object Class_A1_AO3；而对象类 Object Class_A2 包含两个属性：Object Class_A2_AO1 和 Object Class_A2_AO2。

模型 B 对应联邦成员包含一个可发布的对象类 Object Class_B，而对象类 Object Class_B 包含一个属性：Object Class_B_AO1。

模型 C 对应联邦成员包含两个可发布的对象类 Object Class_C1、Object Class_C2。对象类 Object Class_C1 包含一个属性：Object Class_C1_ AO1；对象类 Object Class_C2 包含两个属性：Object Class_C2_ AO1 和 Object Class_C2_ AO2。

3. 基于 HLA 的多领域建模中模型输入与输出变量之间的映射

将模型的每个输入、输出变量与其所对应的联邦成员中可发布对象类属性进行一一映射，以实现一个模型的某个输出变量和另一个模型的某个输入变量的一一映射。

1）模型输出变量的映射

对于模型的每个输出变量，需要将其与模型所对应的联邦成员发布的某个对象类属性一一映射，以便随后将它用于映射到另一个模型的某个输入变量上。

如图 7-6 所示，对仿真软件 SR1 所开发的仿真模型 A 的输出变量 A_WO1，将其映射到模型 A 所在联邦成员发布的对象类属性 Object Class_A2_AO2。类似地，可以将仿真模型 A 的输出变量 A_WO2、A_WO3、A_WO4、A_WO5 分别映射到这些输出变量所在联邦成员发布的对象类属性 Object Class_A2_ AO1、Object Class_A1_AO3、Object Class_A1_ AO2 和 Object Class_A1_AO1。

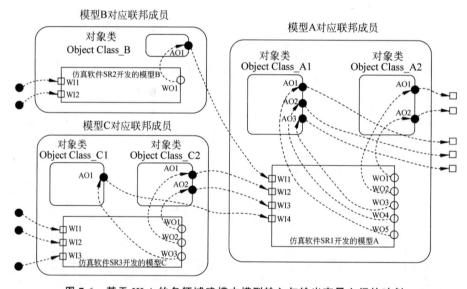

图 7-6　基于 HLA 的多领域建模中模型输入与输出变量之间的映射

同样的，可以将仿真软件 SR2 所开发的仿真模型 B 的输出变量 B_WO1 映射到模型 B 所在联邦成员发布的对象类属性 Object Class_B_AO1；将仿真软件 SR3 开发的仿真模型 C 的输出变量 C_WO1、C_WO2、C_WO3 分别映射到模型 C 所在联邦成员发布的对象类属性 Object Class_C2_AO2、Object Class_C2_AO1 和 Object Class_C1_AO1。

2）模型输入变量的映射

对于模型的每个输入变量，则需要将其与另一模型所对应的联邦成员发布的某个对象类属性进行一一映射。

如图 7-6 所示，对仿真软件 SR1 所开发的仿真模型 A 的输入变量 A_WI1，它是由模型 B 所在联邦成员发布的对象类属性 Object Class_B_AO1 映射到该输入变量上。类似地，对仿真软件 SR1 所开发的仿真模型 A 的输入变量 A_WI2、A_WI3、A_WI4，分别由模型 C 所在联邦成员发布的对象类属性 Object Class_C2_AO1、Object Class_C2_AO2、Object Class_C1_AO1 映射到这些输入变量上。

通过以上两个步骤，我们可以在基于 HLA 的复杂产品多领域建模框架下，实现一个模型的某个输出变量和另一个模型的某个输入变量的一一映射。

图 7-6 中，模型 B 的输出变量 B_WO1 通过对象类属性 Object Class_B_AO1，与模型 A 的输入变量 A_WI1 相映射；类似地，模型 C 的输出变量 C_WO2、C_WO1、C_WO3 通过对象类属性 Object Class_C2_AO1、Object Class_C2_AO2 和 Object Class_C1_AO1，分别与模型 A 的输入变量 A_WI2、A_WI3 和 A_WI4 进行一一映射。

4. 基于 HLA 的多领域建模中各个模型之间的动态信息交互

为了将模型的某个输出变量值赋给另一模型的某个输入变量，利用 HLA 的声明管理服务，模型的某个输出变量所在联邦成员必须发布（publish）与该输出变量相映射的某个对象类属性，而与该输出变量相映射的另一模型的某个输入变量所在的联邦成员则必须订购（subscribe）该对象类属性。例如，在图 7-6 中，为了将模型 B 的输出变量 B_WO1 的值赋给模型 A 的输入变量 A_WI1，模型 B 对应的联邦成员必须发布与 B_WO1 相映射的对象类属性 Object Class_B_AO1，而模型 A 所在联邦成员则必须订购对象类属性 Object Class_B_AO1。

在仿真运行时，某个输出变量所在模型每推进一个仿真步长得到该步长时刻的输出变量值，然后通过开发该模型的仿真软件与 HLA 应用层程序框架的接口方法，将输出变量新值从模型运行工作空间内取出，并将其赋给与该输出变量相映射的某个对象类属性。当联邦成员更新（update）该对象类属性值时，相应的定购了该对象类属性值的其他联邦成员（该成员是与该输出变量相映射的另一模型输入变量所在的联邦成员）将反射（reflect）回该属性新值，然后利用开发该模型的仿真软件与 HLA 应用层程序框架的接口方法，将反射回的属性值置入模型的运行工作空间内。至此，即可将模型的某个输出变量值赋给另一个模型的某个输入变量，完成不同领域的商用仿真软件所开发的模型之间的动态信息交互。

参见图 7-6，当模型 B 推进一个仿真步长得到输出变量 B_WO1 的新值时，模型 B 对应的联邦成员利用仿真软件 SR2 与 HLA 应用层程序框架的接口所提供的方法，将 B_WO1 新值赋给对象类属性 Object Class_B_AO1，然后模型 B 对应的联邦成员更新对象类属性 Object Class_B_AO1，而模型 A 对应的联邦成员则反射回对象类属性 Object Class_B_AO1 的新值，然后模型 A 所在联邦成员利用仿真软件 SR1 与 HLA 应用层程序框架的接口所提供的方法，将反射回的对象类属性 Object Class_B_AO1 新值置入模型 A 的运行工作空间内，将其赋给输入变量 A_WI1。

7.3.2　HLA 应用层程序框架

1. 基于 IEEE HLA/RTI 的分布式协同仿真技术框架

为了实现复杂产品的分布式协同建模与仿真，必须要有一套相应的支撑软件工具，使得分布于不同地方的仿真建模人员，能够透明地访问仿真相关的信息、重用已有的仿真模型和参与分布式协同建模。基于 HLA 的复杂产品多领域建模,要求将不同领域商用仿真软件开发的子系统模型都封装成为联邦成员,而 HLA 联邦成员的设计和实现是一项非常烦琐的工作,建模人员必须事先熟悉 HLA/RTI 的各种服务。

　　这里,在 HLA/RTI 所提供的将商用仿真软件开发模型封装成联邦成员所需基本服务的基础上,提出面向多领域建模服务的 HLA 应用层程序框架,可以更好地支持各领域仿真模型的 HLA 联邦成员封装服务。如图 7-7 所示,HLA 应用层程序框架是针对复杂产品多领域建模的具体应用而提出的一个公共程序框架,它是在各领域仿真软件与 HLA/RTI 的基本服务之间增加的一个公共层。该程序框架同时考虑了仿真运行管理的一些基本功能,如联邦成员的同步推进等。通过该程序框架,建模人员可以方便地将各领域商用仿真软件开发的仿真模型实现成为相应的联邦成员。

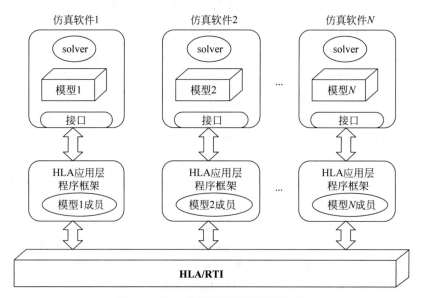

图 7-7　HLA 应用层程序框架示意图

　　在实现各领域商用仿真软件开发模型封装成为所对应的联邦成员时,采用如下原则:

　　(1) 每个模型对应的联邦成员都采用"保守同步"时间管理机制和时间步长请求时间推进方式。这样,RTI 在保证联邦成员不会接收到过时事件的前提下,才会允许联邦成员的时间推进请求,从而保证各领域商用仿真软件开发的仿真模型在每次仿真步长推进之前,其所有的输入变量都能够接收到其他模型的最新输出值。

　　(2) 为了采用"保守同步"时间管理机制,每个联邦成员必须既是时间受限型(time-constrained)的,又是时间调节型的(time-regulating)。这样使得每个成员既不能脱离其他成员的约束而独自推进,同时其他成员也不能离开该成员而独自推进,从而保证各领域商用仿真软件开发模型在协同仿真过程中协调运行。

　　(3) 用于实现各领域商用仿真软件开发模型动态信息交互的属性值更新和反射全部采用带时间戳(timestamp)的服务,以保证事件的正确顺序,确保所有的输入变量在仿真推进之前都已经接收到最新值。

　　(4) 联邦成员在创建、登记对象实例前,整个仿真联邦必须取得 ready to populate 同步("可以繁殖"同步);联邦成员对应的模型在开始仿真步长推进之前,整个仿真联邦必须取得 ready to run 同步("可以运行"同步);联邦成员对应的模型结束仿真步进前,整个仿真联邦必须取得 ready to resign 同步("可以退出"同步)。这些同步机制具体可以在 HLA 应用层程序框架中加以实现和使用。

2. 基于模型代理的领域模型封装与转换方法

在基于 HLA/RTI 的分布式仿真环境下,如何将不同领域的商用 CAE 仿真软件所开发的模型,以 HLA 接口规范的形式实现领域模型接口的转换和封装,使得仿真系统能够兼容各类异构的 CAE 领域模型,是多学科协同仿真系统实现中需要解决的关键问题之一。

对于协同仿真应用而言,通常领域模型的种类众多,并且大多数模型都依赖于对应的商用 CAE 仿真软件,通过每一个领域模型本身的改造来实现 HLA 转换,这种方法不仅工作量大、实施困难,而且灵活性也非常差。因此,可以利用商用 CAE 仿真软件与 HLA 应用层程序框架的接口方法来解决,该解决方案的核心思想是:定义接口标准,封装学科模型的技术细节。在复杂产品多学科协同仿真系统中,接口标准包括的 HLA 标准和其他扩展的接口标准;封装领域模型的技术细节指的是通过某种技术屏蔽领域模型的内部运行机理,对外显示为符合接口标准的黑箱模型,使用者不需要了解接口后面的技术细节即可对领域模型进行相关操作。我们将其称之为基于模型代理的领域模型转换方法。

如图 7-8 所示,采用基于模型代理的转换方法,可以将领域模型封装成为符合 HLA 标准接口的协同仿真联邦成员。模型代理本质上是一个符合 HLA 规范的应用程序,是领域模型与 RTI 仿真总线之间的中间环节。协同仿真运行过程中,领域模型实际上仍然运行在对应的 CAE 仿真软件中,模型代理通过这些商用 CAE 仿真软件提供的外部编程接口对学科模型进行相关操作,并负责与 RTI 之间的通信。

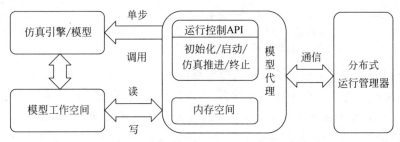

图 7-8　基于 CAE 外部编程接口的领域模型封装方法

这是一种典型的领域模型封装形式,图 7-8 中,基于商用 CAE 外部编程接口的封装方法,从外部接口对领域模型进行封装,即通过 CAE 软件接口提供的变量输入、仿真推进、结果输出等函数从外部对仿真引擎进行控制。

由于模型代理需要通过商用 CAE 软件提供的外部编程接口对领域模型进行封装转换,因而其对商用 CAE 仿真软件提出了一定的要求:①必须能够通过外部编程接口控制领域模型仿真过程的步长推进;②必须能够通过外部编程接口设定和读取领域模型中各种参数的数值。尽管目前的各种商用 CAE 软件提供的外部编程接口在适用性、开发难度等方面各不相同,但在工程实际应用中,大多数商用 CAE 仿真软件都可以满足这两点要求。

3. 商用 CAE 仿真软件与 HLA/RTI 应用程序框架的接口

在基于 HLA/RTI 的应用程序框架下,为了实现不同领域的商用 CAE 仿真软件所开发的子系统模型之间的动态信息交互,需要利用商用 CAE 仿真软件与 HLA 应用层程序框架所提供的接口方法,以将模型输出变量的新值从模型运行工作空间内取出,以及将模型输入变量新值置入模型运行工作空间内。

这里,将实现模型代理所需的仿真软件提供的操作具体化为如下相应的接口方法:

1) 从模型运行工作空间内提取模型输出变量新值

该接口方法可以通过 CAE 软件的编程接口实时获得当前时刻领域模型中对应输出变量的值,可以由接口操作函数来实现。本函数主要用以实时获取领域模型的输出变量值并发布到 RTI 中,供其他领域模型获取和处理。

```
public boolean modelOutputGet(String outputvariablename,double outputvariablevalue)
//功能:根据输出变量名 outputvariablename,从模型运行工作空间内取回相应的输出变量值
outputvariablevalue。如果成功,函数返回"真",否则返回"假"。
```

在协同仿真运行时,当某个输出变量所在模型每推进一个仿真步长而得到新的输出变量值时,该模型对应的联邦成员即调用此接口方法将输出变量新值取出,并赋值给与该输出变量相映射的某个对象类属性。这样,当联邦成员更新(update)该对象类属性值的时候,相应定购了该对象类属性值的其他联邦成员将反射(reflect)回该对象类属性新值。

2) 将模型输入变量新值置入模型工作空间内

该接口方法可以通过 CAE 软件的编程接口实时置入当前时刻领域模型中对应输入变量的值,可以由接口操作函数来实现。本函数主要用来根据从 RTI 上接收到的信息对领域模型的输入变量值进行实时修改。

```
public boolean modelInputSet(String inputvariablename,double inputvariablevalue);
//功能:将模型输入变量新值 inputvariablevalue,按照输入变量 inputvariablename 名称置入模型
运行工作空间内。如果成功,函数返回"真",否则返回"假"。
```

在仿真运行时,当某个输出变量所在模型每推进一个仿真步长而得到新的输出变量值时,该模型对应的联邦成员调用此接口方法,将该输出变量新值取出,并赋值给与该输出变量相映射的某个对象类属性。这样,当联邦成员更新该对象类属性值的时候,相应定购了该对象类属性值相映射的其他联邦成员将反射回该属性新值,并调用该方法将模型输入变量新值置入模型的运行工作空间内,以保证该模型在推进仿真步长的时候,其输入变量已经被赋予与其相映射的其他模型输出变量的最新值。

3) 商用 CAE 仿真软件的启动和模型的初始化

不同领域商用 CAE 仿真软件所开发的模型对应的联邦成员,在开始仿真运行前(进一步可以准确地描述成为开始仿真步进前),通常必须调用该接口方法以启动相应的商用 CAE 仿真软件,同时将模型装入该商用仿真软件的工作空间内,并对模型进行有关的初始化操作,为模型的仿真运行做好准备。

```
public boolean initSimulationRunning()
//功能:启动仿真软件,将模型装入仿真软件工作空间内,并完成模型的初始化。如果所有操作成
功,函数返回"真",否则返回"假"。
```

4）仿真结束后模型运行工作空间处理与商用 CAE 仿真软件关闭

不同领域商用 CAE 仿真软件所开发的模型对应的联邦成员，在仿真运行结束后，调用该接口方法，对模型运行工作空间进行有关的处理，并"关闭"该仿真软件。

```
public boolean endSimulationRunning ()
```
//功能：仿真运行结束后，对模型运行工作空间进行有关的处理，并关闭仿真软件。如果成功，函数返回"真"，否则返回"假"。

5）商用 CAE 仿真软件实现模型仿真步长推进

该方法是商用仿真软件必须提供的与 HLA 应用层接口的核心方法。通过该方法，各领域模型对应的联邦成员可以充分利用各领域商用仿真软件的仿真步进功能。

该接口方法可以控制在本软件工具内的仿真过程从当前时刻运行到指定时刻，并暂停仿真。本函数用来在特定的协同仿真联邦时间管理机制下实现本领域联邦成员的时间推进。本函数可以有多种实现方法，如某类软件接口可以灵活地指定由某个时刻运行到另一个时刻，如 ADAMS 的仿真脚本命令和 MATLAB 的引擎 API 函数；而另一类软件接口只能提供类似暂停仿真/恢复仿真等简单操作，如 ADAMS 的用户子程序和 MATLAB 的 S-function，这时就需要用程序实现对仿真时间的实时监控，当运行到指定时刻的时候这些实现方法包装成 timeAdvance 函数。

```
public boolean timeAdvance (double advanceTime)
```
//功能：在上一时间步的基础上，商用仿真软件对仿真模型推进一个仿真步，获取模型输出变量的新值。如果成功，函数返回"真"，否则返回"假"。

不同领域商用 CAE 仿真软件所开发的模型对应的联邦成员，每当推进一个时间步长的时候，调用该方法，实现商用 CAE 仿真软件对模型一个仿真时间步的推进（在上一时间步的基础上），从而获取模型所有输出变量的新值。当获取模型输出变量新值后，联邦成员可以调用接口方法 public boolean modelOutputGet()函数，将输出变量新值取出，并赋值给予输出变量相映射的对象类属性。这样当联邦成员更新这些对象类属性值的时候，相应定购了这些对象类属性值的其他联邦成员将反射回这些对象类属性新值。

为了参与基于 HLA/RTI 的多领域建模与协同仿真，各领域商用 CAE 仿真软件必须提供与 HLA 应用层程序框架接口的上述五种接口方法。

7.3.3 HLA 应用层程序框架实现

在 HLA/RTI 应用层程序框架下，要将各领域商用 CAE 仿真软件所开发的模型集成到仿真联邦中，需要通过以下步骤来实现。

1. 联邦成员初始化

联邦成员按指定的联邦执行名称创建联邦执行，并按指定的成员名称加入联邦执行。

2. 联邦成员时间受限使能和时间调节使能

联邦成员时间受限使能（time-constrained enabled）；
联邦成员时间调节使能（time-regulating enabled）。

3. 联邦成员发布、订购对象类属性及其与仿真运行管理有关的交互类

联邦成员订购与模型每个输入变量相映射的对象类属性；

联邦成员订购与仿真运行相关的交互类；

联邦成员发布与模型每个输出变量相映射的对象类属性；

联邦成员发布与仿真运行相关的交互类。

4. 等待其他联邦成员加入

等待，直至接收到 Federate Join Succeed 或 Federate Join Exception 为止。如果接收到 Federate Join Succeed 交互，接着执行下一步骤；如果接收到 Federate Join Exception 交互，接着转到步骤 9，准备退出仿真运行。

5. 联邦成员 Ready To Populate 同步

通知 RTI 已经取得 Ready To Populate 同步；

等待，直至整个联邦取得 Ready To Populate 同步。

6. 联邦成员初始化需要发布的对象类实例，并将其登记到 RTI 上

调用商用 CAE 仿真软件提供的与 HLA 应用层的接口方法"商用 CAE 仿真软件的启动和模型的初始化"，即 public boolean initSimulationRunning()，进行仿真软件的启动和模型的初始化。

联邦成员为每个可发布的对象类登记相应的对象类实例。

7. 联邦成员 Ready To Run 同步

通知 RTI 已经取得 Ready To Run 同步；

等待，直至整个联邦取得 Ready To Run 同步。

8. 联邦成员仿真循环

```
While(未接收到 SimulationEnds 交互)   //SimulationEnds 是仿真结束交互
{
    在成员当前逻辑时间的基础上增加一个时间步长,形成请求推进到新逻辑时间;
    调用 RTI 的时间推进请求服务(time advance request),请求推进到新逻辑时间;
    do
    {
    处理 RTI 回调队列中的事件;
    判断是否接收到仿真运行管理器发出的仿真结束交互,若是,则直接退出仿真循环;
    } while(未接收到 RTI 的时间推进允许回调);
联邦成员对应的模型在原有状态基础上推进一个仿真步,获取模型输出变量新值;
}
```

9. 联邦成员 Ready To Reisgn 同步

通知 RTI 已经取得 Ready To Resign 同步；

等待，直至整个联邦取得 Ready To Resign 同步。

10. 联邦成员"退出"仿真运行

联邦成员调用商用 CAE 仿真软件提供的与 HLA 应用层的接口方法"仿真结束后模型运行工作空间处理与商用 CAE 仿真软件关闭"，即 public boolean endSimulationRunning()，对模型运行工作空间进行相关的处理，并"关闭"该仿真软件。

联邦成员退出联邦执行。

在基于 HLA 的多领域建模中，利用各领域商用仿真软件开发相应领域的模型，获取每个模型对应的联邦成员，构建了多领域建模的仿真联邦。当多领域建模完成之后，这些由不同领域模型构成的联邦成员需要相互协调，共同完成协同仿真运行。

7.4 基于 HLA 的协同仿真运行

在基于 HLA 的协同仿真运行环节，通过基于 HLA 的多领域建模方法封装领域模型，获得参与协同仿真的子系统模型的联邦成员后，需要增加一些用于仿真运行的联邦成员，例如，用于仿真运行管理的"仿真运行管理器"联邦成员、用于收集仿真运行中间结果数据的"数据收集器"联邦成员、用于仿真运行结果可视化显示的"仿真可视化"联邦成员，乃至用于仿真评估分析及决策支持的"评估分析及决策支持"联邦成员，共同构成一个仿真联邦。该联邦在仿真运行管理器的监控下，实现多领域模型的协同仿真运行，同时利用数据收集器可以收集仿真运行中间结果数据，利用可视化成员进行仿真结果的动态直观显示，利用评估分析及决策支持成员进行在线的评估分析及决策支持。

在仿真联邦的构成中，各模型成员和仿真运行管理器是必不可少的，而其他联邦成员则根据实际需要决定是否配置。数据收集器、仿真可视化的成员与模型成员的主要不同在于，数据收集器和仿真可视化成员只订购感兴趣的数据，而不会发布数据。数据收集器将仿真运行中间结果数据收集下来后，进行保存；而仿真可视化则将仿真运行中间结果数据收集下来后直接用于可视化显示。

基于 HLA 的协同仿真运行管理中，为了保证不同领域商用 CAE 仿真软件建模获得的模型联邦成员之间的仿真运行，需要具备如下基本功能。

1. 仿真运行管理：暂停和继续、撤销、结束

仿真联邦在仿真运行管理器的监控下，通过各模型成员、其他联邦成员（如数据收集器、仿真可视化等）和仿真运行管理器，对用于仿真运行管理的有关交互类的发送和接收，实现联邦仿真运行的暂停（pause）、继续（continue）、撤销（withdraw）和结束（end）。为此，需要对 HLA 中标准的 MOM 交互类进行扩充，添加用于仿真运行管理的交互类。

（1）仿真运行的暂停和继续。在仿真联邦运行过程中，根据需要可以暂停仿真运行，待完成有关的处理后，接着再从暂停处继续运行。仿真运行的暂停和继续往往是成对出

现的。

（2）仿真运行撤销。在仿真联邦运行过程中,可能会出现异常情况,从而导致一次仿真运行的失败,此时可以利用仿真运行撤销功能来撤销仿真联邦的运行。通常仿真运行撤销不需对仿真运行的中间结果进行保存。

（3）仿真运行结束。当仿真运行结束条件满足后,可以利用仿真运行结束功能结束仿真联邦的运行。

2. 仿真运行管理：启动

如前所述,暂停、继续、撤销和结束等仿真运行管理功能是通过 HLA 中的 MOM 交互类扩充实现的。但值得注意的是,利用交互类的发送和接收不能实现仿真运行的启动。这是因为启动功能意为各个联邦成员加入仿真联邦的执行,而交互类的发送和接收其前提是所有的成员都已经参与仿真联邦执行。因此,需要在仿真运行管理器中开发专门的接口方法,参与仿真联邦的其他成员(除仿真运行管理器外),通过方法调用将自己登记(register)到仿真运行管理器上,然后仿真运行管理器将对已经登记的每个联邦成员回调相应的方法,来启动其他每个联邦成员的仿真运行。

3. 判断参与仿真联邦执行的所有成员是否正常加入

为了保证不同商用 CAE 仿真软件建模获得的领域模型之间的协同仿真正常运行,要求组成仿真联邦的所有联邦成员在模型成员开始仿真步进之前,都已经正常加入联邦执行,包括所有的模型成员、仿真运行管理器成员及根据需要添加的数据收集器、可视化成员等。此项功能可以由标准 MOM 交互类的扩充来实现,仿真运行管理器根据加入联邦执行的成员数目和成员名称,判断是否所有成员都已经正常加入。

4. 仿真联邦的同步管理

在分布式环境下,为了保证协同仿真系统正常运行,整个仿真联邦必须在关键的几个点上保持同步。这些同步机制由仿真运行管理器成员在初始化后完成登记。

（1）要求每个模型联邦成员在创建、登记对象实例前,整个仿真联邦必须取得 Ready To Populate 同步("可以繁殖"同步)。

（2）要求每个模型联邦成员在开始仿真步进前,整个仿真联邦必须取得 Ready To Run 同步("可以运行"同步)。

（3）要求每个模型联邦成员在结束仿真步进前,整个仿真联邦必须取得 Ready To Resign 同步("可以退出"同步)。

我们可以看出,仿真运行管理器在基于 HLA 的协同仿真运行管理中起着至关重要的作用。由于 HLA 只是一种通用的分布式仿真架构,本身并不提供仿真运行相关的服务,如用于管理仿真联邦运行的启动、暂停、继续、撤销和结束的服务,判断是否所有的联邦成员已经加入仿真联邦,仿真联邦的同步管理,以保证仿真联邦中各模型的协调运行,实现对协同仿真运行的监控,因此迫切需要基于 HLA 的协同仿真运行。

以上的这些功能是现有 HLA/RTI 服务无法完全提供的,需要在 RTI 基本功能的基础上进一步开发联邦管理和时间管理功能。

7.5 分布式协同仿真平台

在复杂产品设计过程中,多学科协同仿真是将不同领域的商用 CAE 仿真工具集成起来,构成一个统一的计算机仿真环境,通过多个分布在不同地点的、属于不同学科的仿真模型之间的并行运行、实时交互,共同实现对整个产品或复杂子系统的仿真分析,以获得更高置信度的仿真结果。复杂产品多学科协同仿真的应用实施是一项复杂的系统工程,通常需要分布式协同仿真平台的支持。

1. 体系结构与系统功能

HLA 规范为基于软总线的协同仿真提供了可以遵循的国际标准,类似于计算机总线机制,各个仿真应用遵循统一的接口规范插入仿真总线上,通过仿真总线实现实时分布交互。由于 HLA 能够灵活而高效地支持分布式交互仿真系统,对于现有的不同领域商用 CAE 仿真软件工具,可以通过开发相应的 HLA 接口,将其集成到平台上来,从而实现协同仿真。这里,我们采用基于 HLA/RTI 的分布式仿真总线标准,构建复杂产品的分布式协同仿真平台。

协同仿真平台以协同仿真过程管理为核心,为面向复杂产品开发领域的多学科协同仿真技术应用提供一个分布式仿真支撑环境,实现整个多学科协同仿真过程的信息集成和资源共享。支持复杂产品开发的分布式协同仿真平台体系结构如图 7-9 所示。

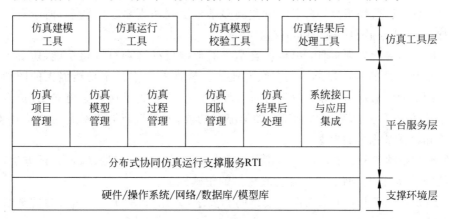

图 7-9　分布式协同仿真平台的体系结构

(1) 系统的底层是支撑环境层,包括异构分布的计算机硬件环境、操作系统、网络与通信协议、数据库/模型库管理系统,其中数据库/模型库管理系统可以提供与应用无关的数据/模型存储维护机制,平台通过调用数据库/模型库管理系统的服务,来实现对协同仿真过程中产生的大量数据和模型的管理。

(2) 系统的中间层是平台服务层,它提供平台运行的服务功能,包括仿真运行支撑服务层和应用服务层。仿真运行支撑服务层是协同仿真平台中比较固定的核心组件,负责与支撑环境层进行信息交换,为应用服务层提供各种基本的 API 接口,同时整合了 HLA 的 RTI 服务。应用服务层架构在平台基础层上,集成了产品设计领域的商用 CAD 建模和 CAE 仿真等软件工具,并可以根据协同仿真的需求划分为数据管理、过程管理、仿真建模、仿真运行、仿真评估、应用系统集成等若干个功能工具集。仿真软件可以通过调用平台基础层提供的 API 服务集成到平台中,给仿真工具层提供 RTI 等仿真运行支持服务。

(3) 仿真工具层保证了分布在异地、使用各种异构软件工具的开发人员能够通过协同仿真平台共同完成复杂的建模仿真任务。在协同仿真环境中,仿真建模系统、仿真运行系统和仿真后处理系统构成了整个协同仿真平台的核心功能。

分布式协同仿真平台的三层体系结构将数据、服务与应用分离开来,便于各种应用软件,主要是商用仿真软件与协同仿真平台的集成,保证了整个系统的灵活性和开放性。

复杂产品多学科协同仿真平台的主要功能组成,除了协同仿真建模、协同仿真运行、仿真结果后处理、模型库管理等核心功能,还涉及诸如协同仿真过程、数据、工具等管理。分布式协同仿真平台的主要功能组成参见图 7-9。

复杂产品协同仿真平台的仿真工具主要包括:仿真建模工具、仿真运行工具、仿真运行监控工具、仿真结果后处理工具、模型校验工具和仿真评估工具。

(1) 仿真建模工具:支持建模人员利用分布式协同建模工具和各类商用 CAE 仿真软件,如控制系统仿真软件 MATLAB/Simulnk,多体动力学仿真软件 ADAMS 等,开发符合 HLA 规范的联邦成员,完成分布式协同建模。

(2) 仿真运行工具:支持将仿真模型投入仿真运行,获取仿真运行结果。在建模阶段,基于 HLA 的多领域建模工具,完成仿真软件开发模型的联邦成员建模后,在基于 HLA 仿真运行管理器的监控下,进行联邦仿真运行。

(3) 仿真运行监控工具:为了实时监测多学科协同仿真系统的状态,便于对协同仿真进行运行调试,需要提供一定的实时监控功能。

(4) 仿真结果后处理工具:提供仿真结果的数据后处理和可视化功能,仿真可视化环境提供二维和三维的显示效果。大多数专业仿真软件本身提供了功能强大的图形显示功能,如 MATLAB、ADAMS 等。由于协同仿真平台已经集成了这些商用 CAE 仿真软件来实现多领域仿真任务,因而可以利用其图形显示功能,或者自行开发综合可视化环境,提供仿真过程和结果数据的直观显示。

(5) 模型校验工具:支持仿真模型的 VV&A,采用定性、定量、综合分析方法,进行仿真模型的校核、验证与确认,以保证仿真模型的正确性。

(6) 仿真评估工具:用来根据仿真目的和要求,采用合适的评估算法对仿真数据进行分析,给出分析报告。

平台层的主要功能是在 HLA/RTI 仿真软总线的基础上,提供仿真模型管理、仿真项目管理、仿真过程管理和仿真环境管理。其中,仿真模型管理支持建模人员能够透明存取仿真模型及相关信息,从而支持分布式协同建模和模型重用。仿真项目管理、仿真过程管理、仿真环境管理等功能支持协同仿真平台接收仿真任务后,进行整个仿真项目的管理,以及以仿真建模、仿真运行、模型校验为主要过程的仿真过程管理,对参与仿真项目的仿真团队人员的管理。

分布式协同仿真平台的主要特点:

(1) 开放性。系统具有开放性体系结构,平台的功能实现模块化、组件化,可以针对复杂产品开发的具体要求进行平台功能的扩展,对平台所集成的各个领域商用 CAE 软件工具集进行扩充。

（2）软总线式结构。采用基于 HLA/RTI 的分布式仿真总线标准，构建复杂产品的分布式协同仿真平台，将通用的平台层功能与仿真应用相分离，也使得平台具有较好的可扩展性。

（3）基于 HLA 标准的接口定义规范。采用 HLA 标准来定义仿真联邦、联邦成员的接口及参与协同仿真的各子系统模型之间的映射关系，按照标准规范定义数据，统一共享数据的格式和交互访问控制标准，使得应用系统能够以正确的方式操作平台数据和调用平台功能，保证多学科协同仿真平台的仿真运行互操作性。

（4）分布性。它能够支持位于不同计算机上多个仿真工具（涉及单领域、多领域）的协同仿真，进行分布式协同仿真建模，仿真工具可以透明地访问分布的模型库和数据资源。是一个分布式协同仿真软件支撑环境，支持多学科小组的协同工作。

（5）面向复杂产品的多学科虚拟样机应用。平台集成了各个应用领域的一些典型商用 CAE 软件工具，能够对仿真软件中现有的模型进行重用，实现多学科协同仿真，但由于产品设计领域的协同仿真具有自身的特点，复杂产品多学科协同仿真系统所需要的联邦成员节点数较少，主要包括几个核心的学科联邦成员，通常在 10 个左右。此外，由于分布式协同仿真平台主要面向复杂产品的多学科需要样机应用，这样就需要考虑与产品开发领域的信息系统集成问题，尤其与产品数据管理（PDM）和产品生命周期管理（PLM）系统的信息共享。

2. 协同仿真建模功能

在分布式协同建模方法中，将复杂产品分解为若干子系统，通过对子系统的分析，找出子系统之间需要交互的耦合参数；根据对子系统分析的结果建立一组模型对象，各个子系统模型通过相互连接的接口组装成为完整的系统模型。根据系统仿真的需要，子系统模型可以进一步分解为下一层次的子模型，再通过相互连接的接口将子模型组装成为子系统的仿真模型，而且这种层次化的建模方式方便了模型的共享。分布式协同建模的模型表示框架如图 7-10 所示，图中对象模型 A、B 都包含相同的子模型 M1，对象模型 A、C 都包含相同的子模型 M3。

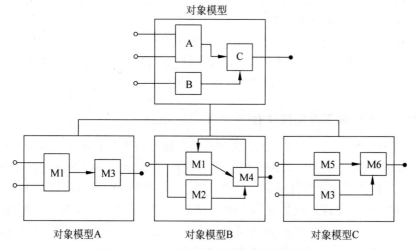

图 7-10 分布式协同建模的模型对象结构图

　　在系统分解时,需要确定子系统间的相互连接的接口关系。明确了接口关系,就可以使各个专业领域的建模人员不必相互了解其他领域子系统模型的内部细节,只要保证模型接口信息的准确性,子系统模型内部的实现可以采用各种商用 CAE 软件工具来开发。在建模过程中,可以从已有的仿真模型库中检索与设计与任务相关的模型,根据其实现功能、模型接口、使用条件等判断可重用性,通过模型重用的方式实现快速建模。

　　复杂产品通常由多个不同领域的子系统组成,由于建模方式的不同,需要不同领域专家、技术人员以协同方式(见图 7-11)在分布式环境下共同完成建模工作。

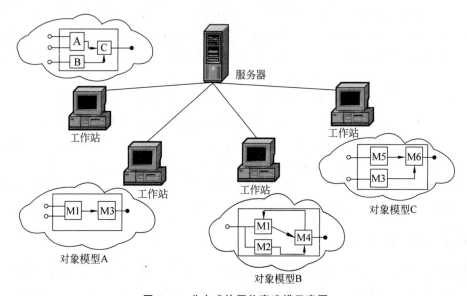

图 7-11　分布式协同仿真建模示意图

　　协同建模工具是根据复杂产品的系统仿真试验目的,用来建立参与仿真联邦的各个领域子系统模型的高层仿真模型,其主要功能如下:

　　(1) 为协同仿真建模提供可视化高层建模手段,能够对系统仿真的组成模块结构进行定义、参数设置和模型关系的接口连接。

　　(2) 采用层次化建模方法,可以利用已有的仿真模型库资源,支持模块的可重用性,通过仿真模型重用快速建立新的仿真模型。

　　(3) 为复杂产品协同仿真的模型库提供添加、删除、修改、查询等操作功能。

　　(4) HLA 高层建模工具,用来对多学科协同仿真系统进行 HLA 高层建模,根据复杂产品协同仿真应用所建立的模型,并辅助生成 FOM、SOM、FED 文件。

3. 异构 CAE 仿真工具集成功能

　　目前主流的单领域商用 CAE 仿真软件并不直接支持 HLA/RTI 仿真软总线,为了实现基于 HLA 的多领域协同仿真,需要将 RTI 与这些 CAE 仿真软件进行连接和集成。

　　主流的 CAE 仿真软件都提供了一定的 API 接口,采用 HLA 适配器技术来实现 CAE 仿真软件与 RTI 仿真总线之间的互联。由于在 RTI 中,对象类和交互类的发布与订购确定联邦成员之间的信息传递关系,对象类的更新与反射、交互类的发送与接收实现联邦成员之间的信息交换,RTI 完成具体的信息传递任务。HLA 适配器通过调用领域仿真工具的 API 接口与 RTI 进行交互,最终实现领域模型之间的互操作。HLA 适配器的总体结构和功能组成上具有一定的通用性,但涉及不同商用 CAE 仿真软件的外部编程接口,需要对 HLA 适配器的输入、输出接口进行专门开发,通过 HLA 适配器使 CAE 仿真工具可以顺利地加入协同仿真联邦之中。

下面以 MATLAB 为例,对这一实现思路加以说明。

MATLAB 具有良好的开放性,但不能直接作为联邦成员加入基于 HLA/RTI 的仿真联邦,就需要在 RTI 与 MATLAB 间加入一个 HLA 适配器(adaptor)中间件。

适配器主要功能包括两个部分:一是调用 RTI 服务(包括联邦管理、声明管理、所有权管理、数据发布管理、时间管理、对象管理);二是调用 MATLAB 软件工具的 MATLABAPI 接口服务(包括 MATLAB 引擎管理、MATLAB 数据空间管理、数据映射、MATLAB 仿真模块管理)。HLA 适配器的主要功能组成如图 7-12 所示。

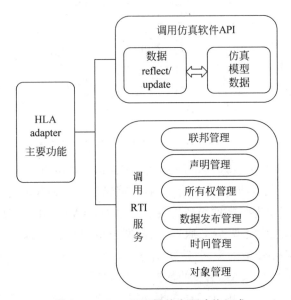

图 7-12　HLA 适配器的主要功能组成

MATLAB 软件工具中所开发的仿真模型,通过 HLA 适配器以联邦成员的身份加入仿真联邦,同时将所获得的 MATLAB 所需的对象类和交互类数据,映射为 MATLAB 的 Workspace 中的变量,还要根据得到的仿真运行管理器的控制指令(以交互类的形式发送),通过 MATLAB 的 API 对 MATLAB 引擎进行相应的仿真运行控制(如启动、暂停、继续、终止等)。

这里,通过 HLA 适配器将 MATLAB 软件工具集成到仿真联邦中,其主要功能实现如下:

(1) RTI 服务功能的实现。该功能主要通过重载 RTI 联邦成员大使的回调函数来实现。

(2) MATLAB 引擎控制的实现。MATLAB 提供 API 接口用以控制 MATLAB 引擎的运行。适配器对 MATLAB 引擎的控制主要包括:①适配器接收来自仿真运行管理器的控制命令,然后根据命令调用相应的 API 控制 MATLAB 引擎(如运行、暂停/继续、终止等);②由于适配器的时间推进受到 RTI 时间推进算法的控制,为了保证 MATLAB 模型的仿真逻辑时间推进遵循 RTI 时间管理,需要根据时间推进允许以步进的方式推进仿真运行;③对 MATLAB 引擎进行运行管理,实现对 MATLAB 模型的单/多次运行、单步/断点跟踪,这部分功能不受 RTI 时间管理的约束。MATLAB 适配器的实现机制如图 7-13 所示。

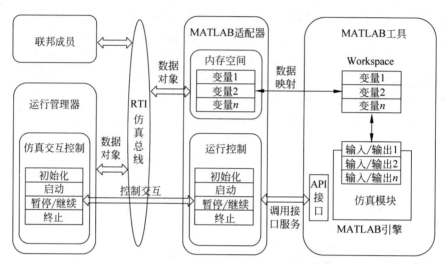

图 7-13 MATLAB 适配器的实现机制示意图

(3) MATLAB 仿真模型管理功能的实现。MATLAB 没有提供完善的各类仿真模型管理的功能,为了方便地在协同仿真平台上调用、编辑 MATLAB 的仿真模型(mdl 模型、M 函数等),需要对这些模型进行文件级的管理。通过对 MATLAB 模型中的相关描述信息,如创建者、创建时间、功能、模型名称、版本号、模型类型、参数列表等,适配器就可以方便地找到所需的模型,并根据模型的输入/输出信息,自动进行有关数据的订购与发布,再通过数据映射功能,实现与 MATLAB 引擎的数据交换和时间同步。

(4) 数据映射的实现。由于 HLA 适配器代替 MATLAB 发布和订购数据,而 MATLAB 模型的输入、输出接口可以是任意形式。这就需要通过一种映射机制,将 MATLAB 模型的输入、输出接口映射为对象类和交互类。适配器发布和订购相应的对象类与交互类,并将其转换为 MATLAB 工作空间的变量,MATLAB 模型自动使用这些数据进行仿真运算。数据映射的实现机制如图 7-14 所示。

4. 仿真运行管理功能

仿真运行管理功能是协同仿真平台的核心功能之一,负责对多学科协同仿真的运行过程进行监视和管理。由于协同仿真平台需要同时支持多个仿真项目的运行管理,就需要一个专门的多项目仿真管理工具,这个工具即为仿真运行管理器。

仿真运行管理器是整个多学科协同仿真联盟的管理者,其主要功能包括以下几个方面。

1) 对在线仿真联邦和联邦成员进行监控

仿真运行管理器的监控功能可以通过联邦对象模型(FOM)和管理对象模型(MOM)来

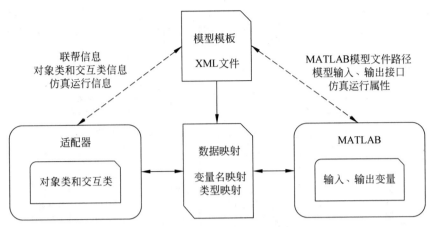

图 7-14　数据映射的实现机制

提供联邦执行过程的全面状态,包括每个联邦成员的声明(declaration)、对象(object)、所有权(ownership)及时间设置等。运行监视工具实时显示仿真联盟的状态,便于用户进行监视,这部分功能通常整合到仿真运行管理器中,通过相应的权限管理机制来保证系统的安全性。

2)对正在运行的仿真项目进行控制和追踪

对仿真项目的追踪功能主要包括单步运行、断点运行、单次不间断运行、多次连续运行等。对仿真项目的控制功能主要是仿真运行的启动、暂停/继续、终止等。

3)仿真运行时间管理

该功能提供对联邦和联邦成员超实时、亚实时仿真的支持。在仿真运行过程中,如果某一联邦成员和整个联邦需要加速或减速仿真,可以通过设置实时运行的加速或减速倍数来实现,它还提供在线修改仿真步长的功能。

4)仿真回放

仿真运行结束后,根据记录的仿真数据进行整个仿真过程的回放。

仿真运行管理器是对运行在 HLA/RTI 仿真软总线上的所有仿真联邦及其联邦成员进行统一管理。我们可以采用分层管理的办法,从联邦层和联邦成员层两个层次进行管理,仿真运行的两层管理架构如图 7-15 所示。

(1)在仿真联邦层,仿真运行管理器负责管理 HLA/RTI 上所有创建的仿真联邦,主要功能包括:①仿真联邦的创建与撤销;②联邦状态信息的管理与监视,包括联邦名称、FED文件名称、联邦内的联邦成员组成、联邦最近一次的存储时间、联邦将要进行的存储时间等。

(2)在联邦成员层,仿真运行管理器负责管理一个联邦内部的所有联邦成员,主要功能包括:①联邦成员的加入与退出;②联邦成员状态信息的管理与监视;③联邦成员内部参数的修改,如对象类实例属性所有权、联邦状态更新周期、RTI 服务日志开关等;④仿真活动管理,包括仿真运行状态的控制(初始化、启动和停止)、仿真步长设置、仿真日志和仿真同步控制等。

仿真运行管理器的具体实现与协同仿真系统所采用的 HLA/RTI 软件工具有着密切关系。

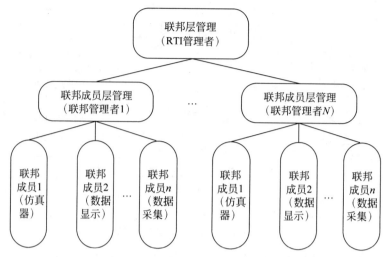

图 7-15 仿真运行的两层管理架构示意图

5. 动态数据采集功能

数据采集功能对协同仿真联盟的仿真过程数据和仿真结果数据进行采集与存储,便于离线评估或进行其他的后处理操作。基于 HLA/RTI 的动态数据采集器可以在启动每次仿真运行时,根据仿真运行的 FED 文件,获取当前仿真运行中所有发布(publish)的类和参数信息,从而灵活地预订(subscribe)所需的数据,以便提供给仿真结果的可视化显示和仿真评估工具使用。

动态数据采集器为了预订被发布的仿真参数,需要以一个联邦成员的身份加入仿真联邦之中。由于 FED 文件中没有被发布参数的属性信息(如数据类型、精度要求等),而 RTI 在实现仿真联邦成员之间通信时假定该数据预订者(联邦成员)知道所预订的参数信息,此时需要 OMT 的 DIF(数据交换格式)文件提供参数信息。如图 7-16 所示,数据采集器是根据 DIF 文件格式建立的类结构,可以方便访问联邦成员中所有的对象类、交互类、路由空间等信息,这样可以获取感兴趣的数据。

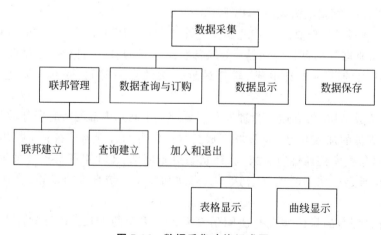

图 7-16 数据采集功能组成图

动态数据采集器的主要功能：

（1）联邦管理负责与 RTI 上所有联邦的交互工作，主要包括联邦建立、联邦查询、联邦加入与退出。

（2）数据查询与订购负责获取指定联邦的可采集数据集合，并根据用户的选择向 RTI 订购指定的数据。

（3）数据显示负责在数据采集过程中以表格和曲线的形式显示数据变化趋势，为用户及时了解仿真运行情况提供直观的可视化显示。

（4）数据保存负责将采集到的数据以文件形式保存，再由使用者将该文件提交到数据库或模型库进行管理。

此外，仿真运行过程中，有些数据比较稳定，而有些数据快速变化，要求动态数据采集器能够根据实际情况采用不同的数据采集方式。

6. 仿真数据管理功能

多学科协同仿真是一个复杂的过程，通常需要多个学科领域的开发人员和软件工具协同完成。这是一个不断迭代的过程，其中涉及大量的仿真模型和频繁的数据交互，必须要有一个完善的数据管理机制作为支持。

仿真数据管理主要由以下使能工具组成：

（1）仿真模型库管理工具，由于采用层次化建模方法，以模型结构化管理的方式，对仿真模型进行管理和维护。仿真模型的组成结构及相关子模型与文档数据间的交叉引用需要结构化的管理，方便用户浏览模型结构及相关文档等。

（2）仿真数据管理工具，用于对仿真数据（执行模块、源代码、类库、仿真报告文档等）进行统一管理和维护。

（3）数据发布工具，在相应的权限管理机制下，提供数据发布功能。

（4）统一数据访问接口，实现多学科协同仿真过程中异构系统间的信息集成。

模型库和数据库管理主要是针对模型对象和仿真数据的管理，还可以考虑与 PDM 系统进行集成，利用 PDM 的变更管理、产品结构管理实现对仿真模型对象的设计修改和不同版本进行追踪与管理。

7. 仿真过程管理功能

仿真过程管理是针对协同仿真相关的项目、流程、团队等管理。协同仿真平台确定仿真任务后，进行整个仿真项目的管理，以仿真建模、仿真运行、模型校验为主要过程的仿真过程管理，对参与仿真项目的仿真团队进行管理。一般而言，协同仿真平台需要同时支持多个仿真项目的运行管理。

仿真过程管理的主要功能：

（1）仿真项目管理。为了保证多学科协同仿真有序进行，需要对任务和相关资源进行计划、组织和管理，如仿真项目的创建、修改、查询、审批等功能，仿真人员角色分配、资源分配及权限管理。

（2）仿真流程管理。对多学科协同仿真过程进行可视化建模，提供仿真活动过程单元定义，通过单元连接完成仿真活动过程设计，实现对整个过程的统一描述和管理。

（3）仿真团队管理。对协同仿真过程中的参与人员与项目团队进行组织和管理,建立仿真人员的工作任务列表,记录任务列表执行情况。

8. 仿真后处理功能

仿真后处理系统根据数据采集工具存储的仿真过程数据和仿真结果数据对复杂产品的多学科协同仿真运行结果进行分析与评估,并提供仿真结果的数据后处理和可视化功能。

（1）仿真可视化工具,提供二维或三维的仿真可视化环境,将仿真过程和结果数据进行直观显示,以图形、图像、视频等方式展现给用户。

（2）仿真评估工具,用来根据仿真目的和要求,采用合适的评估算法对仿真数据进行分析,给出仿真结果的评估分析报告。

（3）决策支持工具,根据分析和评估结果,在相应算法和机制的支持下,根据协同仿真的分析结果,对复杂产品的设计方案进行决策。

7.6　小结

本章介绍了分布式仿真技术的特点,以及网络化仿真技术所经历的 SIMNET、DIS、ALSP 和 HLA 等主要发展过程。

分布式协同仿真是通过计算机网络技术将分散于不同地域的相互独立的各种仿真器互联起来,形成一个在时间和空间上协同作用的综合虚拟环境,以实现各个仿真应用子系统之间的交互、仿真平台及仿真环境之间的交互。通过网络解决仿真过程中各类资源的动态共享与协同应用问题,为仿真领域中诸多挑战性难题提供了以网络为基础的技术支撑。

HLA 是分布交互仿真的高层体系结构,定义了一个通用的分布式仿真技术框架。通过它可创建基于组件的分布式仿真,在该框架下,构成系统的各种模型和各类仿真应用系统均可接入,并实现彼此的互操作。

HLA 标准包括三个组成部分:HLA 规则、HLA 对象模型模板和 HLA 接口规范。HLA 协议的具体实现为 RTI,每个仿真节点通过逻辑通路与 RTI 相连,整个系统的交互通信由 RTI 进行协调和管理,各仿真节点间并无直接的联系。在 HLA/RTI 中,一个仿真节点只将其仿真对象的属性变化部分传输给 RTI,再由 RTI 传输给所需的仿真节点。HLA 允许每个仿真节点以标准化的文档格式来确定其产生何种信息,接收何种数据,以保证所有仿真节点对将要交换的数据达成一致,较好地解决了分布式仿真中的互操作和模型重用问题。

HLA 是一个通用的 IEEE 标准分布式仿真架构,不仅适用于军事领域的建模与仿真,而且可用于工程应用领域的仿真,是实现复杂产品分布式协同仿真的一种有效技术路径。本章详细介绍了基于 HLA 的复杂产品多领域协同建模方法、协同仿真运行技术和分布式协同仿真平台。

HLA 作为一种先进的仿真体系结构,它在标准性、开放性、可扩充性和支持分布式仿真方面都具有诸多优点。将 HLA/RTI 作为"仿真总线",这样各领域商用仿真软件只需开发与 HLA/RTI 的接口,即可实现不同领域商用仿真软件的多领域建模和协同仿真。

习题

1. 什么是分布式仿真？分布式仿真的技术特点是什么？

2. 简述网络化仿真技术的主要发展历程。

3. 什么是分布交互仿真？简述 DIS 的主要功能和技术特点。

4. 高层体系结构 HLA 的技术基础和主要目的是什么？

5. 简述 HLA 的基本组成和技术特点。

6. 分布交互式仿真技术框架中，HLA 与 DIS 的主要区别是什么？

7. HLA 与 RTI 之间的区别和联系是什么？

8. 简述 HLA/RTI 接口规范提供的仿真交互服务能力。

9. 试分析说明分布式交互仿真系统涉及哪些关键技术。

10. 试简述在基于 HLA/RTI 的协同仿真系统中，如何实现不同子系统模型之间的参数映射与信息交互。

第8章

智能制造系统中的仿真应用

8.1 概述

随着智能制造技术的不断发展和深入应用,仿真技术在产品设计与制造过程中的应用越来越广泛,制造领域的计算机仿真应用已经从单领域应用逐步扩展到复杂产品全生命周期的多领域应用。

在产品设计(包括概念设计、系统设计和详细设计)阶段,利用仿真建模与分析工具,将设计任务所确定的产品在全生命周期后续的制造、使用、维护和销毁等各个不同阶段的产品行为指标作为设计目标,通过将计算机仿真技术全面应用于复杂产品的设计开发过程,使得在设计阶段即可对产品的全生命周期进行分析和测试,获得产品在全生命周期后续的制造、使用、维护和销毁等各个不同阶段,在各种不同环境、在人的各种不同操作下的产品行为,从而保证了产品的制造、使用、维护和销毁等要求。

产品的运动和动力学仿真。在产品设计阶段就能展示出产品的行为,动态表现产品的性能,产品设计必须解决运动构件工作时的运动协调关系、运动范围设计、可能的运动干涉检查、产品动力学性能、强度、刚度等问题。

产品装配过程的虚拟仿真。机械产品的配合性和可装配性是设计人员常易出现错误的地方,以往要到产品最后装配时才能发现,导致零件的报废和工期的延误,从而造成巨大的经济损失和信誉损失。采用虚拟装配技术可以在设计阶段就进行验证,确保设计的正确性,避免损失。

数字化加工过程仿真。产品设计的合理性、可加工性、加工方法、机床和工艺参数的选用,以及加工过程中可能出现的加工缺陷等,这些问题需要经过仿真、分析与处理。例如,NC机床程序需要在正式使用前进行检验,对于复杂的加工过程还需要进一步的精确检验。利用图形工作站可以模拟真实的车床加工过程,对整个加工过程中运动物体进行碰撞检测,发现加工程序中的错误,而且还能及时估算加工时间以便于制订细致的生产计划。

生产过程仿真与优化。在制造过程中,产品生产过程的合理制定,工厂人力资源、制造资源的合理配置,对缩短生产周期和降低成本有重大影响。生产仿真可以发现实际生产过程中的薄弱环节,也可以了解可能出现的事故对生产计划的影响及相应的对策安排。生产仿真不仅可以对加工设备的配置帮助很大,还可以优化生产控制,保证实际生产能够高效、可靠地运行。例如,生产线上各个环节的动作协调和配合是比较复杂的,采用仿真技术,可以直观地进行配置和设计,保证工作的协调。

　　复杂产品的设计开发涉及诸如机械、电子和控制等多个领域,传统新产品的开发通常要经过设计、样机试制、工业性试验、改进定型和批量生产几个阶段。由于技术的限制,在设计阶段获取的产品的各类相关信息极为有限,设计人员对详细设计方案的仿真和评估也很有限,很难保证设计中没有差错,而对于那些高投入的复杂产品,一旦出现难以弥补的设计错误,就会造成极大的损失。仿真技术是验证和优化产品设计的重要手段,在整个产品开发过程中占有无法取代的重要地位,而且随着技术的发展,这种重要性正在不断加强。计算机仿真技术为产品的设计与开发提供了强有力的工具和手段。

　　仿真技术也是虚拟样机技术(virtual prototyping)的重要组成部分,虚拟样机技术的发展和仿真技术的发展是密不可分的,在8.2节中将详细介绍复杂产品虚拟样机技术。

8.2　基于仿真的虚拟样机技术

8.2.1　虚拟样机的概念

　　虚拟样机是由分布的、不同工具开发的,甚至异构的子模型组成的模型联合体,主要包括:产品的 CAD 模型、产品的外观表示模型、产品的功能和性能仿真模型、产品的各种分析模型(可制造性、可装配性等)、产品的使用和维护模型及环境模型等。借助虚拟样机,设计人员可以通过成熟的三维计算机图形学,模拟在真实环境下产品的各种运动和动力特性,并能根据仿真结果优化产品的设计方案。因此,复杂产品虚拟样机将不同学科领域的子系统开发模型结合在一起,从各个角度来模拟真实产品,基于数字化模型可以采用并行化产品开发模式,实现多学科的协同设计与性能优化。

　　虚拟样机是产品的多领域的数字化模型的集合体,包含有真实产品的所有关键特征。基于虚拟样机的产品设计过程可以以低成本开发和展示产品的各种方案,评估用户的需求,提前对产品的被接受程度作检查;快速方便地将工程师的想法展示给用户,在产品开发的早期测试产品的功能;通过数字化产品建模,采用虚拟现实技术,将模型置于虚拟环境中可以方便、直观地进行工作性能检查,在设计阶段就对设计的方案、结构等进行仿真,减小了出现重大设计错误的可能性,提高一次试验成功率;利用虚拟样机进行产品的全方面测试和评估,可以避免重复建立物理样机,减少了开发成本和时间。

　　复杂产品虚拟样机的主要特点是在数字化设计、系统建模、仿真分析等不同过程中,涉及机、电、液、控等多学科的专业领域知识,模型是由分布的、不同工具开发的,甚至由异构模型组成的模型联合体,包括产品 CAD 模型、功能和性能仿真模型、产品运行环境模型等,可能涉及的学科领域多、仿真类型多、应用范围广,虚拟样机可应用于复杂产品设计制造的全生命周期,包括需求分析和定义、概念设计、详细设计、生产制造、性能测试、服役使用、维护训练直至产品报废等所有阶段。

　　复杂产品虚拟样机本身是一个复杂系统,它不但组成关系复杂、与外界环境的交互关系复杂,而且开发过程也非常复杂。因而复杂产品虚拟样机开发需要采用系统工程方法,综合运用现代信息技术、数字化建模技术、分布式计算与先进仿真技术、集成化设计制造技术和生命周期管理技术,支持复杂产品全生命周期的数字化、虚拟化、协同化设计开发与研制过程。

基于虚拟样机的产品开发模式与传统上基于物理样机的产品开发模式相比,具有以下的特点:

(1) 全新的产品设计开发模式。基于虚拟样机的产品开发过程是基于并行工程的理念,大量采用单领域、多领域仿真技术,使产品在设计阶段的早期就能方便地分析和比较多种设计方案,确定影响产品性能的关键参数,优化产品设计性能,在虚拟环境下预测产品在接近实际工作状态下的行为特征。

(2) 虚拟样机工程的系统性和整体性。复杂产品虚拟样机强调在系统层面上模拟产品的外观、功能和在特定环境下的产品性能和行为特征。

(3) 支持产品全生命周期。虚拟样机可应用于产品开发的全生命周期,并随着产品生命周期的演进而不断丰富和完善。在产品设计的不同阶段,有着不同表现形式和详细程度的虚拟样机,如需求阶段的需求样机、设计阶段的设计样机等。

(4) 支持产品的全方位测试、分析与评估。虚拟样机技术可以支持不同领域人员从不同的角度对同一虚拟产品并行地进行测试、分析与评估。

(5) 建模仿真代替物理试验。基于虚拟样机的设计方法也使得在设计早期就能获得较多的产品信息,采用先进仿真技术可以获得以往只有进行到设计后期才能获得的信息,有助于摆脱对物理样机的依赖,利用虚拟样机可以完成大量的物理样机无法完成的虚拟试验,从而获得产品最优设计方案。基于虚拟样机的设计方法可以减少物理样机的数量,降低研发的成本,缩短研发周期,同时保证设计出高质量的产品。

8.2.2　虚拟样机技术

虚拟样机技术(virtual prototyping,VP)与虚拟样机是不同的概念。虚拟样机技术是一种基于产品的计算机仿真模型的数字化设计方法,这些数字化模型即虚拟样机。虚拟样机技术融合了现代建模与仿真技术,基于计算机仿真模型的数字化设计方式来进行复杂产品开发时的动、静态性能分析,实现虚拟环境下复杂产品的多学科优化设计,因而成为复杂产品开发和设计创新的重要手段。

目前,CAD/CAM 等设计工具的功能已经十分强大和完善,但是还不能满足实现复杂产品虚拟设计的要求。传统的 CAD/CAM 系统只支持单个设计人员应完成的特定的具体任务,可以建立复杂产品虚拟样机中的几何信息、工艺信息和加工信息等信息主模型。虚拟样机技术要求在设计过程中大量引入仿真活动,而且要将原有的由物理样机完成的试验尽可能由计算机仿真来代替,这就需要大量地满足各个领域仿真需要的仿真工具,比如,机械多体动力学、控制系统仿真、电子电路仿真、流体力学仿真、有限元分析、嵌入式系统仿真等。目前,产品的设计模型通常不能直接用于仿真,通常需要根据仿真需求进行专门的仿真建模。大量的各类仿真模型也是虚拟样机的重要组成部分。

复杂产品虚拟样机技术是以各领域 CAX/DFX 技术为基础,进一步融合先进建模与仿真技术、现代信息技术、协同设计与先进制造技术和产品生命周期管理技术而发展起来的综合性技术,应用于复杂产品全生命周期、全系统,并对它们进行综合管理与控制,强调数字化、虚拟化和协同化,从系统层面来设计开发、仿真分析和运行模拟复杂产品,能从视觉、听觉、触觉及功能、性能和行为上模拟真实产品。它是一种基于产品的计算机仿真模型的数字化设计方法,也是一种系统化的工程设计与管理方法。

虚拟样机技术的发展始于20世纪90年代初期,并在研究与应用领域取得了很大的进展。虚拟样机技术是将多种相关技术运用系统工程和信息集成技术结合而成的综合性技术,强调多领域、多学科间的渗透与融合。虚拟样机技术不是一成不变的,而是一个动态的技术,它不断吸收相关领域最新的技术成果而发展。目前,虚拟样机技术领域的研究重点是解决多学科建模、多领域模型集成问题,采用多学科协同仿真的方法,进行复杂产品系统层面的性能分析和优化设计。

国内学者多年来深耕复杂产品虚拟样机工程领域,结合他们的大量应用实践,本章提出了复杂产品虚拟样机工程技术体系,如图8-1所示。

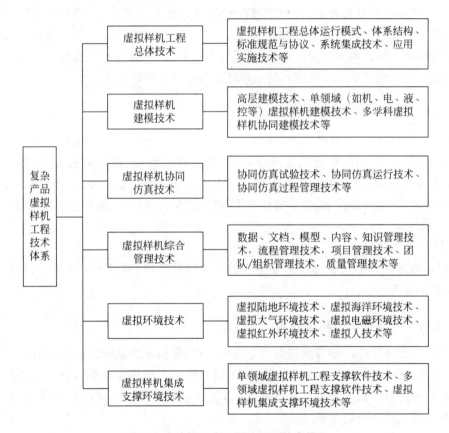

图 8-1　复杂产品虚拟样机工程技术体系

复杂产品虚拟样机工程技术体系的组成主要包括以下几个方面。

1. 复杂产品虚拟样机总体技术

复杂产品虚拟样机总体技术主要包括总体运行模式、体系结构、标准规范与协议、系统集成技术、复杂产品虚拟样机工程应用实施技术等。它考虑涉及虚拟样机应用系统全局的问题,构建虚拟样机工程应用中各部分之间的关系,协调各分系统的运行,并将它们组成有机的整体,实现信息和资源共享。

2. 复杂产品虚拟样机建模技术

复杂产品虚拟样机建模技术主要包括高层建模技术、单领域（如机械、电子、控制等）产品虚拟样机建模技术、多学科虚拟样机协同建模技术等。它提供一个逻辑上一致、可描述产品全生命周期相关的各类信息的产品模型描述方法，支持各类不同模型的信息共享、集成与协同运行，实现不同层次上产品的外观、功能和在特定环境下行为特征的描述。

3. 复杂产品虚拟样机协同仿真技术

复杂产品虚拟样机协同仿真技术主要包括协同仿真实验技术和协同仿真运行、管理技术等。协同仿真技术是指异地、分布的建模和仿真分析人员可在一个协同、互操作的环境中方便、快捷和友好地采用各自领域的专业分析工具，对构成系统的各子系统进行建模与仿真分析，或从不同技术视图进行功能、性能的单点分析，并透明地支持它们参与整个系统的联合仿真，是协作完成对系统仿真的一种复杂系统仿真分析方法。

4. 复杂产品虚拟样机管理技术

复杂产品虚拟样机管理技术实现对涉及的大量数据、模型、工具、流程及人员的高效组织和管理，使其优化运行，做到在正确的时刻、把正确的数据、按正确的方式、传给正确的人，做出正确的决策，实现了信息集成和过程集成。它主要包括数据、文档、模型、内容、知识的管理技术，流程管理技术，项目管理技术，团队组织管理技术，质量管理技术等。

5. 虚拟环境技术

虚拟环境是由计算机全部或部分生成的多维感觉环境，通过虚拟环境，人们可进行观察、感知和决策等活动。

6. 虚拟样机集成支撑环境技术

虚拟样机集成支撑环境技术提供一个支持分布、异构系统基于"系统软总线"的即插即用环境，实现分布、异构的不同软硬件平台、不同网络和不同操作系统环境的互操作。它主要包括单领域虚拟样机工程支撑软件技术、多领域虚拟样机工程支撑软件技术、复杂产品虚拟样机集成支撑环境技术等。

8.2.3   虚拟样机在产品生命周期各阶段的应用

市场消费者对产品越来越多的个性化要求，企业需要在产品开发的早期设计阶段，能够在最短时间里尝试和比较多种设计方案，而传统的样机试验方式消耗时间长、成本高，难以满足要求。虚拟产品开发能够满足个性化产品开发的需要，可以通过虚拟现实环境和计算机仿真技术，使消费者在产品生产出来之前就可以与代表真实产品的虚拟模型进行交互，提出建议来改进设计方案，而且虚拟产品可以方便地修改和仿真试验，很多企业都纷纷采用数字化和虚拟化产品开发技术。

随着消费需求的提升，人们对各类产品的功能要求也不断提高，使产品开发过程的复杂性增加，促使企业采用先进的虚拟样机技术。例如，小汽车作为人们的交通工具，最开始只是单纯的机械产品，功能单一，而现在的小汽车已是集机械、电子、控制和软件于一体且功能丰富的产品，如它的车辆安全系统包括自适应巡航控制系统、防撞警告系统、防盗系统等，这些系统应用电子信息技术实现了车辆的高智能化，改善了车辆乘员的安全性能；电子导航系统可以帮助驾驶员在错综复杂的城市交通道路网中及时到达目的地，而且还可以帮助驾驶员计算出最短行车路线；移动多媒体系统可以为驾驶员提供娱乐设施，还可以通过微型摄像机和平板显示器为驾驶员提供车辆前后方的图像信息，使驾驶员安全驾驶。这样使得设计和制造这些产品的过程变得复杂起来，而且复杂的过程往往会导致生产组织和管理上的许多问题。由于产品开发涉及多个领域，按照以往的功能化划分和开发模式，各个单元的设计缺乏有效的协调，由于缺乏计算机工具的支持，复杂产品通常只能通过物理样机来进行验证，这无疑增加了开发成本和周期。虚拟样机技术提供了虚拟化产品开发模式、多领域协同仿真和虚拟化协同设计等先进的产品开发技术，能够很好地解决上述问题。

跟实际产品开发过程相对应，虚拟样机也有不同的发展阶段，如需求分析、初步设计、详细设计、工艺设计和发布定型等阶段的样机。同时，虚拟样机的建立也是一个循序渐进的过程，限于产品数字化模型的不断细化和仿真技术工程应用的发展程度，不可能要求在设计初期就构造出一个针对整个产品的完整的虚拟样机。在实际设计过程中，可以根据产品的复杂程度，从各个分系统的虚拟样机设计开发工作开始，之后经过不断地提炼和完善，并在适当的阶段逐步将各个分系统样机融合，从而形成更高层次的系统样机。

虚拟样机技术支持产品开发全生命周期从需求分析、概念设计、初步设计、详细设计、测试评估、生产制造到使用维护和训练等不同阶段。

1. 需求分析及概念设计阶段

需求分析除了准确获取消费者的需求外，还要对获取的需求进行分析和评估，以确定需求的合理性，哪些是顾客易于接受的、哪些是技术上可以经济地实现的。顾客需求一般可分为四个级别：①顾客期望产品必须具有的基本功能；②顾客希望产品具有的特殊功能，这些功能的实现可以提升顾客的满意度；③顾客没有想到的，但对顾客重要的产品功能，需要有经验的人引导出这些需求；④产品具有的其他产品所不具备的独特功能，这类功能的缺少不会使用户的满意度降低。

需求样机是指利用虚拟样机技术，根据用户需求建立的未来产品的可视化和数字化描述，描述产品功能和外部行为的结构模型。借助数字模型，进行未来产品的功能仿真，给设计部门演示和说明产品功能的具体要求与使用环境，给出未来产品的性能要求及其粗略组成框架。在需求分析阶段，用户是十分重要的角色，因而可以考虑在产品开发的早期让用户参与需求分析阶段中的方案评估。虚拟样机技术通过虚拟现实人机接口让用户看到未来产品的外观造型、色彩、材料质地等，并可通过粗略的功能仿真，给用户演示和说明产品功能，从而获得用户的较为准确的意见反馈，指导需求的修改。这是一个迭代的过程，根据修改的需求再次建立虚拟样机，交由用户进行评估，再次反复修改，直到满意为止，如图 8-2 所示。

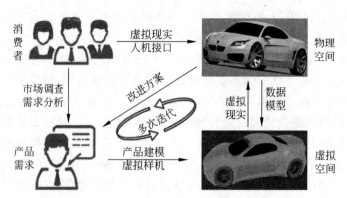

图 8-2   虚拟样机在产品需求分析阶段的应用

这种基于虚拟样机技术的需求分析更具直观性,通过可视化的虚拟模型将用户与设计人员之间的沟通和理解以最直观的方式进行,保证了所获取需求的准确性,使开发出的产品能够真正满足用户需求。

2. 初步设计阶段

初步设计阶段主要包括产品方案设计、产品配置设计和参数设计等内容。

产品方案设计是指设计产品的物理组成以实现期望的功能。产品方案在概念设计阶段以功能模块图或者概念模型的形式出现。而在初步设计阶段,需要在上一阶段工作的基础上,设计产品的结构布局,细化功能模块和模块间的信息流动关系。产品配置设计确定产品部件的形状和一般的尺寸大小,精确的尺寸和公差在参数设计时确定。参数设计是根据产品结构框架决定各个部件的最佳形状,在配置设计中确定的零件属性在这里作为设计变量,通常是尺寸或公差。图 8-3 所示为产品形状、功能、材料和加工方法间的相互关系。

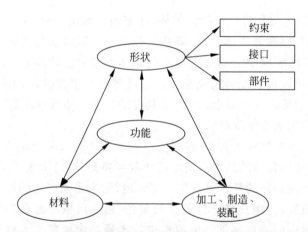

图 8-3   产品形状、功能、材料和加工方法间的相互关系

利用虚拟样机技术,在前一阶段需求样机的基础上,对所提出未来产品的方案设想的可视化和数字化描述进一步细化,通过三维数字化模型的计算机图形显示,模拟产品的组成结构及各个部分的连接关系;通过虚拟环境,设计人员还可以漫游在产品内部,从各个方位观察产品的内部细节,从而有助于提高产品设计质量;功能模块和模块间的信息流动关系的细化,为产品的性能和外部行为提供以物理细节和更详细的可视化描述,数字模型中加入了模拟物理现象的模型;初步设计的产品模型的各个子系统进行各类性能、功能仿真,还可以方便地对多种设计方案进行分析比较,从中选择较优的方案;利用产品数字模型对产品的可制造性、可装配性及其可维护性进行概略评估,及时发现潜在的设计问题。

3. 详细设计阶段

详细设计主要包括详细的设计图纸、物料清单、产品规格,甚至成本估计、设计评审等工作。

在这一阶段,虚拟样机随着详细设计的进行而得到进一步细化,主要由产品的各种物理性能模型、CAD 模型及其他模型(成本、维护等)组成。

使用虚拟样机开展产品的各种仿真试验工作,评估详细设计方案的优缺点,并对设计进行优化,如在汽车产品设计中,根据装配部件的机构运动约束及保证性能最优的目标进行机构设计优化,对发动机进行曲柄连杆运动、动力学仿真、发动机配气机构运动及发动机的平衡性分析,对悬架、转向机构进行各种独立悬架、非独立悬架的运动分析、悬架与转向机构运动干涉分析、转向梯形结构运动分析等,并在这些分析的基础上进行结构参数优化。

利用虚拟样机,还可以对产品的可制造性、可装配性、可维护性等进行高精度的仿真分析,并根据评估结果,对产品的开发和生产进度、成本、质量提出更为全面的要求。

4. 测试评估阶段

在产品开发的各个阶段都有相应的测试评估工作,这里的测试评估主要是针对产品样机整体进行全方位的测试评估。测试评估工作主要是根据检验产品是否符合指定的性能指标,以及发现设计中的缺陷,确认符合后便可正式投入生产。

复杂产品本身内部各个组成部分存在复杂的交互活动,而且与周围环境也存在复杂的交互活动。设计人员通常只能把握几个关键的交互活动,有时还将这些交互活动孤立开来,分别考虑,这就使得设计出的产品在性能上存在一定的不可知性。通过实物试验,可以发现这些不可知性,从而可以修改设计并消除不利的因素。以往的物理样机测试的方法存在很多缺陷,但是仍然是在产品正式投产以前的重要的设计检验手段。

在测试评估阶段,虚拟样机基本定型。根据设计方案建立虚拟样机,通过虚拟样机试验来获取设计方案全方位的信息,指导设计改进。评估优化及决策支持以产品的仿真模型作为对象,通过各种方式的仿真测试,对仿真模型进行参数修改,并反复进行测试,将仿真结果与目标比较,需要时可以对设计进行修改,再采用虚拟样机进行仿真测试,直到获得满意的结果,如图 8-4 所示。

目前,虚拟样机技术具有很好的实际应用前景在于它与物理样机测试相结合的混合样机的工程应用。计算机仿真结果的准确性是由仿真模型的精确度和仿真方法决定的,对于一些复杂的工程问题还无法建立精确的数学模型,而在计算机仿真技术比较成熟的一些领域,可以建立较为精确的计算机仿真模型。对于其他的应用领域,则采用计算机模型进行精度较低的仿真试验,对于高精度仿真则采用物理样机,通过控制系统接口将虚拟样机与

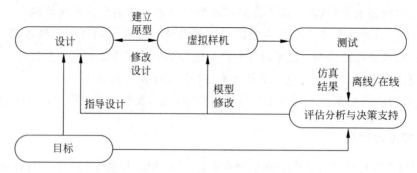

图 8-4　基于虚拟样机的测试评估过程

物理样机连接起来,共同完成虚实融合的交互仿真。若要考虑环境和人的因素,可以利用 VR 技术,将虚拟样机与实际使用环境相结合,检验产品的实际使用效果。

5. 生产制造及使用维护阶段

复杂产品的制造过程也是相当复杂的一个过程,涉及很多学科领域与技术。虚拟样机技术可以模拟产品的真实加工制造过程,以及辅助设计加工生产线,以提高生产效率。用于模拟产品制造加工过程的技术,如刀位轨迹检查、NC 代码验证、碰撞干涉检验系统,装配信息建模、工艺过程规划与仿真、公差分析与综合技术,虚拟测量技术,包括虚拟仪器、测量过程仿真、测试数据管理等。

在使用维护阶段,复杂产品的虚拟样机中加入可靠性模型、维护模型和可用性模型,支持产品的虚拟化运行维护。另外,在虚拟样机中加入操作模型,进行操作人员的技能培训。例如,汽车驾驶的模拟仪表盘、战斗机的模拟飞行驾驶舱等。在军事领域,很多新研制的武器(特别是信息化、电子化武器)在正式投入使用之前,可以使用虚拟样机和先进的人机交互技术对军事人员进行使用培训。这种仿真训练对于提高人员的素质、改善装置运行条件、减少事故发生等都具有十分重要的意义。

8.2.4　虚拟样机典型案例

波音公司不仅是全球最大的民用飞机和军用飞机制造商,而且是美国国家航空航天局(NASA)最大的承包商。20 世纪 90 年代,波音公司率先采用虚拟样机技术对 B777 飞机进行整机的结构样机设计,实现了全数字化的设计制造,获得了无图纸设计和生产的成功,成为当时大型客机研制中虚拟样机技术成功应用的经典范例,其标志性成果及其相关技术至今对于企业复杂产品开发仍然具有不可或缺的参考意义。

产品设计制造过程中存在着巨大的发展潜力,节约开支的有效途径是减少更改、错误和返工所带来的消耗。资料分析表明,一个零件从设计完成后,要经过工艺规划、工装设计制造、制造和装配等过程,在这一过程内,设计约占 15% 的费用,制造约占 85% 的费用,任何在零件图纸交付前正确的设计更改都能节约其后 85% 的生产费用。波音公司在 B777 开发过程中,采用数字化并行产品定义的方式,在 SGI 图形工作站上建立了波音 B777 飞机的虚拟原型,让工程师基于虚拟模型进行数字化预装配和仿真分析,审视飞机的各个部分,并能方便地调出其中任何一个零件进行修改,这样可以及早发现设计中存在的问题和错误,使得飞机上成千上万的零部件在实物制造前数字样机的准确性,通过优化设计过程,大大节省了研制时间和开发成本。

波音公司采用了虚拟样机技术获得了无纸化设计和生产的成功。近年来,在新产品研发领域以系统建模与仿真技术为核心的虚拟样机技术得到迅速发展和实际应用。

1. 基于三维 CAD 软件的数字化产品定义

1) 从传统设计方式向三维 CAD/CAM 工具的转变

波音公司在 B777 飞机的开发中,全面应用三维 CAD/CAM 系统作为基本设计工具,使得设计人员能够在计算机上设计出所有的零件三维图形,并进行数字化预装配,获得早期的设计反馈,便于及时了解设计的完整性、可靠性、可维修性、可生产性和可操作性。同时,数字化设计文件可以被后续设计部门共享,从而在制造前获得反馈,减少设计更改。

表 8-1 列出了波音公司 B767-X 开发方式与其传统方式的比较情况。

表 8-1　波音公司 B767-X 开发方式与其传统方式的比较

工作成员	B767-X 开发方式	传 统 方 式
工程设计员	在 CATIA 上设计和发图 利用数字化预装配设计管路、线路和机舱 利用数字化整机预装配确保满足要求 利用数字化整机预装配检查、解决干涉 利用 CATIA 进行产品插图	在硫酸纸上设计发图 在硫酸纸上设计 利用样机 在生产制造过程中处理 利用样件手工绘制
工程分析员	用 CATIA 进行分析 发图前完成设计载荷分析	用图纸分析 鉴定期完成
制造计划员	与设计员并行工作 在 CATIA 上设计工程零件树 用 CATIA 建立插图计划 检查重要特征,辅助软件改型管理	常规顺序 设计-900 零件 建立工程图 无
工装设计员	与设计员并行工作 用 CATIA 设计工装并发图 用 CATIA 预安装检查、解决干涉问题 零件-工装预装配,确保满足要求	常规顺序 用硫酸纸设计 在生产工装时处理 在生产工装时处理
NC 程序员	与设计员并行工作 用 CATIA 生成和检查 NC 过程	常规顺序 用其他系统
用户服务组	与设计员并行工作 用 CATIA 设计所有地面保障设备并发图 技术出版利用工程数据出版资料 零件与地面保障设备预装配,确保满足要求	常规顺序 用硫酸纸设计 手工插图 生成零件/工装
协调人员	设计制造团队	各种机构

2）基于模型的定义方法

波音公司在 B787 开发中全面采用基于模型的定义方法（model based definition，MBD），用 CATIA V5 软件作为模型设计工具，采用 ENOVIA 模型存储仓库，以及采用 DELMIA 作为数字制造工具，连接工程物料清单（engineer bill of materials，E-BOM）和制造物料清单（manufacture bill of materials，M-BOM），基本避免了图纸错误引起的装配错误，这是在 B767 和 B777 项目中没有达到的。波音公司飞机定义的变革历程见表 8-2。

表 8-2　波音公司飞机定义的变革历程

方　　法	使 用 状 况	代 表 机 型
基于图纸的定义	制图错误（尤其在不同工作组之间的）造成装配问题	B767-100 系列
3D 实体模型＋图纸	仍然存在由图纸错误引起的装配问题	B767-400 系列
3D 模型定义	很少或没有装配问题	B767Tanker，B787

2. 建立三维数字化模型

波音公司采用 MBD 模型作为整个飞机产品制造过程中的唯一依据，用集成的三维实体模型来完整表达产品定义信息，详细规定三维实体模型中产品定义、公差的标注规则和工艺信息的表达方法。三维实体模型成为生产制造过程中的唯一依据，改变了传统以工程图纸为主，而以三维实体模型为辅的制造方法。该技术将三维制造信息与三维设计信息共同定义到产品的三维数字化模型中，使产品加工、装配、测量、检验等实现高度集成，数字化技术的应用有了新的跨越式发展。

1）采用 100％数字化技术设计飞机零部件

飞机零件设计采用 CATIA 系统设计零件的 3D 数字化实体模型。这样易于在计算机上进行装配，检查干涉与配合情况，也可利用计算机精确计算质量、平衡、应力等零件特性。另外，可以很容易地从实体中得到剖面图；利用数字化设计数据驱动数控机床加工零件；产品外形设计直观；产品插图也能更加容易、精确地建立；用户服务组可利用 CAD 数据编排技术出版物和用户资料。B767-X 中的所有零部件都采用数字化技术进行设计，所有零件设计都只形成唯一的数据集，提供给下游用户。每个零件数据集包括一个 3D 模型和 2D 图，数控过程可采用 3D 线架或曲面模型。

2）建立飞机设计的零件库与标准件库

尽量减少新的零件设计能极大地节约费用。基于这一认识，B777 开发中建立了大量的零件库，包括接线柱、角材、支架等。零件库存储于 CATIA 系统中，并与标准件库相协调，设计人员可以方便地查找零件库。充分利用现有的零件库资源，能有效减少零件设计、工艺计划、工装设计、NC 加工程序等带来的费用。标准件库包括紧固件、垫圈、连接件、垫片、轴承、管道接头、压板等，这些标准件存储于 CATIA 标准图库中。设计人员可直接从标准件库中选择所需的零件。

3）利用 CAD/CAE/CAM 保证并行、协同的产品设计，共享产品模型和设计数据库

工程设计研制过程起始于 3D 模型的建立，它是一个反复循环的过程。设计人员用数字化预装配工具检查 3D 模型，完善设计，直到所有的零件配合满足要求为止。最后，建立零件图、部装图、总装图模型，2D 图形完成并发图。设计研制过程需要设计制造团队来协

调,其主要包括以下步骤:

(1) 建模:对飞机零件进行 3D 数字化设计,在飞机坐标系中建立初步模型。当设计定型后,设计出详细的零件图、部装图、总装图。

(2) 共享:把 3D 零件图、部装图、总装图作为数字化预装配共享文件的输出。每个设计员必须及时将设计结果传送到共享数据库中与有关成员共享。

(3) 检查:由于零件处在设计过程中,其定位尺寸可能会不断发生变化,因此应经常通过数字化预装配查阅有关零件位置的变动情况,保证各个部分设计的协调。

(4) 分析:分析 3D 数字化模型,将分析结果连同存在问题的设计模型储存在反馈文件中,反馈给设计人员。

(5) 检查数字化预装配数据、制造数据,获得早期的可制造性反馈信息。计划员、工程设计员、制造工程师共同解决干涉及可制造性问题,并把干涉模型或有关可制造性问题存放于制造反馈文件中。

(6) 解决所有干涉配合问题,并根据工程分析的要求进行设计修改。设计更改的结果再次存入数字化共享文件,确保该文件中设计数据是最新结果。

(7) 不断重复上述过程,直到设计满足要求为止。也就是说,这个循环过程一直要持续到零件装配完成,且不产生干涉问题。在 3D 设计定型时,设计员完成 2D 设计,标注尺寸、附注及重要特性等。

(8) 冻结:冻结有关数据集。

(9) 修改:进一步修改数据集,如有必要,根据上述过程输入制造信息。

(10) 发图:释放相关数据集。

3. 采用 CAE 工具进行工程特性分析

采用 CAE 工具进行工程特性分析,如应力分析、质量分析、可维修性分析、噪声控制分析等。

(1) 应力分析。技术人员直接利用 3D 数字化零件模型进行设计应力计算、载荷数据分析和元件安全系数计算等。利用数字化方法可使应力分析人员与设计人员并行工作。

(2) 质量分析。质量是飞机设计中必须考虑的重要因素。分析人员利用 3D 数字化零件模型进行质量分析,可获得精确的零件质量、重心、体积和惯性矩等。当进行全机数字化模型总装时,分析人员能跟踪各部件质量、重心的装配情况。

(3) 可维修性分析。设计人员在设计时还应考虑飞机维修对飞机的结构、系统的空间要求,设计相应的维修口盖,保障维修顺利进行。这一步在数字化设计时完成。

(4) 噪声控制工程。利用飞机外形详图进行飞机外形鉴定和噪声数据分析,所得结果传送给有关的设计人员。这一过程利用计算机工具在 Apollo 工作站上完成。

4. 采用数字化方法与工具在设计早期尽快发现下游的各种问题

由于采用了大量的计算机辅助技术和工具,对工程设计研制过程、数字化整机预装配过程、数字化样件设计过程、区域设计、设计制造过程、综合设计检查过程、集成化计划管理过程等飞机开发的主要过程进行了改进。

1) 数字化整机预装配

数字化整机预装配是在计算机上进行建模和模拟装配的过程,它根据设计员、分析员、计划员、工装设计员要求,利用各个层次中的零件模型进行预装配,用于检查干涉和配合问题,这个过程以设计共享为基础。数字化整机预装配将协调零件设计、系统设计(包括管线、线路布置),检查零件的安装和拆卸情况。数字化整机预装配的应用可以有效地减少设计错误或返工而引起的工程更改。零件以 3D 实体形式进行干涉、配合及设计协调情况检查。利用整机预装配过程,全机所有的干涉能被查出,并得到合理解决。

通过数字化预装配过程,工程设计要验证所有设计干涉和配合情况。利用 CAD/CAM 系统进行有关 3D 飞机零部件模型的装配仿真与干涉检查,确定零件的空间位置,根据需要建立临时装配图。数据集在没有进行最后的审批前不能发图,这一最后的检查过程降低了项目风险,保障了发图后无零件干涉情况的出现。作为对数字化预装配过程的补充,设计员接收工程分析、测试、制造的反馈信息。数字化预装配模型的数据管理是一项庞大、繁重的工作,它需要一个专门的数字化预装配管理小组来完成,确保所有用户能方便进入系统并在发图前作最后的检查。数字化整机预装配的应用有效地减少设计错误或返工而引起的工程更改。

2) 计算机辅助工装设计

工装设计人员利用 3D 零件数字化模型设计工装的 3D 实体模型或 2D 标准工装,保证零件基准,计算机系统将存储有关工装定位数据。同时,建立工装的数字化预装配系统,利用 3D 数字化数据集检查零件-工装、工装-工装之间的干涉与配合情况。工装数据集提供给下游的用户,如工装计划用于工装分类和制造计划、NC 工装程序提供给 NC 数据集,用于 NC 验证或给车间进行生产。

3) 计算机辅助制造与 NC 编程过程

计算机辅助制造过程通过提供可生产性输入和增加附加信息到数据库以改进工程设计,从而满足部装和总装要求。在工程发图前,NC 程序员利用 CATIA 工具进行零件线架和表面的数控编程,必要时在计算机上模拟数控加工的过程,从而减少了设计更改、报废和返工,并缩短了开发流程。

4) 设计制造过程

设计制造过程结合工程、加工、材料、用户服务及其组织的特殊要求进行工作。设计制造过程采用了一些约定,改进零件的可制造性,最大限度地使设计与可制造性相结合。利用数字化设计工具进行飞机系统与结构的并行设计;利用数字化预装配,检查每个零件的干涉与配合情况;完成了足够的计划和工装设计后,制造部门将检查零件的可制造性。

5) 综合设计检查过程

综合设计检查过程用于检查所有设计部件的分析、部件树、工装、数控曲面的正确性。综合设计检查过程涉及设计制造团队和有关质量控制、材料、用户服务及子承包商,一般在发图阶段进行。有关人员定期检查情况,对不合理的地方提出更改建议。综合设计检查是设计制造团队任务的一部分。

5．利用产品数据管理平台辅助并行设计，支持数字化样机设计过程

波音公司采用了一个大型的综合数据库管理系统，用于存储和提供配置控制，控制多种类型的有关工程、制造和工装数据，以及图形数据、绘图信息、资料属性、产品关系、电子签字等，同时对所接收的数据进行综合控制。

1）数字化样机的管理控制

管理控制包括产品研制、设计、计划、零件制造、部装、总装、测试和发送等过程。它保证将正确的产品图形数据和说明内容发送给使用者。通过产品数据管理系统进行数字化资料共享，实现数据的专用、共享、发图和控制。

传统的发图方法将包括许多图纸和材料清单的零件图从工程设计部门传递给制造部门，每份图纸包含一个或多个零件，并具有唯一的图号，图纸中的每个零件也有相应的图号。

数据集是设计过程唯一的设计依据。数据集释放后进入数据库系统。对工程数据的修改需要有关人员的签字。数据集的发放过程：首先，工程师将已验证的数据集准备好，并在发放期把它提供给释放单元。待释放的数据集包括一个数字化模型（3D实体图形、2D图形和下游需要的有关数据）、材料清单和一个在线的释放单元清单。仅有的纸上条文是列有由谁查阅在线数据集及进行电子签字的报告。为准备发图，数字化模型以只读格式共享，进行电子签字及在线跟踪。当所有签字完成时，该模型将处于共享状态。其次，验证待释放数据集的完整性。最后，发图员在数据库中将该模型状态改为发图状态，释放相应的数据集进行发图。采用数字化产品设计的每个模型都有一个完整的零件号，以便图形在发放时进行跟踪检查。

2）利用产品数据管理平台，开展集成化并行设计

要充分发挥并行设计的效能，支持设计制造团队进行集成化产品设计，还需要一个覆盖整个功能部门的产品数据管理系统的支持，以保证产品设计过程的协同进行，共享产品模型和数据库。

并行产品设计是对并行设计及其相关过程（包括设计、制造、保障等）的集成，并行设计要求设计者在设计初期就考虑与产品开发过程相关的所有因素，包括质量、成本、计划、用户要求等，通过优化设计过程，利用CAD/CAE/CAM保证并行、协同的产品设计，共享产品模型和设计数据库。采用数字化方法与工具在设计早期尽快发现下游的各种问题。

采用综合工作站存储包括工程数据（如附注、材料清单等）、制造数据、工装数据（如附注、明细表）、财务数据等。综合工作站在早期产品研制中就开始投入使用，并在研制过程中其作用不断地增强。所有零件、工装设计员发放的数据集都应是唯一的。在零件制造、部装、总装的过程中，任何拒收单都要求工程设计组或设计制造团队检字批准，做出相应的更改，再根据数字化预装配重新检查干涉配合情况，然后发图生产。

3）生命周期管理应用策略

波音公司B787飞机产品生命管理的解决方案包括了电子构型、关联设计、功能集成、虚拟制造、集成全球供应链、精益工厂、改善交付、数字化面向客户的数据。在生命周期管理策略方面，B787项目与其他波音项目比较见表8-3。

表 8-3　生命周期管理策略比较

项　目	机　型		
	B777	B737 NG	B787
物理综合	数字化产品定义,数字化预装配	透明的数字化预装配	基于上下文设计,关联设计
建造综合	—	数字化工装定义,硬件变异性控制,数字化装配	基于几何的工艺过程规划,工厂仿真
功能综合	—	—	逻辑预装配,需求跟踪
支持综合	—	—	维护仿真,飞机健康管理
团队	设计-建造团队	集成产品团队	生命周期产品团队

8.3　多学科协同仿真应用

在现代产品设计领域,复杂产品具有机、电、液、控等多领域耦合的显著特点,如飞行器、机车车辆、武器装备等,其集成化开发需要在设计早期综合考虑多学科协同和模型耦合问题,通过系统层面的仿真分析和优化设计,来提高整体的综合性能。这一节以两个典型的复杂产品开发为实例,讨论多学科协同仿真的技术方法及应用特点。

8.3.1　某飞机起落架的协同仿真应用

起落架是飞机的一个重要子系统。它要求在各种路面、大气环境的条件及飞机起飞、降落所带来的过载情况下,能够保证飞机安全、平稳地起飞和降落。这里以航空某大型飞机的起落架系统为对象,通过对起落架机械、控制、液压等多学科虚拟样机的建模和协同仿真,全面分析和评估在各种路面、起飞、降落条件下该型号飞机起落架的各项性能。

1. 模型组成

飞机起落架是一个复杂的机电液系统,其协同仿真系统涉及机械、控制、液压等不同学科,如图 8-5 所示,系统仿真主要涉及四个子系统,分别是起落架多体动力学系统、起落架液压系统、起落架收放控制系统和可视化显示系统。

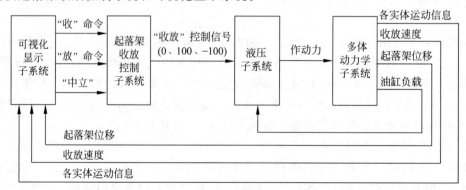

图 8-5　某大型飞机的起落架协同仿真系统组成

　　起落架多体动力学系统采用多体动力学仿真软件 ADAMS,对该型号起落架的支柱、轮胎、液压作动筒等动力学模型进行专业领域的建模和仿真,如图 8-6 所示。

图 8-6　起落架的多体动力学系统

　　起落架液压子系统采用液压仿真软件 EASY5,对起落架的支柱油缸等液压模型进行专业领域建模和仿真计算,如图 8-7 所示。其中 EASY5 模块作为一个 S-function 被 MATLAB/Simulink 调用。

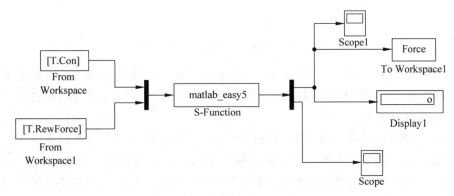

图 8-7　起落架的液压系统模型

　　起落架收放控制系统采用控制仿真软件 MATLAB,对飞行员操纵起落架的控制模型进行专业领域建模和仿真,如图 8-8 所示。

　　可视化显示系统则通过三维动画模拟飞行员操纵起落架的主要人机界面,同时对起落架的起落状态进行显示。

2. 开发环境

开发环境 MATLAB/Simulink 开发环境和 ADAMS 仿真环境。

MATLAB 是集数值计算、高级绘图及可视化、高级程序开发语言和动态系统建模仿真于一体的集成的开发环境。MATLAB 的特点是具有很多面向具体应用的工具箱,包含了完整的函数集用来对信号图像处理、控制系统设计、神经网络建模等特殊应用进行分析和设计。开放式的结构使 MATLAB 产品很容易地应用于数值分析,开发自己的工具,从而不断深化对问题的认识。此外,MATLAB 可以很容易地被扩展用来建立自己的应用,能够在

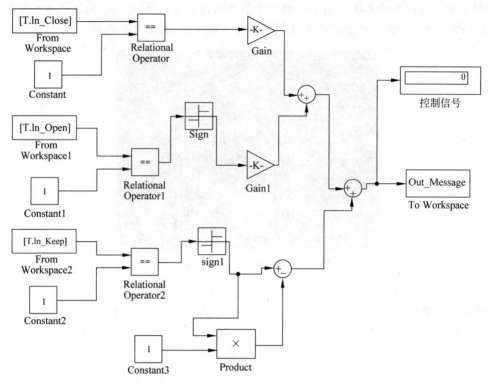

图 8-8　起落架的收放控制系统模型

很短的时间内解决许多数值问题,还能够把外部的软件和数据与 MATLAB 连接起来。MATLAB 代码(M 文件)和 MATLAB 数据文件(MAT 文件)是独立于平台的,因而可以跨平台无缝地共享设计。

　　Simulink 是用来建模、分析和仿真各种动态系统的交互环境,包括连续系统、离散系统和混合系统。Simulink 提供了采用鼠标拖放的方法建立系统框图模型的图形交互界面。通过 Simulink 提供的丰富的功能模块,可以迅速地创建系统的模型,不需要书写一行代码。Simulink 还支持 Stateflow,用来仿真事件驱动的过程。

　　ADAMS(automatic dynamic analysis of mechanical system)是机械系统动力学仿真的简称。ADAMS 全仿真软件包是一个功能强大的建模和仿真环境,它可以对任何机械系统进行建模、仿真及优化设计,可以进行基于系统的动力学仿真,涵盖范围从汽车车辆、铁路机车到航空航天器等多个行业。

　　ADAMS 软件的求解器工具是 ADAMS/Solver,它仅用于求解非线性数值方程,此时,需要创建文本格式的模型,然后提交给 ADAMS/Solver 进行求解。

　　在 20 世纪 90 年代早期出现了 ADAMS/View 模块,使用此模块可以在单一环境下创建模型、仿真模型和检查结果。同时,ADAMS 还有完善的与 MATLAB/SIMULINK 的接口,可以完成有控制系统的动力学仿真。

3. 协同仿真系统的技术架构

　　飞机起落架的多学科协同仿真系统总体技术架构如图 8-9 所示。采用 IEEE HLA 高层体系结构的仿真建模标准,基于 HLA/RTI 仿真总线技术框架,将各个专业领域的仿真应用集成到统一的仿真系统框架之中。在多学科协同仿真系统的构建过程中,采用 HLA适配器技术,即 ADAMS/HLA 适配器、MATLAB/HLA 适配器,来实现专业领域的学科模型同 RTI 仿真总线之间的互联和交互。

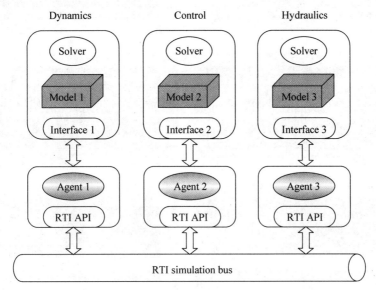

图 8-9 起落架多学科协同仿真系统总体技术架构

4. 协同仿真算法的运行结果

这里,针对飞机起落架的多学科协同仿真系统运行,设定如下的仿真条件:

积分算法:ode45。

仿真区间:0～2s。

仿真步长:0.005s。

启动顺序:先 Control(MATLAB),再 Hydraulics (MATLAB2),最后 Dynamics(ADAMS)。

在这一应用案例中,目的是通过多学科协同仿真的运行结果,来对比和验证三种基本的协同仿真算法(等步长联合步串行算法、等步长联合步并行算法、积分步算法)在不同插值阶条件下的精度差别。飞机起落架多学科协同仿真的部分运行结果如图 8-10 所示。

这里,将现有基于商用软件接口所实现的集中式协同仿真运行结果作为标准参考值。由曲线对比可以看出,二阶插值下的积分步算法精度最高,它与标准参考值的仿真结果最接近,说明插值对积分步算法的精度起到明显的改进作用。等步长联合步串行算法精度要低一些,等步长联合步并行算法精度最低,而这两者的区别在于插值方式的不同。

在通用的组合算法分析中,在积分步的交互层次上,不同的插值方式导致的计算精度是相同的,而在联合仿真步的交互层次上,不同的插值方式导致的计算精度是不同的。

接下来验证变步长联合步算法的收敛性和精度。

我们用等步长联合步串行算法和变步长联合步串行算法对起落架系统进行仿真。等步长算法取步长为 0.005s,仿真时间为 2s。变步长算法取步长为 0.001～0.1s,系统局部截断误差限为 $1×10^{-3}$,衰减因子 α 取 0.5。插值阶均为 0。

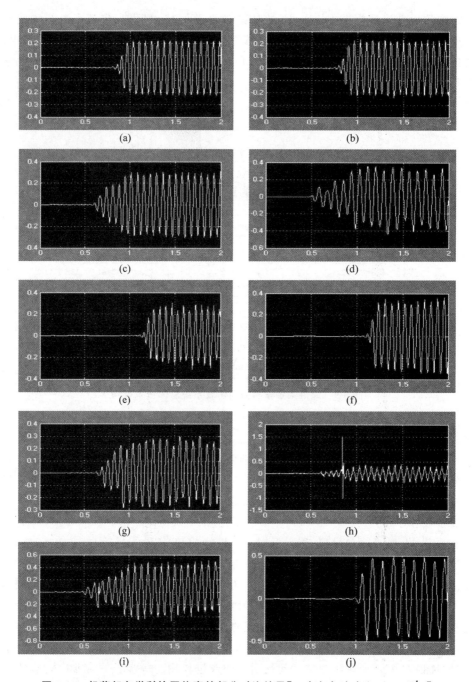

图 8-10　起落架多学科协同仿真的部分对比结果[X 方向角速度/($rad \cdot s^{-1}$)]

(a) 集中式仿真；(b) 二阶插值下的积分步算法；(c) 一阶插值下的积分步算法；(d) 零阶插值下的积分步算法；(e) 二阶插值下的等步长联合步串行算法；(f) 一阶插值下的等步长联合步串行算法；(g) 零阶插值下的等步长联合步串行算法；(h) 二阶插值下的等步长联合步并行算法；(i) 一阶插值下的等步长联合步并行算法；(j) 零阶插值下的等步长联合步并行算法

变步长算法的步长变化规律(步长随步数变化曲线)如图 8-11 所示。

飞机起落架多学科协同仿真的部分对比结果如图 8-12 所示。可以看出，变步长协同仿真算法的仿真结果和通过商用软件接口的集中式仿真结果(标准参考值)较为一致。

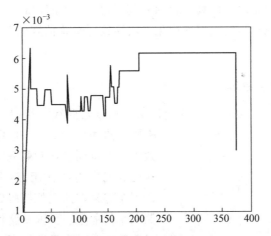

图 8-11 起落架变步长协同仿真算法的步长随步数变化图

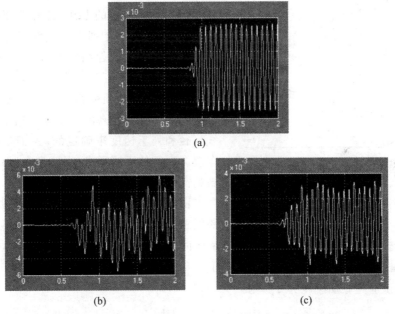

图 8-12 起落架多学科协同仿真部分对比结果(滚动角/rad)

(a)集中式仿真;(b)等步长联合步串行算法;(c)变步长联合步串行算法

8.3.2 某摆式列车的协同仿真应用

相对于传统的铁路车辆而言,摆式列车是一种具有特殊车体结构和控制技术的新型列车,它主要解决列车通过曲线时离心加速度过大而带来的限速问题。在轨道线路实际超高一定的条件下,摆式列车车辆进入曲线时,让车体向轨道内侧再倾摆一个角度,相当于再额外增加一份超高,于是车上的重力加速度横向分量可以平衡更大的离心加速度,从而提高列车通过曲线弯道时的速度。在主动倾摆式车体的开发过程中,涉及多体动力学系统、控制系统、液压系统等分属多个专业领域的子系统,而且各个子系统之间的关系密切。在传统的单领域仿真模式下,如果要对这种机、电、液一体化的复杂系统进行仿真分析,只能分别对每个专业领域进行建模和仿真,而且必须对与其他专业领域有交互关系的子系统进行简化处理。这种对系统人为的割裂和简化必然导致仿真置信度的降低,严重影响了系统仿真的效果。

1. 摆式列车的基本原理

铁路车辆在曲线轨道段运行时的允许最高速度与曲线半径、最小外轨超高、允许欠超高、允许过超高等参数有关。当列车以高速通过曲线区间时,产生的离心加速度可能会导致下列严重问题:①乘坐舒适性恶化;②铁路外轨受到偏向力的作用,容易导致轨道位置失常;③列车容易在曲线外侧脱轨;④列车有在曲线内侧翻车的危险。我国铁路设计标准规定:列车通过曲线轨道时未平衡的离心加速度最大不能超过$0.77g$。如图 8-13 所示,在常规线路的曲线轨道通常采用外轨加高的办法,这样可使列车产生一个向心力,用以平衡列车在曲线段运行时产生的离心力。在有外轨超高的曲线上,车辆向曲线内侧倾斜,使总加速度的横向分量与离心加速度相互抵消一部分,从而使得离心加速度保持在一定范围之内。外轨超高的大小是根据铁路弯道的曲线半径和列车速度来确定的,为了兼顾货车和客车混合运行的不同需求,保证列车运行安全性,外轨超高受到严格限制。

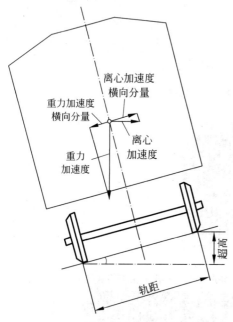

图 8-13 摆式列车的外轨超高原理

由于铁路列车运行速度的不断提高,既有铁路线路曲线轨道段的外轨超高已经不能满足平衡离心力的要求。在这种情况下,如果能使车体向曲线内侧倾斜,也可以弥补外轨超高的不足,这也就是摆式列车技术得以发展的原因。

设未平衡的离心加速度为a_u,则

$$a_u = \frac{v^2}{R} - \frac{gh}{S} \tag{8-1}$$

式(8-1)中,v为运行速度,单位为 m/s;R为轨道曲线半径,单位为 m;g为重力加速度,单位为 m/s^2;h为轨道曲线外轨超高,单位为 m;S为左右车轮滚动圆间距离,单位为 m。

当列车以均衡速度v_0通过曲线轨道时,如车体离心加速度恰好与重力加速度分量平衡,则由式(8-1)可得

$$v_0 = \sqrt{Rgh/S} \tag{8-2}$$

工程实际中速度单位v以 km/h 为单位,外轨超高h以 mm 为单位,取$g = 9.81\,\text{m/s}^2$,$S = 1500\,\text{mm}$,代入式(8-2)中,可得

$$v_0 = 0.291\sqrt{Rh} \tag{8-3}$$

在考虑允许欠超高的情况下,设欠超高为h_g,则由式(8-3)可得允许列车通过的速度

v_1 为

$$v_1 = 0.291\sqrt{R(h_1 + h_g)} \tag{8-4}$$

对于摆式列车，设由于车体倾摆折算的附加超高为 h_w，则由式(8-3)可得

$$v_2 = 0.291\sqrt{R(h_1 + h_g + h_w)} \tag{8-5}$$

由式(8-5)可知，为了进一步提高列车的曲线通过速度 v_2，可以通过增加摆式车的倾斜角度 γ，以得到更大的附加超高 h_w。但实际上，考虑到安全性和舒适性的要求，倾角 γ 的大小也受到限制，通常小于 $8°$，倾斜速度通常要小于 $5°/s$。

根据列车倾摆方式的不同，摆式车体可以分为两种：

(1) 被动倾摆式，又称为自然倾摆式。利用列车通过曲线时的离心力作用，使车体自然地向曲线内侧倾摆，没有外加的动力。

(2) 主动倾摆式，又称为强制倾摆式。通过外加的动力强制车体向曲线内侧倾摆。

一般而言，被动倾摆式比较简单，通过车体机构的设计来实现，不需要作动器、能源、控制和信号采集系统，但由于摆动中心较高，列车车体重心横移比较大，摆动角度小，加上摆动滞后等原因，对乘坐舒适度的改善比较有限。主动倾摆式的摆角大，但需要外加能源系统及相应的信号采集、控制系统和执行机构。目前，主动倾摆式是摆式列车技术发展的主流，主动摆的倾角可达 $8°$，一般可以补偿大约 65% 的离心加速度。

2. 摆式列车协同仿真的难点分析

对摆式列车而言，进入铁路弯道时合理的车体倾摆控制特别重要。而要实现对车体倾摆执行机构的控制，需要对取自传感器的信号进行实时处理，以达到列车通过弯道过渡段时所希望获得的动态响应。列车运行在曲线轨道上时，车体倾斜的大小和速率应该与转弯产生的向心加速度的增长速度相符合。如果列车倾摆系统的响应速度过快，就会产生很大的倾摆速度和振动，影响乘坐舒适感。反之，如果列车倾摆系统的响应速度太慢，则会使车辆通过曲线时来不及倾斜足够的角度，从而不能完全抵消向心加速度的作用。比较理想的情况是，列车车体倾摆角应逐渐增大，使之与正常出现的弯道加速和增大的超高角完美地协调。大多数倾摆控制机构以横向加速度计为基础，这些加速度计固定在车体或者转向架上，它们不仅能够测出弯道加速度，同时也测出轨道不规则而出现的噪声。实际上，因为轨道不平顺会引发随机的、对被测曲线加速度有附加影响的噪声信号。为了不影响列车的运行品质，倾摆系统必须能够过滤消除掉这些噪声信号。

早期的摆式列车控制系统采用所谓的"零控制"方式，它使用来自安装于车体的加速度计信号控制驱动器，使得列车通过曲线轨道时倾摆角度逐步增加直到车体横向加速度为零。但实际上，完全补偿横向加速度并不能得到最好的乘坐舒适性，而且在设计上也存在难以克服的矛盾，无法保证倾摆机构的反应速度和车辆运行品质。针对这些缺点，后来人们又提出了命令驱动的控制方式，用安装在转向架轴箱或轮对上的横向加速度计测量超高，发出命令信号，并将列车车体的实际倾摆角度反馈回控制器，实现闭环反馈控制，这样可以部分地补偿列车车体的横向加速度，保证了列车的曲线运行品质。但是，由于此时横向加速度计不仅可以测量到列车曲线运行时的离心加速度，也能够测量到轨道不平顺引起

的干扰信号,若采用滤波去噪的方法又会引起控制系统的滞后响应。因此,目前大多数的现代倾摆控制系统采用所谓的"超前倾摆"控制方式,这种控制方式的命令信号来自前一节车辆,倾摆角指令取自固定在车辆最前面转向架上的加速度传感器,并根据列车速度、车厢长度等信息通过适当的延时逐级向后传送。通过适当的滤波器设计,使得滞后时间正好与前一节车的超前作用相抵消,从而保证了良好的列车倾摆控制品质。超前倾摆的控制原理如图 8-14 所示。

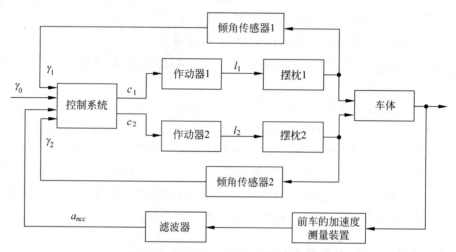

图 8-14　摆式列车超前倾摆的控制原理

　　综合以上分析,摆式列车可以视为由多体动力学系统、控制系统、液压系统等三个彼此独立且相互作用的子系统组成的复杂系统。在列车运行过程中,多体动力学系统实时向控制系统传递传感器信号 y_m,如列车速度、横向加速度等;控制系统根据输入的信号,由相应的控制算法产生控制信号 u 并传递给液压执行机构;液压系统根据得到的控制信号产生对应的行程 μ 再传递给多体动力学系统,驱动转向架上的四连杆机构,从而使列车产生倾摆,完成整个控制过程。

　　摆式列车倾摆系统的基本结构如图 8-15 所示,其中 G_c 为控制器传递函数,G_v 为作动器传递函数,G_p 为多体动力学系统传递函数,G_d 为对象干扰通道传递函数,G_m 为传感器传递函数,r 为设定值,y 为被调量,包括列车的各种运行参数,y_m 为被调量的测量信号;u 为控制器输出;μ 为作动器输出;D 为系统收到的干扰信号;e 为偏差信号。

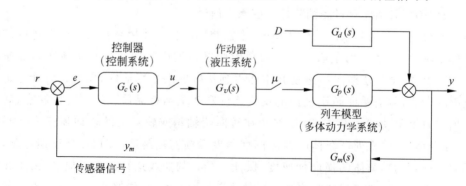

图 8-15　列车主动式倾摆系统的控制结构框图

摆式列车的多学科协同仿真难点主要体现以下几个方面：

1）产品功能结构复杂

摆式列车增加了检测装置、控制系统、液压系统、倾摆机构等，通过检测机构获取列车当前的运行状态，在一定控制算法的支持下产生倾摆控制信号，并经由液压系统作用到倾摆机构上，实现弯道过渡段所希望的动态响应，以达到更好的乘坐舒适性指标。这种工作原理相对于传统的列车，大大增加了系统的复杂性。

2）各个子系统学科模型之间存在着紧密的耦合与交互关系

摆式列车的倾摆装置由控制系统、执行机构、受控系统等几个主要的子系统组成，分别对应控制、液压及多体动力学等专业领域。各个子系统通过彼此作用，构成了一个完整的多学科复杂系统，共同实现列车通过曲线轨道时的动态响应。与此相对应，各个学科模型之间存在着紧密的耦合与交互关系，在设计过程中主要约束参数存在相互制约的关系。例如，某个多体动力学系统的设计方案在专业领域范围内是可行的，但控制系统难以实现，从而导致整个系统的设计失败。因此，提高整个摆式列车倾摆系统的性能需要综合考虑所有相关子系统的可行设计区间，以及各子系统模型之间的参数耦合与交互关系。

3）传统的单学科仿真方式无法满足设计需求

传统的仿真分析通常是借助单学科仿真工具来实现的，例如用 ADAMS 进行多体动力学仿真，用 MATLAB 进行控制系统仿真。但目前的仿真工具都只能解决某个学科范围内的问题，无法实现涉及学科间交互的复杂仿真应用，这导致在仿真分析过程中不得不简化甚至忽略各子系统间的相互影响及作用，难以体现各个子系统模型之间的动态约束和耦合关系，严重影响了系统仿真的精度和可信度。如对摆式列车进行多体动力学的仿真分析时，完全忽略掉控制系统和液压系统的影响，仅通过设定一个简单控制函数来驱动列车倾摆，这导致系统模型的描述与列车运行过程的系统行为特征严重不符。为了实现对整个复杂系统进行精确的分析与评估，需要实现由各个相关子系统组成的多学科协同仿真。

由此可见，摆式列车属于典型的涉及多领域知识的复杂系统，功能结构复杂，技术含量高，学科间存在着大量的耦合与交互关系，其中一些涉及学科间交互的复杂仿真问题很难通过当前的单学科仿真技术解决。在这种情况下，采用多领域协同仿真技术可以将各个学科的仿真模型联合起来进行面向整个系统层面的协同仿真，体现了复杂系统的整体性，而且可以充分发挥仿真工具各自的优势，为摆式列车的合理化设计与性能仿真分析提供支持。

3. 摆式列车多学科协同仿真的模型组成

摆式列车多学科协同仿真的工作流程如图 8-16 所示。其中，高层建模技术是一种基于不同领域模型搭建、描述复杂系统的建模方法。所谓高层建模指在复杂系统的系统层次上描述系统的行为和结构，或实现系统行为的各子系统的接口、行为及子系统间相互依赖关系的建模技术。协同仿真建模是进行多学科协同仿真的前提和基础。基于第 3 章关于多学科协同仿真建模方法的研究，将整个建模过程分为系统设计、高层建模、学科建模、学科模型封装、联邦集成与调试几个主要阶段。

仿真目标：对摆式列车通过曲线轨道时的动态响应进行多学科协同仿真分析。摆式列车以不同的速度通过具有不同半径和外轨超高的曲线轨道，通过仿真获得当前设计方案的

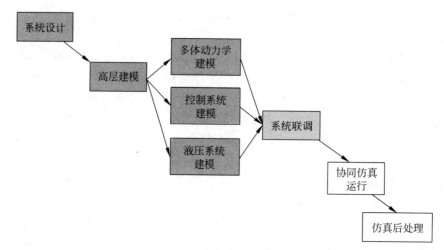

图 8-16　摆式列车多学科协同仿真的工作流程框图

动态响应特性。

模型组成：控制系统、液压系统、多体动力学系统。

协同仿真方法：基于 HLA 的软总线式先进分布仿真。

摆式列车的多学科协同仿真模型主要由控制模型、液压模型和多体动力学模型三个学科的模型组成。其中，多体动力学模型包括车体、摆枕、构架和轮对，作为被控系统，并随时将列车当前的状态信息发送给控制模型；控制模型用于对控制器进行仿真，接收多体动力学模型传出的状态信息，在一定控制算法的支持下产生控制信号，并传递给液压模型；液压模型用于对液压作动器进行仿真，通过接收控制器传来的控制信息，输入液压作动器的行程，并传递给多体动力学模型。学科模型之间的交互关系如图 8-17 所示。

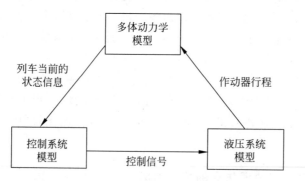

图 8-17　摆式列车学科模型之间的交互关系

各个学科模型的主要输入、输出信号如下：

（1）多体动力学模型的输入：液压作动器行程 μ。

（2）多体动力学模型的输出：列车的速度 v、列车的横向加速度 a_y。

（3）控制模型的输入：列车的速度 v、列车的横向加速度 a_y。

（4）控制模型的输出：控制信号 u（倾摆角度，通常为 $0°\sim8°$）。

（5）液压模型的输入：控制信号 u。

（6）液压模型的输出：液压作动器行程 μ（根据需要的倾摆角度及受控系统结构确定）。

摆式列车的多体动力学系统通常采用多刚体方法建立车辆模型,即把车体、两个摆枕、两个构架及四个轮对视为刚体。车体通过两个连杆连接到摆枕上,形成了四连杆运动系统。摆枕通过二系悬挂连接到转向架上,为了抑制摆枕和转向架间过大的相对运动,增加了两个横向止挡。这样,车体在液压作动器的作用下相对于摆枕作绕位于车体重心下一点的倾摆运动。机械结构模型考虑了每个刚体的垂向、横向位移、摇头、点头、侧滚,而对于摆枕只考虑其相对车体的侧滚。关于轮对,则考虑了轮轨接触的几何关系非线性、横向位移、摇头转动,考虑轮对自旋扰动刚度,且把车轮相对于平均转动速度 Ω 的自旋扰动角速度作为独立变量。摆式列车转向架的多体动力学模型如图 8-18 所示。

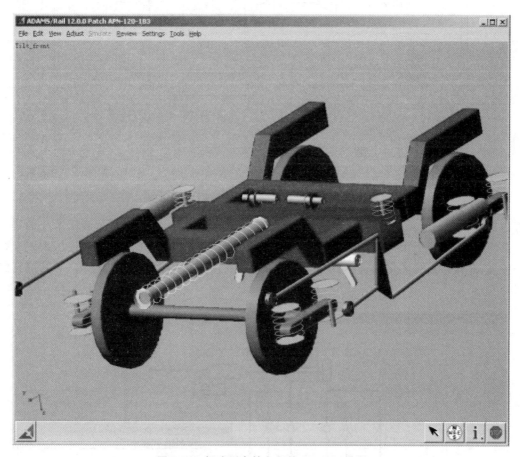

图 8-18 摆式列车转向架的 ADAMS 模型

摆式列车的控制系统建模通常利用 MATLAB 来完成。控制系统采用超前倾摆的控制方式,其主要输入信号包括列车最前面的转向架上的横向加速度、前后两个摆枕的当前倾摆角度、预设的性能指标,输出信号为传递给两个液压作动器的控制信号。第一节车厢产生控制信号之后,根据列车速度、车厢长度等信息通过适当的延时逐级向后传送。通过适当的设计滤波器,使得滞后时间正好与前一节车的超前作用相抵消,从而保证了良好的控制品质。控制系统模型在 MATLAB 下利用 Simulink 工具箱建模,如图 8-19 所示。

液压系统建模可以采用 MATLAB 等通用的系统软件工具,也可以采用专用的液压仿真软件,如 Hopsan、DHS plus、EASY5 等。这里,摆式列车液压作动器的模型采用专门的

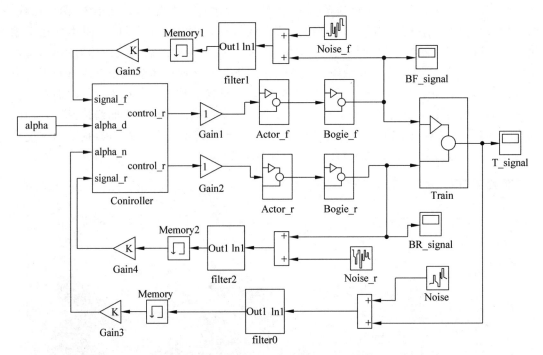

图 8-19　摆式列车控制系统的 MATLAB 模型

液压仿真软件 Hopsan 来实现,如图 8-20 所示。Hopsan 是一个主要面向液压系统的集成仿真环境,采用基于组件的模型库管理方式,可以在图形界面下进行快速的液压系统建模与仿真,并支持系统优化和脚本操作,用户也可以利用其提供的外部编程接口对其进行二次开发。

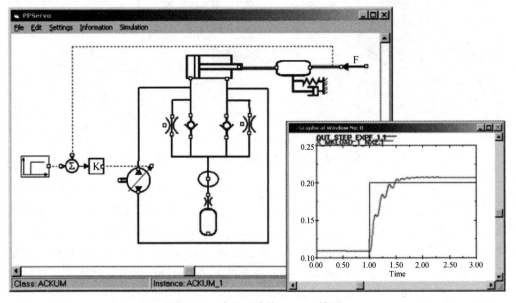

图 8-20　液压系统的 Hopsan 模型

4. 摆式列车协同仿真系统的体系架构

摆式列车多学科协同仿真系统的基本组成如图 8-21 所示。除了三个主要的领域模型外,在协同仿真系统中还包括仿真运行管理器、数据采集工具、在线分析工具、可视化输出工具等辅助系统。

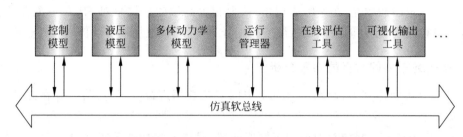

图 8-21　摆式列车多学科协同仿真系统的基本组成

协同仿真系统的构建采用基于 IEEE HLA 标准的高层建模方法,参照 FMCS FOM 的建模要求,将各领域的仿真应用集成到统一的 HLA/RTI 分布式仿真框架之中,设计多学科协同仿真系统的联邦对象模型,以及各个仿真对象模型之间的交互关系。根据高层建模结果,将各个领域的联邦成员及支持工具组合成多学科协同仿真联邦,实现基于 HLA/RTI 的协同仿真运行。摆式列车基于 HLA/RTI 的联邦式协同仿真系统体系结构如图 8-22 所示。

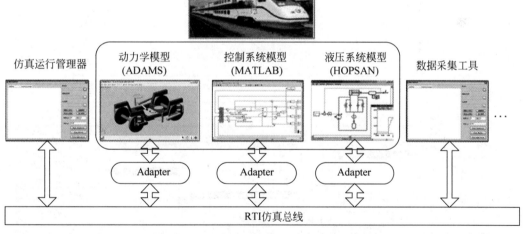

图 8-22　摆式列车联邦式协同仿真系统体系结构

为了便于现有信息资源的重用,采用既有的领域仿真工具共同组成多学科协同仿真系统,即仍然采用 ADAMS 作为多体动力学系统仿真工具,采用 MATLAB 作为控制系统仿真工具,采用 Hopsan 作为液压系统仿真工具。

为了避免为每个不同的领域模型分别开发不同的 HLA 接口,采用 HLA 适配器技术来实现领域模型与 RTI 仿真总线之间的互联。HLA 适配器通过调用领域仿真工具的 API 接口与 RTI 进行交互,最终实现领域模型之间的互操作。在摆式列车协同仿真实例中,涉及三个基于 HLA 的 CAE 软件适配器,即 ADAMS/HLA 适配器、MATLAB/HLA 适配器及

Hopsan/HLA 适配器。由于涉及不同商用仿真软件的外部编程接口,适配器的开发过程可能占据一定的工作量,但开发成功后就可以支持协同仿真应用。实际上,有的商用软件公司能够提供标准的 HLA 适配器程序。

从多学科协同仿真系统的角度,领域模型和对应的 HLA 适配器可以看作一个仿真联邦成员,而将各领域模型同 HLA 适配器组合的过程称为联邦成员建模过程。HLA 适配器的功能具有一定的通用性,在实际应用中,需要根据高层建模结果对 HLA 适配器的输入、输出接口进行设定,使其能够同领域模型相配合,可以顺利地加入协同仿真联邦之中。

5. 摆式列车协同仿真的结果分析

在多学科协同仿真运行后,可以对生成的实验数据进行分析与评估,并在此基础上对设计方案进行取舍或优化处理,以及进行其他决策。图 8-23 显示了在仿真之后基于 Adams 的 Postprocess 模块获取的列车倾摆曲线,可以看出倾摆装置在进入弯道后较短的时间内进入了稳定状态。

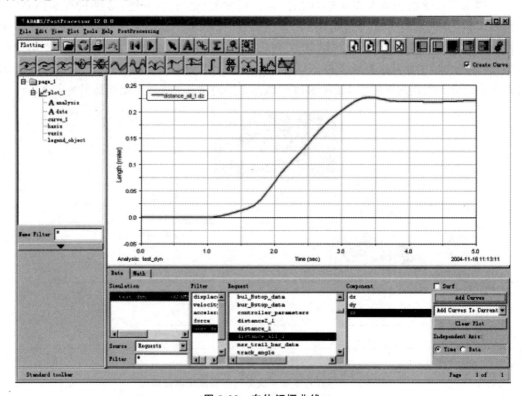

图 8-23　车体倾摆曲线

由于在仿真过程中已经通过数据采集器将仿真数据存储到数据库系统中,因此也可以通过其他应用程序对仿真过程进行后处理,例如,根据仿真数据,在相关专家知识的支持下对设计方案给出改进建议。

上述以铁路领域的复杂产品设计过程为工程背景,介绍了协同仿真技术的应用实施及其技术实现方法。通过实例分析,多学科协同仿真技术可以为复杂产品的设计开发提供有效的支持。

8.4 生产系统建模与仿真

生产系统是离散事件系统建模与仿真的重要应用领域之一。一般情况下,生产系统仿真根据生产系统的实际情况,如生产线设备的布局、生产系统的配置、生产计划的目标、生产作业的排产、生产过程的调度等,建立生产系统的计算机仿真模型,通过对该模型在多种可能条件下的仿真实验和性能分析,研究一个正在设计或已经存在的系统。仿真不仅能够对生产系统的性能进行评价,还能够辅助决策,实现生产系统的优化运行。在生产系统的规划设计阶段,通过仿真可以选择生产系统的最佳布局和配置方案,以保证系统能完成预定的生产任务,使之具有较好的经济性、生产柔性和可靠性,避免设备使用不当造成巨大的经济损失。在生产系统运行阶段,通过仿真试验可以预测生产系统在不同调度策略下的性能指标,从而确定合理、高效的作业计划和调度方案,找出系统的瓶颈环节,充分发挥生产系统的生产能力,提高生产系统的产能效率和经济效益。

8.4.1 生产系统的组成与特点

生产系统主要由制造设备、生产物流、制造信息系统等组成。制造设备是生产系统的设备硬件主体,根据生产需要由各种机床、加工中心、柔性制造系统、柔性生产线等加工设备,以及测量系统、辅助设备、工装、机器人等辅助系统组成;生产物流系统主要负责生产过程的物料运输与存储,通常包括传送带、智能小车、立体仓库、搬运机器人、工业托盘等;制造信息系统是整个生产系统能否正常运行和系统管控的关键,主要涉及上层的生产计划与生产调度系统和下层的制造执行系统。

生产过程是在一定空间内由许多生产单元实现的,生产系统应建立合理的生产单位,配备相应的机器设备,采取一定的专业化方式,组织这些生产单位。例如,生产线是基于专业化原则,按生产对象进行组织,配备生产某种产品(零部件)所需要的各种设备和各工种的工人,完成某种产品(零部件)相关工艺过程的加工。

根据生产系统的复杂程度,车间作业可分为单机作业、流水线作业、多机并行作业和jobshop型作业。单机作业是最简单的形式,即所有的操作任务都在单台机器上完成;流水线作业是按固定节拍和工序,工件顺次流经所有工位的作业方式,所有工件的加工路线完全相同是它的主要特征;多机并行作业则是各工序以各自的批量和节拍并行进行的作业;jobshop的特点是生产资源和作业任务具有柔性,包括产品柔性和路径柔性,产品柔性是指生产系统可同时生产不同类型的产品或零件,路径柔性是指生产作业并不限制在固定的加工设备上,允许柔性地选择资源和加工路径,如在某个设备发生故障时可自动将零件送到另外的机器上加工,也可根据机器的负荷和机器工位前排队的情况自动改变加工路径与加工顺序,从而提高机器的利用率,减少工件等待时间。因此,工件的加工路线不同是jobshop作业排序问题的基本特征,这类生产系统是最复杂的。

生产系统的复杂性体现在以下几个方面:

(1) 生产系统通常涉及许多制造资源和作业任务,而某些资源(包括设备、人员、加工工艺等)具有柔性和多重功能,作业任务之间相互影响,从而使加工资源的优化配置和路径选择问题十分复杂。

（2）生产系统的多目标性。生产系统的运作要求往往是多目标的，如交货期、在制品数量、设备利用率、生产成本等，并且这些目标可能发生冲突。例如，从车间作业调度性能的目标来讲，使工作任务如期完成和工件经过生产系统的平均流程时间最小化，则可以提高用户订单的服务水平；而提高机器设备的利用率，减少在制品库存，则可以提高车间和工厂运行的效率；上述车间作业计划的目标中，有些是互相冲突的，如为了减少在制品库存量，因机器之间生产速率的差异，在没有在制品缓冲的情况下，就可能降低机器的利用率。

（3）生产过程的动态随机性。生产系统在实际的运作过程中存在很多不确定的因素，如零件作业到达时间的不确定性，生产作业的加工时间也有一定的随机性，而且生产系统中常出现一些突发偶然事件，如设备的损坏修复、作业交货期的改变等，车间作业调度与控制系统要具有对动态事件的响应能力。

（4）由于生产系统强调的是生产系统性能的整体均衡，因而需要从全局的角度来考虑问题。生产系统优化问题通常可以建立多目标优化模型，由于是在等式或不等式约束条件下来求解性能指标的优化，求解最优化的计算量则会随着问题规模增大而呈指数增长，因而使得一些常规的最优化方法无能为力。

8.4.2　生产系统的建模与仿真目标

正如所有系统建模所要求的那样，生产系统建模需要定义问题的范围及详细程度。范围描述了系统的边界，确定某个对象是否在系统模型中。一旦某个部件或子系统作为模型的一部分对待，通常就可以在不同详细程度上对其进行模型描述和性能仿真。

合适的范围和详细程度应该由研究的目标及提出的问题来确定。另外，详细程度可能受输入数据的有效性及生产系统如何运作的知识的约束。对于新的、尚不存在的生产系统来说，系统知识可能是基于假设的，此时针对该生产系统相关数据的有效性可能存在着一定的局限性。

生产系统仿真的主要目标是规划问题域及量化系统性能，常用的性能度量目标有：

（1）平均负荷和高峰负荷时的产量。

（2）生产周期（一个产品的生产时间）、交货期和平均生产流程时间。

（3）机器设备、工人和制造资源的利用率。

（4）设备和系统引起的排队和延迟。

（5）在制品工件（work in process，WIP）的平均数量。

（6）工作区的工件等待数量。

（7）人员安排的要求。

（8）调度系统的效率。

（9）生产切换与调整费用。

（10）生产费用和工人成本。

生产系统的规划设计和运行管理是一项十分复杂的任务，尤其是大型的生产系统，据统计，已运行的复杂制造系统约有 80% 没有达到设计要求，其中 60% 都是初期规划不合理造成的。造成这种结果的主要原因有：

（1）在新生产系统的设计过程中，缺乏有效的辅助分析与系统验证手段。生产系统内涉及的影响因素众多，各种决策过程对整个生产系统的影响缺乏定性与定量的分析手段。

（2）在制造单元设计过程中，对于初步设计方案缺少一个系统验证和分析比较的工具，如生产能力和生产周期的测算，关键设备的数量和各种资源的分配与利用率计算，以及物流情况的合理性分析等。

（3）在生产系统的运行过程中，生产计划和作业调度缺乏合理的验证手段，大多是由决策和调度人员根据自身的经验进行决策，而结果优劣则往往受限于决策人员的判断能力。

生产系统建模与仿真作为一种系统分析方法，通过建立生产线模型，能够把生产资源、产品工艺路线、库存、运作管理等信息动态结合起来，基于仿真对生产线的结构布局、生产计划、作业调度及物流情况进行分析，通过对分析结果的综合评估，来验证结构布局、生产计划和作业调度方案的合理性，评估生产线能力和生产效率，分析设备的利用率，平衡设备负荷，解决生产瓶颈问题，从而为工厂、车间或生产线的规划、资源配置与设备布局、生产计划制订及作业调度安排，提供可靠的科学依据。

下面以一个实际生产系统为例，讨论生产系统建模与仿真技术在智能制造领域的应用。

8.4.3 随机生产系统建模与仿真实例

1. 系统描述

某一生产线有六个工位。其中，四个手工工位由各自的操作员负责，而两个自动化工位则共用一个操作员，相邻工位之间有储存架用于临时存放工件。

六个工位的次序及任务规划如下：

工位 1：第一个手工工位，组装起始位。

工位 2：手工装配工位。

工位 3：手工装配工位。

工位 4：自动化装配工位。

工位 5：自动化测试工位。

工位 6：手工包装工位。

每个班次安排所有的操作员在同一时段有半小时的午饭时间，此时所有的手工工位被中断，午饭后再继续。但自动化工位的机器在操作员吃午饭时可以继续工作。

在每个手工工位，操作员人工每次将一台产品放到工作台，完成任务后将其卸载下来放到下一个工位的在制品储存区。操作员完成装载和卸载分别需要 10s 和 5s 时间。

在自动化工位，由机器自动完成装配或测试工作，操作员对机器装载和卸载同样分别需要 10s 和 5s 时间，装载后机器自动加工而无需操作员的进一步干预，除非发生故障。

在手工或自动化工位都可能会有工具损坏的情况，从而引起非计划的停工期和无法预料的额外工作。而且在所有的工位，只要在停工期内，如果需要维修，都由操作员来完成。这种中断/继续的规则适用于操作员任务，包括装配工作、零件补给和停工期内的维修。

相邻工位之间的在制品储存架容量是有限的。如果某工位完成了该产品的装配任务而下一个工位的储存架已经放满了，此时该产品必须滞留在本工位。初始设计中，储存架的容量见表 8-4。在本例分析中,假设工位 1 前面的在制品储存架有 4 个单元且一直保持满额。(注:既然假设储存架一直是满额的,那么它的既定容量就不起作用。)

表 8-4　起始配置的在制品储存架容量

工位前的储存架号	1	2	3	4	5	6
缓存容量/个	4	2	2	2	1	2

表 8-5 给出了每个工位的总装配时间和零件补给时间,还有每批的零件数目。手工工位的装配时间在表 8-5 给定数值的基础上可以上、下浮动 2s,浮动值服从均匀分布。不是每件产品都需要零件补给,但在装配完一批后需要再补给零件时,则需要考虑补给时间。

表 8-5　每个工位的总装配时间和零件补给时间

工位	装配时间/s	零件编号	每批零件补给时间/s	每批零件的数量
1	40	A	10	15
2	38	B	15	10
3	38	C	20	8
4	35	D	15	14
5	35	E	30	25
6	40	F	30	32

此外,假定每个工位的停工期都是随机变量。手工工位 1~3 可能存在工具损坏或其他不可预知的问题,自动化工位也偶尔会发生阻塞或某些需要操作员来解决的问题,而工位 6(包装)不考虑这种停工期。只考虑机器工作时才会发生故障,表 8-6 给出了故障时间(TTF)和维修时间(TTR)的分布假设,以及假设的平均故障时间(MTTF)、平均维修时间(MTTR)和维修时间的浮动。例如,工位 1 中的维修时间服从均值为 4.0±1.0min 的均匀分布,也即在 3.0~5.0min 的均匀分布。

表 8-6　不可预见停工期的假设和数据

工位	故障时间(TTF)	平均故障时间/min	维修时间(TTR)	平均维修时间/min	维修时间浮动值	期望可利用率
1	指数分布	36.0	均匀分布	4.0	±1.0	90%
2	指数分布	4.5	均匀分布	0.5	±0.1	90%
3	指数分布	27.0	均匀分布	3.0	±1.0	90%
4	指数分布	9.0	均匀分布	1.0	±0.5	90%
5	指数分布	18.0	均匀分布	2.0	±1.0	90%

如果某工位已经完成了一个产品的所有任务,但下游的在制品储存架已满而导致处理完的产品无法离开此工位,这种情况即为工位阻塞。

如果某工位刚完成的产品已经离开而处于等待状态,但上一工序的在制品储存架是空的,即由于装配线上游的原因而此工位暂时没有需要处理的产品,这就是加工不足的情况。不管是加工不足还是阻塞情况,都会引起此工位生产时间的浪费。

一名操作员同时服务于自动化工位 4 和 5,这样就可能出现这两个工位同时需要操作员的情况,这就会引起工位的额外时间延迟,并用"等待操作员"状态来度量。

每个工位的阻塞、加工不足和等待操作员,都将通过生产系统的建模和仿真,来分析和解释引起产量不足的原因与存在的问题,并帮助确定可能的改进方案。

该生产系统初始设计时考虑每个 8 小时班次工作时间为 7.5h 的平均产量,期望值为 390 件。通过系统仿真来分析工位利用率,包括繁忙或加工时间、空闲或加工不足的时间、阻塞时间、不可预见的停工期及等待操作员的时间,以便发现生产系统的瓶颈进行改进。

2. 系统建模

对于每个工位,都可看作是一个服务台,本例是六个串行服务台构成的生产系统。该系统的工位模型可分为四类:工位 1、工位 2 和工位 3、工位 4 和工位 5、工位 6。它们之间的约束包括两个方面,一方面是顺序约束,另一方面是缓冲区容量约束。该系统的临时实体是待装配的产品,永久实体是各个服务台。被装配的零件属于资源约束,而操作员的休息或机器故障维修是时间约束。这里,采用实体流图建模方法,建立该装配生产线系统的模型。

1) 工位 1

如图 8-24 所示,根据已知条件工位 1 前的在制品储存架上始终存放有待装配产品,保持满额状态而不必考虑其容量,因而图中未包括该 1 号存储架。显然,这是满足第 1 道工序能进行的条件:有需要等待装配的工件。在初始设置时,必须要考虑有初始量。当开始进行第 1 道工序的操作时,只有本工位的操作员处于工作时间时才能工作,否则工件只能处于等待状态。而一旦开始工作,操作员的第一步是从第 1 号存储架上取待装产品,需耗时 10s,为确定值。第 1 道工序的装配操作时间为 40±2s,其中 2s 为均匀分布,装配完成后产品进入后续的存储架,其条件为后续存储架有空位,若有空位,操作员需耗时 5s,即可看作工件延迟 5s 进入后续存储架,否则工件需要等待,一直到有空位为止。将产品送入后续存储架后,本道工序的任务完成。接着,就要判断是否到休息时间,若是,则下一次装配发生在休息之后(此时需要判断整个生产线的系统时钟时间),否则,要判断是否到下班时间。若下班时间到了,则该道工序本次运行结束,若未到下班时间,则进入下一轮装配操作。

在该工位的处理流程中,如何处理故障发生及其发生后的维修处理时间问题,可以在进入该流程一开始来预定下一故障发生的时间,其值为均值 38 分钟的指数分布,然后在经过一个流程后增加一个判断,即故障发生的时间是否到,如果到了,则下一装配延迟,延迟时间为 4±1min 的均匀分布。

在该流程中,关于被装配的零件是否需要添加。这可以放在装配一次以后来判断。为此,在流程中还需要对 A 类零件进行计数,假设初值为 15 个,那么每次装配消耗一个,只能满足 15 次装配。由于加载零件需要的时间为 10s,不妨在装配了 14 次后就开始申请加载,以提高生产线的效率。

读者可能会问,假设在装配过程中发生故障,实体流图如何处理呢?这是更复杂的问题。的确,实际生产系统完全有可能在装配操作进行过程中出现突发问题,为此,对图 8-24 的实体流图还需要进一步完善,即在每次装配前需要判断本次装配的持续时间范围内会不会发生故障。对计算机建模与仿真来说,这个问题的处理比较容易。因为故障发生的时间虽然是随机的,但是可以预定的,也就是说在仿真模型中,预设故障发生的时间是已知的,因此只要本次装配操作的结束时间小于故障发生的时间,本次装配操作就可以正常进行。

如果本次装配操作的结束时间不小于所预设故障的发生时间,则必须将本次装配操作结束的时间延迟,延迟的时间长度为 4.0±1min 均匀分布的随机变量。读者可以根据这一思路来进一步完善图 8-24。

2）工位 2 和工位 3

工位 2 和工位 3 的实体流图是相同的,以下仅就它们与工位 1 的不同点作进一步的说明,如图 8-25 所示。

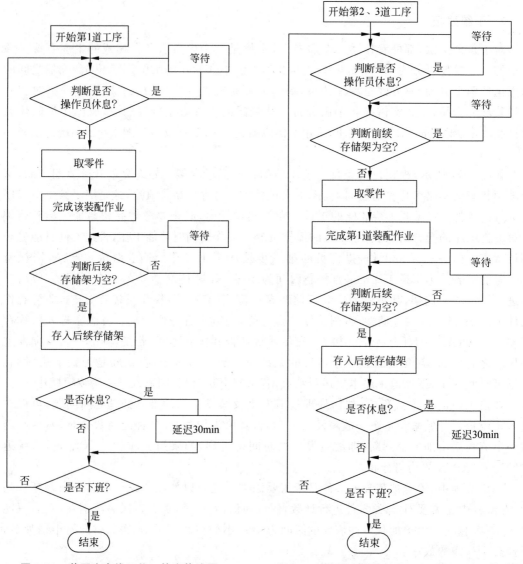

图 8-24　装配生产线工位 1 的实体流图　　　图 8-25　装配生产线工位 2 和工位 3 的实体流图

工位 2 和工位 3 的装配操作前提是其前一存储架上有待装配的产品。如果没有,只能等待。其他的操作流程与工位 1 相同,只是各个具体的装配操作参数值不同而已。

3）工位 4 和工位 5

工位 4 和工位 5 由同一名操作员负责,图 8-26 给出了工位 4 和工位 5 实体流图的基本描述。

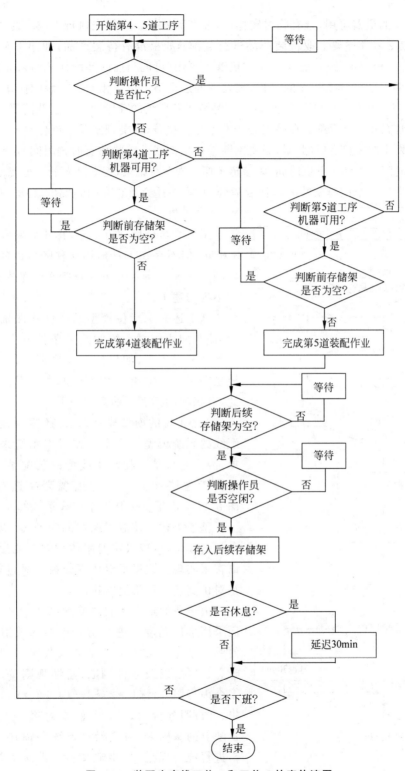

图 8-26 装配生产线工位 4 和工位 5 的实体流图

该流程图的入口首先要判断操作员是否处于"闲"状态,如果操作员"闲",表示可以承接操作任务,工艺处理上工位 4 位于工位 5 之前,下一步首先要判断工位 4 的机器是否可用。若工位 4 的机器可用,且有临时实体(待装产品)进入,则优先执行工位 4 的装配操作任务,包括从第 2 号存储架上取待装产品进行装配;如果没有待装产品,即第 2 号存储架为空,此时 4 号工位只能等待,若工位 4 的机器不可用(可能当前的装配任务尚未完成,或机器临时出现故障),则继续工位 5 的流程,其处理的逻辑与工位 4 相同。在装配操作完成后,需要由操作员完成卸载,将刚刚完成装配的产品放入其后续的存储架上。这就需要判断操作员是否为"闲"状态及各自后续的存储架是否有空位。接着,就要判断是否到休息时间,若是,则下一次装配发生在休息之后(此时,需要判断整个生产线系统的仿真时钟时间),否则,要判断是否到下班时间。若到了下班时间,则该道工序本次运行结束,否则进入下一轮装配操作。

同样,图 8-26 中该模型并未包括故障处理、零件补给及装配期间发生故障等问题。

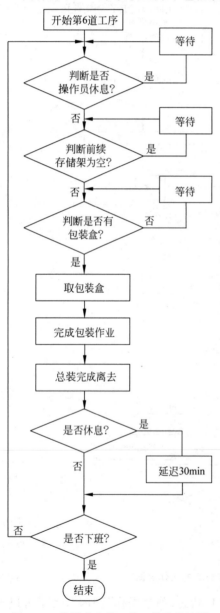

图 8-27　装配生产线工位 6 的实体流图

4)工位 6

工位 6 是最后一道工序,其基本流程与工位 2、3 相同,但不存在工具损坏这种随机故障引起的停工期。图 8-27 是工位 6 实体流图的基本描述,这里就不再赘述了。

从上述 6 个工位模型的实体流图描述可以看出,该装配线仿真系统的约束条件较多,表现出来的条件分支较多,如果用活动周期图法来描述,则模型在某些工位变得比较简单,如工位 4、5 就是如此,有兴趣的读者不妨尝试一下。

6 个工位的模型建立以后,还需要建立整个装配线的系统模型。这个工作对本系统来说比较简单,因为它只是一种流水线型的装配生产线,而且不需考虑诸如某个工位出现废品这样的场景。图 8-28 给出了整个装配生产线系统的实体流图。

基于上述实体流图描述的模型,可以进一步建立仿真模型,可以采用商用仿真软件或用高级编程语言来实现。这里不对仿真建模工具进行讨论,只是对仿真建模策略提出建议。

由于我们给出了实体流图描述的系统模型,因而采用事件调度法进行仿真模型的映射是比较方便的。首先定义每个工位的永久实体、临时实体、状态、事件,以及条件判断、解结规则等,本系统有多个串行服务台(1→2→3→(4,5)→6),还有一个串、并行服务台(4,5),因此,在对每个工位模型分别映射的基础上,对变量进行统一描述,对流程逻辑进行统一规范,并要定义整个系统的解结规则。例如,待装配的产品对每个工位来说都是临时实体,其到达事件将激活每个工位处理该事件的子例程。为了确定到底是哪个工位的临时实体到达,在定义事件类型的属性中可能需要一个二维数组 $A(i,j)$，其中 i 表示事件类型（如"1"表示临时实体到达事件，"2"表示临时实体离去事件），j 表示工位编号，则属性 $A(1,2)$ 表示第 2 号工位的到达事件，$A(2,4)$ 表示第 4 号工位的离去事件，诸如此类。

由于系统中的事件类型较多，解结规则的定义十分重要，以免出现错误。例如，假设第 2 号工位的离去事件与第 3 号工位的到达事件同时发生，那么到底该优先处理哪个事件呢？如果前者优先，则可能后存储架当前"已满"而无法存入，从而造成第 2 号工位阻塞，降低了生产率；反之，如果后者优先，则可能前存储架"缺货"而无件可取，从而造成第 3 号工位怠工；等等。这些往往是复杂离散事件系统仿真中需要解决的问题。

相对而言，用事件调度法将实体流图所描述的模型映射为仿真模型是比较直观的，特别是用高级语言编程时更是如此。这里不再赘述，有兴趣的读者可以以此例作为练习，用高级编程语言编写出仿真模型并进行仿真验证。

进一步分析该生产系统的实体流图模型，读者会发现，每个工位的模型中有许多条件分支需要处理，在仿真中就是条件事件，而且有些条件事件中活动的持续时间难以直接预定。正如我们在第 4 章中所讨论的那样，这类系统适合于采用活动扫描法或三阶段法建立仿真模型。为此，系统建模宜用活动周期图法。

如果采用商用仿真软件建立仿真模型，则需要事先了解该商用仿真软件的仿真建模策略，然后再确定系统建模的方法，这样可大大减少模型开发的时间。

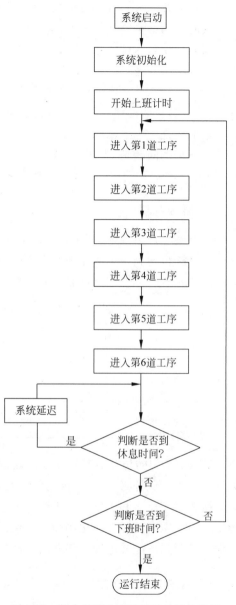

图 8-28 整个装配生产线系统的实体流图

3. 系统仿真

仿真模型建立后，就可以进行仿真实验，以评估该生产系统的性能。仿真的目标是分析该装配线生产系统每个班次的产量能否达到 390 台。

下面进行仿真实验设计。该生产系统规定了每个班次的生产时间，需要估算系统的稳态性能，通常可以有两种实验处理办法：①设生产系统的初始状态为空（第 1 号存储架除外），按每天一个 8 小时班次进行生产作业，采用多次重复法进行仿真运行，独立运行多次（比如 10 次），然后统计计算每班的平均产量；②设生产系统的初始状态为空（第 1 号存储架除外),连续 5 天 24h 进行仿真实验,重复运行 10 次,每次有 2h 的预热和初始化,计算每个班次的平均产量。

我们采用第 2 种实验方案进行仿真实验,具体过程不再讨论。按 95% 的置信区间(CI)得到的分析结果是:

$$95\% 置信区间(CI)的平均产量:(364.5,366.8)或 365.7\pm1.14$$

这表明,该装配线系统在当前的配置条件下,以 95% 的置信度,所设计的每 8h 班次平均产量估算是 364.5~366.8 个产品,低于每个班次 390 个产品的设计产量目标要求。

接下来的问题是,为什么会出现这种情况? 需要进一步分析造成生产能力不能满足目标要求的生产瓶颈问题究竟发生在哪个环节,从而有针对性地找到该系统改进的设计方案。

4. 瓶颈分析

在有些生产系统中,可能是储存架容量不足而导致零件阻塞和加工工位等待。这可以通过分析工位的利用率情况来发现产量不足的原因。表 8-7 给出了以 95% 的置信度所仿真分析出来的结果,即前 5 个工位的停工期、阻塞、工作量不足及等待操作员的时间所占的比例。

表 8-7 装配线系统原有配置下每个工位的利用率(%)

工 位	停 工 期	阻 塞	工作量不足	等待操作员
1	(8.8,9.6)	(11.4,12.5)	(0.0,0.0)	(0.0,0.0)
2	(8.2,8.4)	(8.0,8.8)	(4.9,5.6)	(0.0,0.0)
3	(7.9,8.6)	(9.9,10.4)	(6.1,6.9)	(0.0,0.0)
4	(8.9,9.6)	(2.0,2.8)	(7.5,8.2)	(13.1,14.4)
5	(8.3,9.0)	(0.0,0.2)	(19.4,20.4)	(3.9,4.7)

从表 8-7 中的仿真结果可以看出,阻塞和工作量不足可以认为是导致装配线产量不足的部分原因。此外,另一个可能的解释是:工位 4 有很多时间用于等待操作员(该操作员要同时服务于工位 4 和工位 5 的生产作业),工位 4 的等待延迟可能造成其前面的工位 3 的零件阻塞。阻塞时间所占的比例高于工位 1~3 的工作量不足所占的比例,这表明下游的生产作业任务延迟可能是引起该装配线生产能力达不到要求的一个重要瓶颈。

5. 系统改进的措施

根据上述瓶颈问题的分析,提出该装配线系统改进的建议:①工位 4 和工位 5 安排两个操作员,取代当前只有一个操作员的方案;②增加一些储存架的在制品缓冲的容量。增加在制品缓冲区储存架的容量和操作员人数必然会增加费用,一般优先考虑前者。该装配线若已经达到了每个生产班次 390 个产品的设计目标,则尽可能使缓冲区总量最小化。如果增加缓冲区容量难以有效解决问题或者成本过高,此时才考虑增加 1 名操作员。

6. 改进方案的进一步分析

下面对该装配线采用一种综合的改进方案作进一步分析,即在工位 4 和工位 5 增加一名操作员,同时将工位 2~6 之间的存储架增加适当的容量,表 8-8 给出了 12 种配置方案,并对该改进方案进行分析。

表 8-8　装配线系统改进的备选方案每班平均生产量增加值比较

配置方案	工位4和5的操作员数量	缓冲区容量						每班平均产量增加值		
		2	3	4	5	6	总量	均差	CI下限	CI上限
改进前	1	2	2	2	1	2	9	0	0	0
1	2	3	3	3	2	2	13	31.7	30.3	33.1
2	2	3	3	3	2	2	14	31.7	30.4	33.0
3	2	3	3	2	2	3	13	30.0	28.6	31.3
4	2	3	3	3	1	2	13	29.8	28.6	31.0
5	2	3	3	2	2	2	12	29.7	28.1	31.3
6	2	3	3	3	1	2	12	29.5	28.1	31.0
7	2	3	3	2	2	3	12	26.6	25.4	27.9
8	2	3	3	3	2	2	12	26.6	25.1	28.1
9	2	2	3	3	2	3	13	26.6	25.0	28.1
10	2	3	2	3	2	2	13	26.5	25.0	28.0
11	2	3	2	3	2	2	12	26.4	25.3	27.5
12	2	3	3	2	2	1	11	26.3	25.1	27.5

在此装配线六个工位的模型中,每个工位的加工时间、TTF 和 TTR 都按统计分布进行建模。为了易于分析比较,可以采用公共随机数技术,每个随机变量源都是确定的,且分配了专门的随机数流,这样总共定义了 18 个随机数流(每个工位使用 3 个)。以这种方式,每组仿真运行实验中,不管是哪种配置,每个工位都有相同的随机停工期。对于给定的重复运行次数,经过多次仿真运行后,就可以得到系统性能差别的置信区间。

表 8-8 给出了 12 种配置的仿真结果。可以看出,在改进方案的各种配置下,该装配线生产系统每个班次的产量和原始配置相比较的产量增加值,且 95% 置信区间(CI)的下限值不低于 25.0。

对照前面所估算的 95% 置信区间(CI)的原始配置每班平均产量区间为(364.5,366.8),按保守原则考虑,需要每班增加产量 390−364.5＝25.5 个产品。因此,表 8-8 中的前 6 个配置方案才有可能真正成为获得期望产量的候选改进方案。

注意,在目前可选的改进方案配置中,都是给工位 4 和工位 5 配备两名操作员。实际上,如果工位 4 和工位 5 只有一名共同操作员,仿真结果表明,无论缓存空间如何加大,都不可能达到每班 390 个产品的设计目标。

接下来对表 8-8 中的前 6 个方案作进一步分析,可以发现:方案 2 的第 6 个缓冲区容量比方案 1 多一个,但每班平均产量基本上没有差异,可见没必要将第 6 个缓存区容量从 2 个单元上升到 3 个,显然方案 1 个配置更好;同样,方案 1 与方案 3、方案 4 比较,缓存区总数相同,但方案 1 可以提高的每班生产量更多些;方案 5 稍优于方案 6。最后,比较方案 1 与方案 5,前者需要多配置一个缓冲区,但其每班平均产量较后者有显著增加,此时选择哪一个方案,需要考虑的是倾向于优先增加产量还是偏向于控制装配线的投资约束。

8.4.4　某轿车总装生产线的仿真应用

本节以我国某轿车企业的实际总装生产线为例,来说明生产线仿真技术在智能制造领域和企业现代生产中的工程应用。

生产系统仿真主要是对生产线布局、制造过程、生产物流等进行建模与仿真,在虚拟环境下对复杂的生产系统进行性能分析与系统优化。例如,产线布局需要充分考虑每道工序的生产效率与时间定额,满足各工序之间的生产平衡,尽量利用设备产能,考虑在制品暂存区、原材料存放区、缓冲区等作业单元合理化,提高生产柔性以适应多品种生产的要求,同时在满足生产工艺要求的前提下,尽量缩短生产物流的运输距离与搬运时间。

汽车装配线是由输送设备和专业设备构成的有机整体,将输送系统、随行夹具和在线专机、检测设备连成一个生产设备的合理化布局。汽车整车装配线主要包括:汽车装配线所用输送设备,发动机和前后桥等各大总成上线设备,各种油液加注设备,出厂检测设备及各种专用汽车装配线设备。其中,输送设备用于汽车总装配线、各分装线及大总成上线的输送;大总成上线设备是指发动机、前后桥、驾驶室、车轮等总成在分装、组装后送至总装配线并在相应工位上线所采用的输送、吊装设备;各种油液加注设备包括燃油、润滑油、清洁剂、冷却液、制动液、制冷剂等各种汽车装配线加注设备;出厂检测设备通常有前束试验台、侧滑试验台、转向试验台、前照灯检测仪、制动试验台、车速表试验台、排气分析仪等。人和机器在总装过程中的有机结合是汽车装配线的特点之一。

在汽车总装生产线这类专业化生产系统的规划上,柔性与多样性是其重点和难点问题。结合市场需求的变化特点和智能制造的发展方向,汽车装配线需要适应多品种变批量的生产方式,面临着生产任务的变化、订单灵活地插入、快速响应市场需求的问题。因此,针对单一品种生产目标建设的轿车生产线,长远来看需要考虑混流生产,最终希望建立起一个灵活的柔性制造系统,能够随时响应用户订货和多品种乃至个性化生产的要求。

采用数字化设计与虚拟仿真技术来代替传统的生产线规划方式,可以对汽车的实际总装生产线进行系统建模和仿真分析,在生产线规划设计、生产系统协调、生产计划制订及过程控制方面实时地模拟多因素对制造系统设计的影响并对模型进行验证。在实际生产线建设完成之前进行运行验证,找到尚未解决、亟待解决和需预先考虑的问题。

生产系统仿真过程总体上可以分为三个阶段:仿真规划、系统建模和仿真优化。在仿真规划阶段,需要明确通过仿真所要解决的问题,收集需要的资料;系统建模阶段则包括对生产系统及涉及的生产流程进行建模;仿真优化则是根据仿真分析的结果对整个生产系统进行优化调整。

生产系统的建模与仿真是一个非常复杂的过程,不仅需要专业生产线仿真软件的支持,熟练掌握仿真软件的建模和操作功能,而且需要对生产线的布局、工艺、流程等作比较深入的了解。目前生产线仿真的相关软件系统比较多,如 Plant Simulation、Flexsim、Delmia 等,本书因篇幅所限不作展开介绍。

生产系统仿真以离散事件仿真技术为工具,对生产系统进行系统运行、调度及优化,验证不同的生产计划和工艺路线。同时,很多生产系统在某些主体方面表现为离散系统,而在另一些方面表现为连续系统,对系统的完整描述应当包含这两方面的特征。因而,对复杂系统进行的连续系统仿真和离散系统仿真相结合的混合仿真是现代仿真技术研究领域的重要内容,虚拟仿真环境需要集成连续系统仿真和离散系统仿真以支持混合仿真的复杂应用。

下面以某轿车的实际总装生产线为例,首先在计算机内建立该总装生产线的一个虚拟的三维制造环境,进行机床、机器人、工具库、工件库、物料输入输出装置的布局和选配,检验布局的合理性;再根据每个工位的类型,通过检验它们的工作空间,再次对不合理的工作台和机床的布局进行调整;然后进行生产作业过程和物流输送过程的动态仿真。图8-29为该汽车总装车间生产线后视图的仿真场景。

图8-29　某一汽车总装车间的生产线虚拟布局

在该实例中,对总装生产线的动力总成模块(包括分装、合装线)进行重点分析,这是目前实际生产中遇到问题最多和最难规划的地方,包括工作空间分析、布局重组分析与优化、多品种小批量的实现、与合装线的匹配等问题。通过动态仿真,及时发现了这个实例设计和布局上的一些缺陷,解决了瓶颈问题,经过修改,最终顺利地实现了系统的作业目标。

我们还可以通过仿真来确定工作单元布局、验证生产线的运作、分析静态工作点、开展图形化的线平衡分析、分析工作站性能、优化工作站配置、调试调度方案,确定工作间内所有部件的精确位置及人的碰撞检测、可及性校验。

生产过程仿真与优化可以基于数字化建模与仿真技术,对车间级、调度级、具体的加工过程及各制造单元等层次的生产活动进行仿真验证,以及对企业生产车间的设备布置、物流系统进行仿真设计,达到缩短产品生命周期与提高设计、制造效率的最佳目的。根据新产品的工艺仿真实现新产品的装配过程,既可以分析评价新产品设计的装配工艺在工位负载、资源分配、生产时间上的安排是否合理,同时也可以仿真分析现有生产过程对新产品的适应程度。根据生产作业计划、产品装配工艺等具体参数,以动画方式动态、直观显示总装生产过程的运行状态,为生产过程性能分析提供基础数据。

从以上典型应用的实例分析中可以看出,系统仿真不仅能够对生产系统的性能进行评价,还能够辅助决策过程,实现生产系统的优化运行。在生产系统的规划设计阶段,通过仿真可以选择生产系统的最佳布局和配置方案,以保证系统既能完成预定的生产任务,又具有较好的经济性、生产柔性和可靠性,并避免设备布置不合理而造成的额外经济损失。在生产系统运行阶段,通过仿真试验可以预测生产系统在不同调度策略下的运作性能,从而确定合理、高效的作业计划和调度方案,找出系统的瓶颈环节,充分发挥生产系统的生产能力,提高生产系统的运作效率和经济效益。

8.5　小结

随着智能制造技术的不断发展和深入应用,连续系统与离散事件系统这两类典型系统的建模方法和仿真技术在产品设计与制造过程中的应用越来越广泛,制造领域的计算机仿真应用已经从单领域应用逐步扩展到复杂产品全生命周期的多领域应用。

仿真技术是验证和优化产品设计的重要手段,目前在复杂产品开发过程中占有无法取代的重要地位。仿真技术也是虚拟样机技术的重要组成部分,虚拟样机是基于模型的,其技术发展需要系统建模和仿真技术作为支撑。复杂产品虚拟样机开发需要采用系统工程方法,综合运用现代信息技术、数字化建模技术、分布式计算与先进仿真技术、集成化设计制造技术和生命周期管理技术,支持复杂产品全生命周期的数字化、虚拟化、协同化设计开发与研制过程。本章介绍了虚拟样机的技术组成及其在产品生命周期各阶段的应用需求。

在现代产品设计领域,复杂产品具有机、电、液、控等多领域耦合的显著特点,其集成化开发需要在设计早期综合考虑多学科协同和模型耦合问题,通过系统层面的仿真分析和优化设计,来提高整体的综合性能。本章以飞机起落架和摆式列车的开发为典型案例,介绍了多领域建模与协同仿真技术的实际应用。

生产系统是离散事件系统建模与仿真的重要应用领域之一。生产系统仿真有很多具体的应用场景,如生产线设备的布局、生产系统的配置、生产计划的排产、生产作业的调度、生产过程的优化等,需要根据生产系统的实际情况,建立计算机仿真模型,并对该模型在多种可能条件下进行仿真实验和数据分析,对生产系统的性能进行评价,找出系统的瓶颈环节,实现生产系统的优化运行,提高生产系统的产能效率和经济效益。本章结合典型案例,介绍了离散事件系统方法在生产系统建模与仿真中的实际应用,使读者对该类系统仿真问题有一个比较全面的认识。

参 考 文 献

[1] 肖田元,范文慧.系统仿真导论[M].北京:清华大学出版社,2010.

[2] 王精业,等.仿真科学与技术原理[M].北京:电子工业出版社,2012.

[3] 党宏社.系统仿真与应用[M].北京:电子工业出版社,2018.

[4] 徐享忠,于永涛,刘永江.系统仿真[M].2版.北京:国防工业出版社,2012.

[5] 肖田元,范文慧.离散事件系统建模与仿真[M].北京:电子工业出版社,2011.

[6] 周美立.相似性科学[M].北京:科学出版社,2004.

[7] 熊光楞,郭斌,陈晓波,等.协同仿真与虚拟样机技术[M].北京:清华大学出版社,2004.

[8] 中国仿真学会.建模与仿真技术词典[M].北京:科学出版社,2018.

[9] 中国仿真学会.2049年中国科技与社会愿景.仿真科技与未来仿真[M].北京:中国科学技术出版
     社,2020.

[10] 朱文海,郭丽琴.智能制造系统中的建模与仿真:系统工程与仿真的融合[M].北京:清华大学出版
     社,2021.

[11] 徐宝云,王文瑞.计算机建模与仿真技术[M].北京:北京理工大学出版社,2009.

[12] 郭齐胜,徐志忠.计算机仿真[M].北京:国防工业出版社,2011.

[13] 廖守亿.计算机仿真技术[M].西安:西安交通大学出版社,2015.

[14] AVERILL M L.仿真建模与分析[M].4版.肖田元,范文慧,译.北京:清华大学出版社,2012.

[15] 徐士良.数值方法与计算机实现[M].北京:清华大学出版社,2006.

[16] 李剑峰,等.机电系统联合仿真与集成优化案例解析[M].北京:电子工业出版社,2010.

[17] 于浩洋,等.MATLAB实用教程:控制系统仿真与应用[M].北京:化学工业出版社,2009.

[18] 吴忠强,等.控制系统仿真及MATLAB语言[M].北京:电子工业出版社,2009.

[19] 王正林,郭阳宽.MATLAB/Simulink与过程控制系统仿真[M].北京:电子工业出版社,2012.

[20] 肖田元,等.虚拟制造[M].北京:清华大学出版社,2004.

[21] 赵经成.虚拟仿真训练系统设计与实践[M].北京:国防工业出版社,2008.

[22] 佩奇.模型思维[M].贾拥民,译.杭州:浙江人民出版社,2019.

[23] 刘德贵,费景高.动力学系统数字仿真算法[M].北京:科学出版社,2000.

[24] 宋晓,李伯虎,迟鹏,等.复杂系统建模与仿真语言[M].北京:清华大学出版社,2020.

[25] 李兴玮,邱晓刚.计算机仿真计算技术基础[M].长沙:国防科技大学出版社,2006.

[26] 廖瑛,邓方林,梁加红,等.系统建模与仿真的校核、验证与确认(VV&A)技术[M].长沙:国防科技
     大学出版社,2006.

[27] 陈立平,张云清,任卫群,等.机械系统动力学分析及ADAMS应用教程[M].北京:清华大学出版
     社,2005.

[28] 周彦,戴剑伟.HLA仿真程序设计[M].北京:电子工业出版社,2002.

[29] 李伯虎,柴旭东,朱文海,等.现代建模与仿真技术发展中的几个焦点[J].系统仿真学报,2004,
     16(9):1871-1878.

[30] 张霖.关于数字孪生的冷思考及其背后的建模和仿真技术[J].中国仿真学会通讯,2019,9(4):
     58-62.

[31] 王精业,杨学会,徐豪华.仿真科学与技术的学科发展现状与学科理论体系[J].科技导报,2007,12:
     5-11.

[32] ZHANG H,LIANG S,SONG S J,et al. Truncation Error Computing in Variable Step Collaborative
     Simulation based on Richardson Extrapolation[J]. Science in China Series F:Information Sciences,
     2011,54(6):1238-1250.

[33] WANG H,MAO H,ZHANG H M. A variable-step interaction algorithm for multidisciplinary

collaborative simulation[J]. Integrated Computer-Aided Engineering,2014,21(3)：263-279.

[34] KUBLER R, SCHIEHLEN W. Two methods of simulator coupling[J]. Mathematical and ComputerModelling of Dynamical Systems,2000,6：93-113.

[35] KUBLER R,SCHIEHLEN W. Modular Simulation in Multibody System Dynamics[J]. Multibody System Dynamics,2000,4：107-127.

[36] 任卫群,金国栋.系统仿真技术与汽车设计制造[J].计算机仿真,1999,16(3)：52-55.

[37] 肖田元.虚拟制造及其在轿车数字化工程中的应用[J].系统仿真学报,2002,13(3)：342-347.

[38] 陈晓波,熊光楞,郭斌.仿真在复杂产品设计中的应用及面临的挑战[J].系统仿真学报,2002,14(8)：1034-1039.

[39] 梁思率.面向复杂产品的多学科协同仿真算法研究[D].北京：清华大学,2009.

[40] 崔鹏飞.多学科异构 CAE 系统的协同方法与实现技术研究[D].北京：清华大学,2011.

[41] 陈晓波.面向复杂产品设计的协同仿真关键技术研究[D].北京：清华大学,2003.

[42] 柴旭东.虚拟样机支撑环境及其关键使能技术 HLA/RTI 的研究[D].北京：北京航空航天大学,1999.

[43] 黄健.HLA 仿真系统软件支撑框架及其关键技术研究[D].长沙：国防科技大学,2000.

[44] 王克明.多学科协同仿真平台研究及其应用[D].北京：清华大学,2005.

[45] 岳英超.高效能 HLA 协同仿真的关键技术研究[D].北京：清华大学,2012.

[46] 马成.基于 MDA 的 HLA 仿真技术研究[D].北京：清华大学,2012.

[47] 赵佳馨.复杂耦合系统的模型分析与仿真计算方法研究[D].北京：清华大学,2019.

[48] 曹军海.基于 Agent 的离散事件仿真建模框架及其在系统 RMS 建模与仿真中的应用研究[D].北京：装甲兵工程学院,2002.

[49] 赵怀慈,黄莎白.基于 Agent 的复杂系统智能仿真建模方法研究[J].系统仿真学报,2004,15(7)：910-913.

[50] SCHMITZ,BARBARA,M. Co-simulation boosts vehicle design efficiency at ford[J]. Computer-Aided Engineering,1999,18(7)：8.

[51] VALASEK M. Software tools for mechatronic vehicles：design through modelling and simulation[J]. Vehicle System Dynamics Supplement,1999,33：214-230.

[52] HEGAZY S. Multi-body dynamics in full-vehicle handling analysis under transient manoeuvre[J]. Vehicle System Dynamics,2000,34：1-24.

[53] 羊拯民,张代胜,郑海波,等.轻型客车防抱制动系统计算机仿真[J].合肥工业大学学报,1999,22(3)：10-16.

[54] 彭为.轻型客车制动过程仿真[J].上海工程技术大学学报,2000,14(3)：194-199.

[55] 沈俊,宋健.基于 ADAMS 和 Simulink 联合仿真的 ABS 控制算法研究[J].系统仿真学报,2007,19(5)：1141-1143.

[56] 朴明伟,闫雪冬,兆文忠.协同仿真/设计中存在的三个问题及解决的技术对策[J].计算机集成制造系统,2005,11(5)：613-618.

[57] OBERSCHELP O,VOCKING H. Multirate simulation of mechatronic systems[J]. Proceedings of the IEEE International Conference on Mechatronics. 2004. 404-409.

[58] ARNOLD M,CLAUSS C,SCHIERZ T. Error analysis and error estimates for co-simulation in FMI for model exchange and co-simulation V2. 0[J]. Archive of Mechanical Engineering,2013,60(1)：107-125..

[59] SCHWEIZER B,LU D. Semi-implicit co-simulation approach for solver coupling[J]. Archive of Applied Mechanics，2014,84(12)：1739-1769.

[60] ZHANG H M. A solution of multidisciplinary collaborative simulation for complex engineering systems in a distributed heterogeneous environment[J]. Science in China Series F：Information

Sciences,2009,52(10)：1848-1862.

[61] FERNANDO A M. JOSE R M. Multirate simulations with simultaneous-solution using direct integration methods in a partitioned network environment[J]. IEEE transactions on circuits and systems,2006,53(12)：2765-2778.

[62] STEVEN D P,OLEG W. An Efficient Multirate Simulation Technique forPower-Electronic-Based Systems[J]. IEEE transactions on power systems,2004,19(1)：399-409.

[63] 陈晓波,熊光楞,郭斌. 基于 HLA 的多领域建模研究[J]. 系统仿真学报[J],2003,15(11)：1537-1542.

[64] 郭斌,范文慧,熊光楞. 基于 HLA 的复杂产品多联邦协同仿真运行管理研究[J]. 系统仿真学报,2006,18(5)：1212-1216.

[65] NGUYEN N V,TYAN M,LEE J W. A modified variable complexity modeling for efficient multidisciplinary aircraft conceptual design[J]. Optimization and Engineering,2015,16(2)：483-505..

[66] JAN K,MILAN G. Simualtion in production system life cycle[J]. Computers in Industry,1999,38：159-172.

[67] 梁思率,张和明. ADAMS 二次开发技术在分布式仿真中的应用[J]. 系统仿真学报,2009,21(10)：2940-2944.

[68] 郭斌,熊光楞,陈晓波,等. MATLAB 与 HLA/RTI 通用适配器研究与实现[J]. 系统仿真学报,2004,16(6)：1275-1279.

[69] 乔海泉,田新华,黄柯棣. 将 Simulink 模型用于 HLA 仿真[J]. 系统仿真学报,2006,18(2)：335-400.

[70] PAULINE A WILCOX,ALBERT G B,et al. Advanced distributed simulation：a review of development and their implication for data collection and analysis[J]. Simulation Practice and Theory,2000,8：201-231.

[71] 王宏伟,张和明. 面向广域网环境的协同仿真平台的设计与实现[J]. 计算机集成制造系统,2009,15(1)：12-20.

[72] 李伯虎,柴旭东. 复杂产品虚拟样机工程[J]. 计算机集成制造系统,2002,8(9)：678-683.

[73] 李思昆,郭阳. 协作虚拟样机与协同设计方法[J]. 系统仿真学报,2001,3(1)：124-127.

[74] 熊光楞,李伯虎,柴旭东. 虚拟样机技术[J]. 系统仿真学报,2001,13(1)：114-117.

[75] 侯宝存,李伯虎,等. 虚拟样机设计仿真环境中多领域工具集成的研究[J]. 系统仿真学报,2004,16(2)：234-237.

[76] 刘营,张霖,赖李媛君. 复杂系统仿真的模型重用研究[J]. 中国科学,2018,48(7)：743-766.

[77] WANG H W,ZHANG H M. Using collaborative computing technologies to enable the sharing and integration of simulation services for product design[J]. Simulation Modeling Practice and Theory,2012,27：47-64.

[78] CLAUS H. Modeling and simulation of railway bogie structural vibrations[J]. Vehicle System Dynamics,1998,28：538-552.

附　录　A

6.6.2 节中车路协同的联合仿真分析结果。

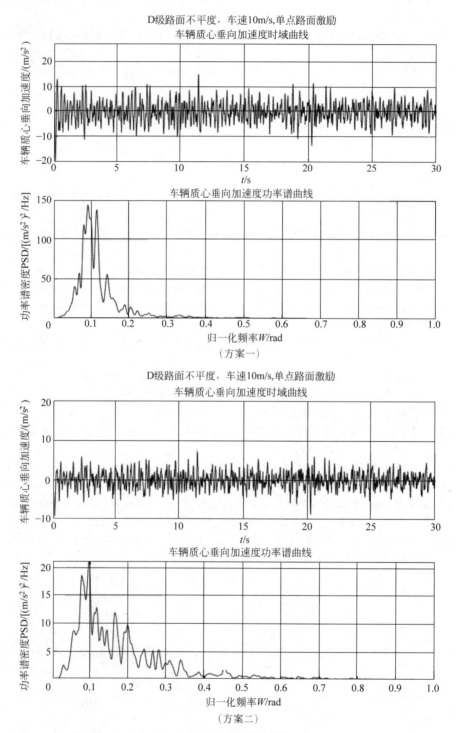

图 A-1　车辆质心垂向加速度时域曲线和功率谱密度曲线

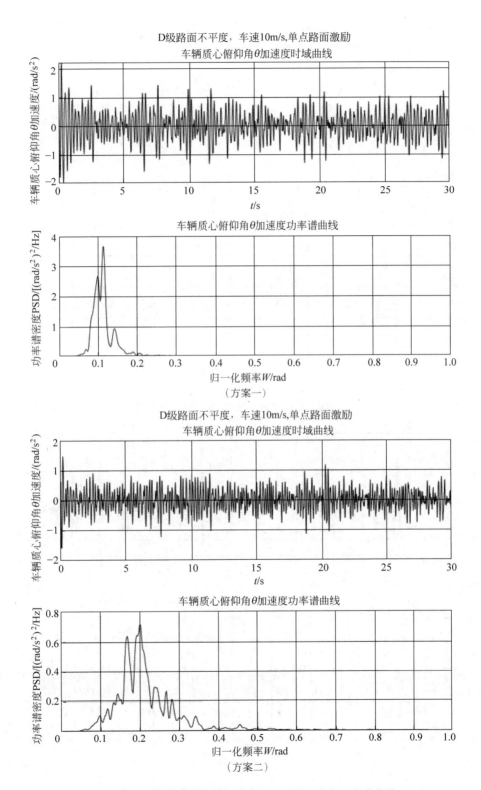

图 A-2　车辆质心俯仰角加速度时域曲线和功率谱密度曲线

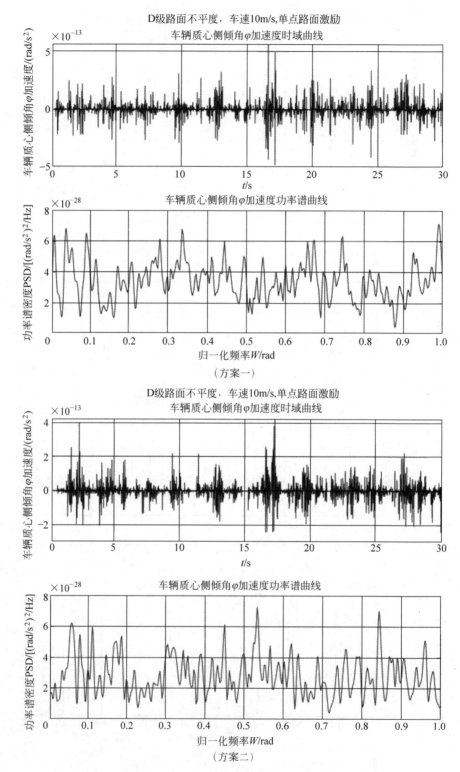

图 A-3　车辆质心侧倾角加速度时域曲线和功率谱密度曲线

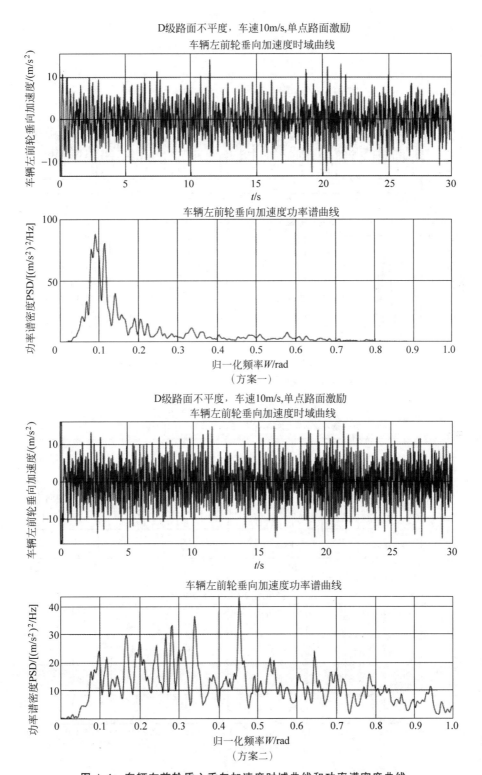

图A-4 车辆左前轮质心垂向加速度时域曲线和功率谱密度曲线

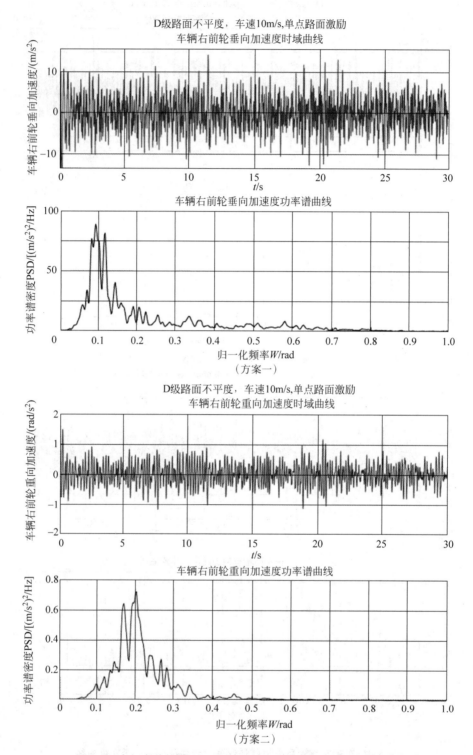

图 A-5 车辆右前轮质心垂向加速度时域曲线和功率谱密度曲线

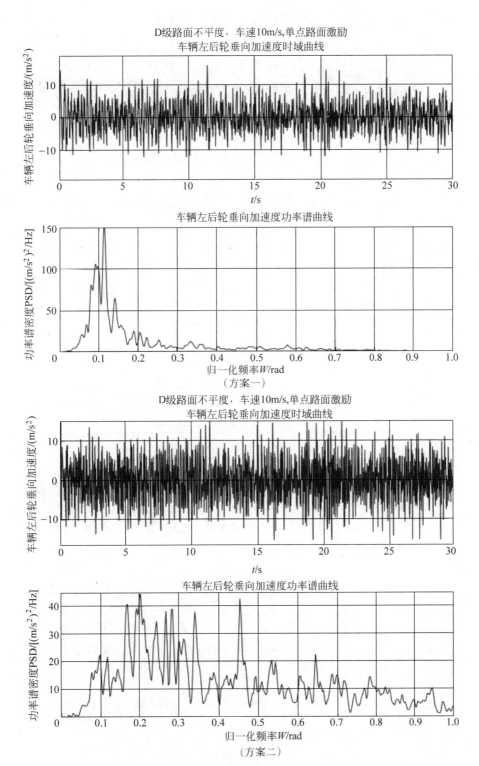

图 A-6 车辆左后轮质心垂向加速度时域曲线和功率谱密度曲线

D级路面不平度，车速10m/s,单点路面激励

车辆右后轮垂向加速度时域曲线

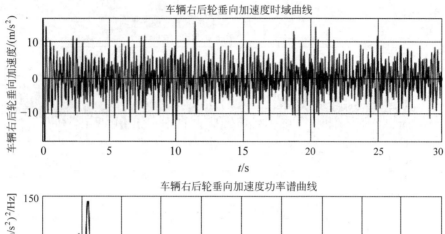

车辆右后轮垂向加速度功率谱曲线

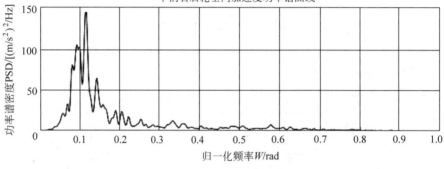

（方案一）

D级路面不平度，车速10m/s,单点路面激励

车辆右后轮垂向加速度时域曲线

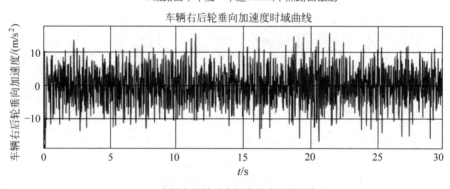

车辆右后轮垂向加速度功率谱曲线

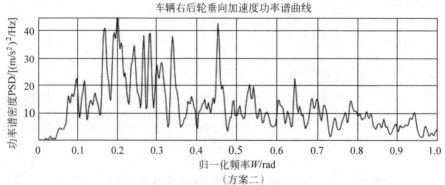

（方案二）

图 A-7　车辆右后轮质心垂向加速度时域曲线和功率谱密度曲线